Windows Vista，Office 2007，计算机上网培训教程

卓越科技　编著

电子工业出版社
Publishing House of Electronics Industry

北京·BEIJING

内 容 简 介

本书讲解了一个计算机初学者应了解和掌握的 Windows Vista 操作系统、Office 2007 办公软件的基础应用以及网络应用等知识，主要内容包括 Windows Vista 的基础操作、文件与文件夹的操作、汉字输入法的使用、Windows Vista 的常规设置与管理、Word 2007 的应用、Excel 2007 的应用、PowerPoint 2007 的应用、Access 2007 的应用、Outlook 2007 的应用以及网络的使用等。

本书内容深入浅出、图文并茂，配有大量直观、生动而且实用的实例，并结合该课的内容在每课后给出了练习题，以便读者巩固所学知识。

本书适合于各类培训学校、大专院校和中职中专作为教材使用，也可供计算机初学者、对计算机有一定了解的读者以及爱好计算机的人士等学习和参考。

图书在版编目（CIP）数据

Windows Vista，Office 2007，计算机上网培训教程 / 卓越科技编著.—北京：电子工业出版社，2009.4

（零起点）

ISBN 978-7-121-08419-5

I. W⋯ Ⅱ.卓⋯ Ⅲ.电子计算机－技术培训－教材 Ⅳ.TP3

中国版本图书馆 CIP 数据核字（2009）第 030100 号

责任编辑：刘 舫

印　　刷：北京东光印刷厂

装　　订：三河市皇庄路通装订厂

出版发行：电子工业出版社

　　　　　北京市海淀区万寿路 173 信箱　　邮编：100036

开　　本：787×1092　　　　1 /16　　　印张：17.5　　　字数：448 千字

印　　次：2009 年 4 月第 1 次印刷

定　　价：33.00 元

凡所购买电子工业出版社图书有缺损问题，请向购买书店调换。若书店售缺，请与本社发行部联系，联系及邮购电话：(010) 88254888。

质量投诉请发邮件至 zlts@phei.com.cn，盗版侵权举报请发邮件到 dbqq@phei.com.cn。

服务热线：(010) 88258888。

Foreword | 前 言
Qianyan

计算机已经成为人们工作中的好帮手，它的应用深入到了人们生活中的各个方面。据统计，目前已经有过亿的用户在使用计算机处理着各种各样的任务，所以操作计算机已经成为一项基本技能。

为了帮助广大计算机初学者快速掌握计算机的基本操作方法，我们研究了不同层次的学习对象并综合了多位经验丰富的培训学校老师的意见，编写了这本《Windows Vista，Office 2007，计算机上网培训教程》。

本书定位

本书定位于计算机初学者，从一个初学者的角度出发，合理安排知识点，并结合大量实例进行讲解，让读者在最短的时间内掌握最有用的知识，迅速成为计算机操作高手。本书特别适合于各类培训学校、大专院校和中职中专作为教材使用，也可供计算机初学者和爱好者、在校学生和办公人员等学习和参考。

本书主要内容

本书共 15 课，从内容上可分为 7 部分，各部分主要内容如下。

➢ **第 1 部分（第 1 课～第 4 课）**：主要讲解 Windows Vista 的基础知识，包括 Windows Vista 的基础操作、文件与文件夹的基本操作、汉字输入法的使用和 Windows Vista 的常规设置与管理等内容。

➢ **第 2 部分（第 5 课～第 7 课）**：主要讲解 Word 2007 软件的使用方法，包括文本编辑与格式设置的方法、表格以及图形对象的应用等内容。

➢ **第 3 部分（第 8 课～第 9 课）**：主要讲解 Excel 2007 软件的使用方法，包括制作表格、表格格式化设置、计算表格和排序表格中的数据等内容。

➢ **第 4 部分（第 10 课～第 11 课）**：主要讲解 PowerPoint 2007 软件的使用方法，包括制作幻灯片、编辑幻灯片、美化幻灯片和放映幻灯片等内容。

➢ **第 5 部分（第 12 课）**：主要讲解 Access 2007 软件的使用方法，包括数据库的创建、表的创建和使用，查询、窗体与报表的创建和使用等内容。

➢ **第 6 部分（第 13 课）**：主要讲解 Outlook 2007 软件的使用方法，包括电子邮件的基础知识、日历、日记和便笺等内容。

➢ **第 7 部分（第 14 课～第 15 课）**：主要讲解计算机在网络方面的应用，包括网络基础知识、在网上搜索或下载资料、网上视听、网上开店、聊天与游戏等内容。

本书特点

本书从学习计算机的基础教学实际出发，设计了一个**"本课目标+知识讲解+上机练习+疑难解答+课后练习"**的教学结构，每课均按此结构编写。该结构各板块的编写原则如下。

> ➢ **本课目标：** 包括本课要点、具体要求和本课导读 3 个栏目。"本课要点"列出本课的重要知识点，"具体要求"列出对读者的学习建议，"本课导读"描述本课将讲解的内容在全书中的地位以及在实际应用中有何作用。

> ➢ **知识讲解：** 为教师授课而设置，其中每个二级标题下分为知识讲解和典型案例两部分。"知识讲解"讲解本节涉及的各知识点，"典型案例"结合知识讲解部分内容设置相应上机示例，对本课重点、难点内容进行深入练习。

> ➢ **上机练习：** 为上机课时设置，包括 2~3 个上机练习题，各练习题难度基本保持逐步加深的趋势，并给出各题最终效果或结果、制作思路及步骤提示。

> ➢ **疑难解答：** 将学习本课的过程中读者可能会遇到的常见问题，以一问一答的形式体现出来，解答读者可能产生的疑问，使其进一步提高。

> ➢ **课后练习：** 为进一步巩固本课知识而设置，包括选择题、问答题和上机题几种题型，各题目与本课内容密切相关。

本书约定

本书对图中的某些对象加注了说明文字，有的还用图标注了使用步骤，这些步骤与正文中的步骤没有对应关系，只是说明当前图所对应的操作顺序。

连续的命令执行（级联菜单）采用了类似"【开始】→【所有程序】→【附件】→【写字板】"的方式，表示先单击【开始】按钮，打开【所有程序】菜单，再展开【附件】子菜单，最后选择【写字板】命令。

除此之外，知识讲解过程中还穿插了"注意"、"说明"和"技巧"等几个小栏目。"注意"用于提醒读者需要特别关注的知识，"说明"用于正文知识的进一步延伸或解释为什么要进行本步操作（即本步操作的目的），"技巧"则用于指点捷径。

图书资源文件

对于本书讲解过程中涉及的资源文件（素材文件与源文件等），请访问"华信卓越"公司网站（www.hxex.cn）的"资源下载"栏目查找并下载。

本书作者

本书的作者均已从事计算机教学及相关工作多年，拥有丰富的教学经验和实践经验，并已编写出版过多本计算机相关书籍。我们相信，一流的作者奉献给读者的将是一流的图书。

本书由卓越科技组稿并审校，由罗凤华主编。由于作者水平有限，书中疏漏和不足之处在所难免，恳请广大读者及专家不吝赐教。

目 录

第 1 课

Windows Vista 入门

本课要点

- Windows Vista 的桌面
- 鼠标和键盘的操作
- 【开始】菜单的使用
- 认识【计算机】窗口
- 应用程序的操作

具体要求

- 认识 Windows Vista 的桌面的构成
- 掌握鼠标和键盘的操作
- 掌握窗口的操作方法
- 掌握菜单的使用方法
- 熟悉应用程序的启动与退出的方法

本课导读

学习计算机操作的第一步是学习操作系统，最新推出的 Windows Vista 操作系统功能强大、应用广泛。本课将讲解 Windows Vista 操作系统的入门知识，读者应认真阅读，为以后的学习打下良好的基础。

- 鼠标与键盘的配合使用：帮助用户更好地使用计算机，提高操作速度。
- Windows Vista 的基本操作：对【开始】菜单、窗口、普通菜单的操作。
- 在【计算机】窗口中打开图片：练习【计算机】窗口的使用方法。
- 在【记事本】中输入英文：练习使用键盘输入英文的方法。

1.1 认识 Windows Vista

美国 Microsoft 公司的 Windows Vista 操作系统于 2007 年初发布，它是 Windows 系列的升级产品，无论从界面上还是功能上，都经历了一次巨大的变革，它具有更华丽的操作界面，更完善的功能，在操作上也更加方便。

1.1.1 知识讲解

使用 Windows Vista 操作系统，首先要了解 Windows Vista 有什么特性，然后再学习如何启动并进入操作系统以及如何打开操作系统桌面。本节就将以这样的流程，带领读者认识 Windows Vista 操作系统。

1. Windows Vista 的特性

Windows Vista 具有出色的视觉效果，通过改进的窗口元素，使用户能够更好地关注屏幕上的内容。Windows Vista 在功能特性方面可以总结为下列几个方面：安全性、可靠性、部署性和高性能。

1）安全性——深层防御

Windows Vista 提供了深层的安全防御措施，它能够有效地阻止蠕虫、病毒和恶意软件的攻击。多层数据保护、定制认证机制、网络访问保护、防火墙、Windows 服务过滤和 Microsoft Internet Explorer 7.0 的增强功能，使计算机系统更加安全。

2）可靠性——从预防到恢复

Windows Vista 系统中的数据不会丢失、系统不会崩溃，因为它可以在硬件问题发生之前就检测到，从而减少停止响应或者重启计算机的概率。重启和服务失败时，它还会自动恢复。

3）部署性——基于映像的安装

和 Windows 以前的版本相比，Windows Vista 利用了内建的映像技术和工具，安装更加容易，安装速度也得到了极大的提高，安装过程更加可靠。从以前的 Windows 版本升级也很简单，并且能够保留用户原有的数据和设置。

4）高性能——更快和更积极的响应

在同等硬件平台上，Windows Vista 的响应速度比 Windows XP 要快很多。Windows Vista 对操作系统性能的改善非常显著，它启动更快，具有安全睡眠和快速恢复功能。

5）其他——网络和帮助

能让用户在移动环境下更加容易使用计算机和网络，可以很快、很轻松、很安全地把计算机连接到不同的硬件和网络。此外，计算机和设备之间的数据同步更容易。

Windows Vista 能减轻 IT 专业人士和帮助桌面的负担，常常在用户不知道的情况下，自动检测和解决常见的问题，并且提供易用的备份和恢复技术。

2．Windows Vista 的版本

Windows Vista 为不同定位的用户群体提供不同版本，这些不同的版本，是根据消费者、组织的规模以及应用范围来定的。

1）Windows Vista Business

Windows Vista Business 与 Windows XP Professional 类似，它有助于降低 PC 的管理成本，提高系统的安全性和工作效率。

2）Windows Vista Enterprise

Windows Vista Enterprise 是依据 Microsoft 软件保障协议专门提供的，是为企业优化过的版本，专为那些具有复杂的桌面基础结构的大型企业和组织设计。

3）Windows Vista Ultimate

Ultimate，终极、顶点之意，这是 Windows Vista 系列产品中功能最强大的版本，它提供全部最佳业务功能、全部最佳移动性功能和全部最佳家庭娱乐功能。Windows Vista Ultimate 针对个体做出优化，是针对个人电脑的最强操作系统。本书就以 Windows Vista Ultimate 版本为平台介绍 Windows Vista 的各种功能。

4）Windows Vista Home Basic

Windows Vista Home Basic 是 Windows Vista 的简化版本，此版本主要针对拥有单个 PC 的家庭用户，是为消费者提供的入门级别的版本。一般用户使用这个版本就可以了。

5）Windows Vista Home Premium

Windows Vista Home Premium 主要针对 PC 爱好者、拥有多台 PC 的家庭、Tablet PC 和笔记本电脑用户，可看做是 Windows Vista Home Basic 的超集，这个版本是用于消费者桌面 PC 和移动 PC 的 Windows Vista 主流版本。

3．Windows Vista 的运行环境要求

Windows Vista 版本对硬件的要求有所提高。要注意的是，Windows Vista 的版本是通过 DVD 光盘发行的，因此，用户一定要配备 DVD 光驱。安装 Windows Vista 的基本硬件配置如表 1.1 所示。

表 1.1　Windows Vista 基本硬件配置表

硬件	最低配置要求
CPU	1GHz 以上主频的 Intel 或 AMD CPU
内存	512MB 内存
硬盘	硬盘分区容量至少 15GB，分区格式必须采用 NTFS 格式
显卡	支持 DirectX 10.0，带有 2.0 定点着色，2.0 像素着色，显存容量在 64MB 以上
光驱	DVD 光驱

4．Windows Vista 的启动

要使用 Windows Vista 完成特定的工作，必须先启动 Windows Vista 操作系统，其具体操作如下：

（1）按下显示器的电源开关，打开显示器。

（2）按下计算机主机上的电源开关，即 Power 按钮，系统开始自动对计算机中的重要硬件设备进行检测，如内存、鼠标等，如一切正常，即可进入 Windows Vista 操作系统。

如果操作系统设置了用户账户和密码，那么输入密码后，才能进入操作系统，如图 1.1 所示。

5．Windows Vista 欢迎中心

当用户登录 Windows Vista 后，可以看到一个窗口出现在桌面上，这就是【Windows Vista 欢迎中心】窗口，如图 1.2 所示。

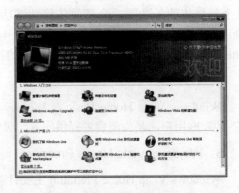

图 1.1　选择用户账户并输入密码　　　　图 1.2　【欢迎中心】窗口

【欢迎中心】窗口分为 3 个部分。上面的部分显示的是计算机硬件和软件的基本信息，包括操作系统版本、CPU 速度、内存容量、显卡型号和计算机名称等。中间的部分提供计算机的基本设置，如用户信息等。下面的部分提供一些增值服务，包括 Windows Vista 为正版用户提供的一些辅助软件的下载链接等。

【欢迎中心】窗口在启动系统时自动打开，如果希望下次开机时不显示此窗口，可以单击【启动时运行】复选框，取消对这个选项的选择，这样，以后开机时就不会显示这个窗口了。

6．Windows Vista 桌面的构成

Windows Vista 的默认标准桌面由桌面背景、桌面图标、任务栏、【开始】按钮以及 Windows 边栏几个部分组成，如图 1.3 所示，除了新增的 Windows 边栏外，其他与 Windows XP 的结构相同。

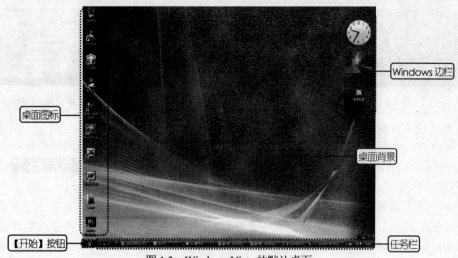

图 1.3　Windows Vista 的默认桌面

1）桌面背景

桌面背景是操作系统提供的美化桌面的图形界面，如默认的蓝色光影背景，用户可根据需要设置不同的桌面背景。

2）桌面图标

当鼠标指针移到桌面图标上时，双击它即可启动相应的程序或打开对应的窗口。如 图标，其上包括了一个黑色小箭头，它是腾讯"QQ 医生"的快捷图标，双击它即可启动该程序。

3）任务栏

任务栏位于桌面的底端，通过任务栏可进行相关任务的操作，包括快速启动程序、切换语言种类、切换打开的窗口、查看系统时间和事件通知（如收到电子邮件或网络连接状态）等，任务栏主要包括快速启动栏、任务按钮、语言栏和通知区域等几个部分，如图 1.4 所示。

图 1.4　任务栏

● **快速启动栏**

快速启动栏位于任务栏左侧，其中的图标与桌面上的一些程序图标具有相同的功能。系统默认只显示 3 个图标，当超过 3 个图标时，可单击 按钮，在弹出的菜单中可显示其他的图标，如图 1.5 所示，对于一些不常用的图标，用户可自行将其删除。

如果 Windows Vista 的任务栏上没有显示快速启动栏，可在任务栏的空白处单击鼠标右键，在弹出的快捷菜单中选择【工具栏】→【快速启动】命令将其显示出来，如图 1.6 所示。

图 1.5 快速启动栏中的快捷图标

图 1.6 显示快速启动栏

● 任务按钮

每打开一个窗口，任务栏中都将显示一个与之相对应的任务按钮，同时打开多个窗口时，单击相应的任务按钮可在窗口之间进行切换。如单击图 1.7 中的 [Ps Adobe Photoshop...] 按钮，当前窗口将切换为 Adobe Photoshop CS3 的窗口。

● 通知区域

通知区域位于任务栏的右侧，其中主要显示了当前的系统时间、一些正在后台运行的程序图标和 Windows 的通知图标等，如图 1.8 所示。

图 1.7 任务按钮

图 1.8 通知区域

● 语言栏

通常情况下，语言栏是在任务栏中显示的，当单击 ▬ 按钮后，在弹出的菜单中选择【还原语言栏】命令，如图 1.9 所示，即可将语言栏变成一个浮动的工具条，再次单击 ▬ 按钮，在弹出的菜单中可选择相应的语言和输入法，如图 1.10 所示。

技巧：鼠标指针移到语言栏左侧的 ▬ 标记上时，按住鼠标左键不放并进行拖动，可将语言栏移动到窗口中的任意位置。另外，当单击语言栏中的【最小化】按钮 ▬ 时，可将语言栏最小化到任务栏中。

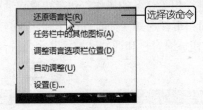

图 1.9 选择【还原语言栏】命令

图 1.10 选择语言选项

4）【开始】按钮

单击桌面左下角的 ⬤ 按钮，将弹出【开始】菜单，在该菜单中可以通过选择命令来进行启动应用程序和系统设置等操作。

5）Windows 边栏

Windows 边栏是 Windows Vista 中新增的一个功能。登录到 Windows Vista 后，屏幕右侧就会显示出边栏，并在其中显示一些默认的小工具，如图 1.11 所示。

如果系统没有自动显示出边栏，可在【开始】菜单中选择【所有程序】→【附件】命令，在打开的附件列表中选择【Windows 边栏】命令以显示，如图 1.12 所示。

图 1.11　Windows 边栏

图 1.12　选择【Windows 边栏】命令

除了默认显示的工具外，Windows Vista 中还提供了其他各种工具，用户可以进行选择并添加到边栏中，并且可以调整放置次序以及对每个工具的属性进行设置，其具体操作如下：

（1）单击 Windows 边栏上方的 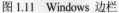 按钮，打开如图 1.13 所示的【小工具库】窗口。

（2）用鼠标双击要添加到边栏中的工具，即可将该工具添加到 Windows 边栏中，如添加日历工具，如图 1.14 所示。

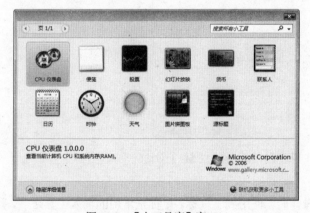

图 1.13　【小工具库】窗口

图 1.14　将小工具添加到边栏中

技巧： 直接拖曳小工具可以很方便地将小工具放到 Windows 边栏中。

（3）拖曳 Windows 边栏中的小工具可调整其排列的次序。将鼠标指向某个小工具，单击右侧上方显示出的按钮，可以关闭显示该小工具。

（4）添加小工具后，还可以对工具属性进行一系列设置，指向要设置的小工具，如日历，单击右侧显示出的按钮，即可打开【时钟】对话框，如图 1.15 所示。

（5）在对话框中对各选项进行设置后，单击　确定　按钮应用设置，如图 1.16 所示为更改样式后的时钟。

图 1.15 【时钟】对话框   图 1.16 更改样式后的时钟

在 Windows Vista 的默认设置下，当在屏幕中最大化显示窗口时，窗口会将 Windows 边栏覆盖。如果要让边栏永远在最前端显示，可用鼠标右键单击边栏的空白处，在弹出的快捷菜单中选择【属性】命令，将打开【Windows 边栏属性】对话框，选择【边栏始终在其他窗口的顶端】选项即可，如图 1.17 所示。

图 1.17 【Windows 边栏属性】对话框

7. 鼠标的正确使用

在对 Windows 边栏进行操作时，使用到了鼠标。鼠标是常用的输入工具之一，现在使用最广泛的是 3D 光电鼠标，如图 1.18 所示。使用鼠标的正确方法是：食指和中指分别放置在鼠标的左键和右键上，拇指横向放在鼠标左侧，无名指和小指放在鼠标的右侧，拇指与无名指及小指轻轻握住鼠标，手掌心轻轻贴住鼠标后部，手腕自然垂放在桌面上，操作时带动鼠标做平面运动。

图 1.18 3D 光电鼠标

鼠标的基本操作主要包括鼠标的移动、指向、单击、双击、右击、拖动和滚动 7 种。

● **移动**：指握住鼠标并随意移动它，鼠标的指针
会随之在显示屏幕上进行同步移动。

- **指向**：指移动鼠标并将鼠标指针移动到所需位置的过程。
- **单击**：指按下鼠标左键并松开按键的过程。常用于选择对象、打开菜单等操作。
- **双击**：指连续地按鼠标左键两次的过程。常用于启动某个程序、打开某个文件等操作。
- **右击**：指按下鼠标右键并松开按键的过程。常用于打开目标对象的快捷菜单的操作。
- **拖动**：指按住鼠标左键不放，移动鼠标指针到指定位置后再松开按键的过程，常用于移动对象的操作。
- **滚动**：指滚动鼠标滚轮的过程，常用于浏览网页或长文档的操作。

在使用鼠标执行不同的操作时，鼠标指针会呈现出不同的形状，如当鼠标指针呈 ⃔ 形状时，表示 Windows Vista 准备接受用户输入命令。

8. 键盘的操作

键盘是除了鼠标外使用最频繁的一种输入工具。通过键盘可以输入文字、数字和字符等，从而实现人机之间的交流。

1）了解键盘的结构

键盘大致分为功能键区、主键盘区、编辑控制键区、小键盘区和状态提示灯区 5 个键位区，如图 1.19 所示。

图 1.19　键盘分布

- **功能键区**

功能键区位于键盘的顶端，其中各键的作用如表 1.2 所示。

表 1.2　功能键的作用

按键类型	作用
【Esc】键	此键用于将已输入的命令或字符串取消，在一些应用软件中表示退出程序
【F1】~【F12】键	这 12 个键称为功能键，在不同的应用软件中，各键的功能并不相同，按【F1】键一般可打开程序的帮助文件
【Power】键	此键用于控制计算机电源
【Sleep】键	此键用于将计算机转入睡眠状态
【Wake Up】键	此键用于将计算机从睡眠状态唤醒

● 主键盘区

主键盘区中的按键使用频率最高，主要用于输入文字和符号，包括字母键、数字符号键、控制键和 Windows 功能键，其中各键的作用如表 1.3 所示。

表 1.3　主键盘区各键的作用

按键类型	作用
字母键	用于输入【A】～【Z】26 个英文字母
数字键	用于输入相应的数字和符号，每个键位由上下两种字符组成，又称为双字符键
符号键	用于输入常用的标点符号，共有 11 个键，每个符号键位由上下两种符号组成
空格键	此键上面无任何标记，按下该键将在光标位置处产生一个空格符，光标向右移动一个字符位置
【Tab】键	此键用于文字处理中的对齐文本，它是英文"Table"的缩写，也称制表定位键
【Caps Lock】键	此键用于大小写字母的转换，称为大写字母锁定键。在系统默认状态下输入的英文字母为小写，按下该键后，输入的字母为大写
【Enter】键	此键也称回车键，它具有确认并执行输入的命令的功能，在文字输入时按该键可进行换行
【Shift】键	此键主要用于输入上挡字符和快速转换英文字母的大小写状态
【Alt】键	此键主要与其他键配合使用，如在 Word 中按【Alt+F4】组合键可退出程序
【Ctrl】键	此键常与其他键配合使用，在不同的应用软件中，其作用也不相同，如按【Ctrl+S】组合键可以保存文件

技巧：数字键与符号键都称为双字符键，上面的符号称为上挡字符，下面的符号称为下挡字符。单独按这些键，将输入下挡字符，在按住【Shift】键的同时再按这些键，就可以输入上挡字符。

● 编辑控制键区

编辑控制键区位于主键盘区和小键盘区的中间，主要用于编辑过程中光标的控制和定位，其中各键的作用如表 1.4 所示。

表 1.4　编辑控制键区各键的作用

按键类型	作用
【Print Screen Sys Rq】键	此键可以将当前屏幕中的内容复制到剪贴板中
【Scroll Lock】键	此键在 DOS 操作系统中可以使屏幕停止滚动，直到再次按下该键为止
【Pause Break】键	此键用于在 DOS 操作系统中暂停屏幕显示，按【Enter】键后可恢复正常
【Insert】键	此键可以在文本的插入和改写状态之间进行切换
【Home】键	此键可以使鼠标光标快速移至当前行的行首
【Page Up】键	此键可以翻至上一页
【Delete】键	此键可以删除鼠标光标右侧的一个字符

（续表）

按键类型	作用
【End】键	此键可以使光标快速移至当前行的行尾
【Page Down】键	此键可以翻至下一页
光标键	光标键包括【↑】【↓】【←】【→】4 个键，按相应的键，光标将向箭头方向移动一个字符。

● 小键盘区

小键盘区位于键盘的右侧，主要用于快速输入数字。当要使用小键盘区输入数字时，应先按【Num Lock】键，点亮状态指示灯区的第 1 个指示灯，此状态表示为数字输入状态；再次按【Num Lock】键，指示灯熄灭，表示只能使用相应的下挡功能，如图 1.20 所示。

● 状态指示灯区

状态提示灯区主要用于提示小键盘的工作状态（Num Lock）、大小写状态（Caps Lock）和滚屏锁定键的状态（Scroll Lock），不作为键盘的按键使用，如图 1.21 所示。

图 1.20   小键盘区

图 1.21   状态指示灯区

2）键盘指法分区

操作键盘与使用鼠标一样，有一定的方法可循，正确的方法是将两只手的大拇指放在空格键上，其余 8 个手指放在键盘的 8 个基准键位上。这 8 个基准键位是指主键盘区第 3 排的【A】、【S】、【D】、【F】、【J】、【K】、【L】、【;】键。

在计算机中输入字符时，每个手指都有自己的活动范围，当按键结束后，各个手指都应立即退回到相应的基准键位上，这就是所谓的指法规则。用户应该严格遵守此规则才能熟练使用键盘，最后达到不看键盘也能输入的盲打境界。每个手指的指法分区为：除大拇指外，其余 8 个手指将键盘按斜线进行分区，每个手指负责该区域字符的输入，如图 1.22 所示。

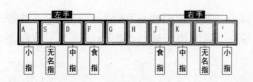
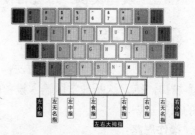

图 1.22   键盘的指法分区

9. 鼠标和键盘的配合

一般情况下，对计算机进行一些简单操作时，鼠标和键盘基本都是单独使用的，但将鼠标和键盘配合使用可极大地提高工作效率。

● **右击+按键**

鼠标右键单击对象时，一般都会弹出其相应的快捷菜单，在其中通过按键可选择相应的命令并对该对象进行相关的操作。如在 Windows Vista 操作系统桌面的空白处单击鼠标右键，将弹出一个快捷菜单，如图 1.23 所示，在该菜单中看到许多命令选项后还有一个带括号的英文字母，如【刷新（E）】命令，其中的英文字母表示该命令的快捷键，按下此快捷键等于用鼠标左键单击选择该命令。

图 1.23 桌面右键菜单

● **【Shift】键+单击**

当需要选择多个连续排列的对象时，可使用"【Shift】键+单击"的方法进行选择。用鼠标左键单击选择第一个需要选择的对象，再同时按住【Shift】键并单击选择另一个对象，这两个对象之间所有顺序排列的对象均被选择。

● **【Ctrl】键+单击**

当需要选择多个不连续的对象时，可使用"【Ctrl】键+单击"的方法进行选择。按住【Ctrl】键，再用鼠标逐个单击需要选择的对象，即可选择相邻或不相邻的多个对象。

> **说明：** 对于不同的应用软件，"【Ctrl】键+单击"的作用可能有所不同。例如，在 Word 程序中按住【Ctrl】键的同时再单击，可以选择光标所在的整个句子。

10. Windows Vista 的退出

完成操作后退出操作系统的方法是：单击 ▨ 按钮，在弹出的【开始】菜单中单击 ▶ 按钮，在弹出的菜单中选择【关机】命令，如图 1.24 所示，稍等片刻后，就会退出 Windows Vista 操作系统并关闭电脑。

图 1.24 选择【关机】命令

> **说明：** 除了关机外，执行图 1.24 中的菜单命令还可以切换用户、注销当前用户、锁定屏幕、重新启动计算机以及让计算机处于睡眠和休眠状态。

1.1.2 典型案例——配合使用鼠标和键盘打开【资源管理器】窗口

案例目标

学习了鼠标和键盘的使用方法，下面我们通过配合使用鼠标和键盘来打开【资源管理器】窗口，练习这两种常用输入设备的使用方法，同时也可通过本案例了解下一节将要介绍的窗口知识。

操作思路：

（1）在【开始】菜单中，用鼠标右键单击【开始】按钮 ▨，在弹出的快捷菜单中选

择【资源管理器】命令。

　　（2）通过快捷键打开【资源管理器】窗口。

　　（3）使用键盘关闭窗口。

操作步骤

本案例的具体操作如下：

　　（1）启动 Windows Vista 操作系统，单击 按钮，用鼠标右键单击【计算机】按钮，在弹出的快捷菜单中选择【资源管理器】命令，如图 1.25 所示，打开【资源管理器】窗口。

　　（2）按【Windows+E】组合键打开【资源管理器】窗口，如图 1.26 所示。

　　（3）按【Alt+F4】组合键关闭窗口。

图 1.25　选择【资源管理器】命令

图 1.26　【资源管理器】窗口

案例小结

本案例通过打开和关闭【资源管理器】窗口，一方面练习了鼠标和键盘配合使用的方法，另一方面也初步认识了【资源管理器】窗口，为后面的学习打下了基础。对于鼠标和键盘的其他操作方法，读者可自行练习，也可以在后面的学习中逐步进行练习。

1.2　Windows Vista 的基本操作

初步认识 Windows Vista 操作系统并学会使用键盘和鼠标后，下面来看看 Windows Vista 的基本操作，读者应该熟练掌握这些操作。

1.2.1　知识讲解

在 Windows Vista 中，常常是通过对窗口、对话框、菜单进行操作来实现某项任务。下面将讲解 Windows Vista 的菜单、窗口、对话框的基本操作。

1. 认识【开始】菜单

单击 按钮，弹出【开始】菜单，如图 1.27 所示。菜单左上方显示默认的浏览器和

邮件程序，左下方显示最近使用到的程序列表，右上方显示用户账户名和图标，中部是文档与文件分类目录，右侧下方显示系统内容。用户不同，【开始】菜单中的内容也不相同，这是由于【开始】菜单中的命令会根据安装的应用程序以及用户使用某些程序的频率而进行调整，体现了 Windows Vista 人性化的一面。

默认的浏览器和邮件程序

用户使用频率较高的程序图标显示在该区域中，方便用户快速启动该程序

在【所有程序】栏的下一级子菜单中可启动计算机中安装的应用程序

【开始】按钮

用于显示当前登录用户的账户名和账户图标

用于显示分类文件夹

在搜索、最近使用的项目栏中选择相应的命令可搜索文件和打开最近打开过的文档

系统设置栏包括【控制面板】、【默认程序】、【帮助和支持】命令

退出系统栏用于进行注销、关闭和重新启动计算机等操作

图 1.27 【开始】菜单

说明： 如果菜单命令右侧有▶符号的，表示该命令下面还有子菜单。将鼠标指针移动到有子菜单的命令上稍等片刻，即可展开其子菜单，单击其中的命令，则可打开相应的应用程序、窗口和对话框。

2. 启动和退出应用程序

很多软件都支持多种启动方式，同样也支持多种退出方式。下面介绍在 Windows Vista 中启动和退出应用程序的几种常用的方法。

1）启动应用程序

启动应用程序的方法非常多，最常用的是在桌面上双击应用程序的快捷方式图标和在【开始】菜单中选择需要启动程序的命令这两种。

2）退出应用程序

退出应用程序常用的几种方法如下：
- 在应用程序中选择【文件】→【退出】命令。
- 单击应用程序操作界面右上角的 ✕ 按钮。
- 按【Alt+F4】组合键关闭程序。

3. 窗口的基本操作

对于打开的窗口，还可对其进行各种操作，包括最大化/最小化窗口、改变窗口大小、移动窗口和切换窗口等，下面将分别进行讲解。

- **最大化/最小化窗口：**单击 ▭ 按钮可最小化窗口；单击 ▫ 按钮可最大化窗口。另外，双击窗口的标题栏，可使窗口在最大化与原始大小之间切换。
- **改变窗口大小：**移动鼠标指针到窗口的四边，当鼠标指针变为↔或↕形状时，按住鼠标左键不放并拖动可改变窗口的宽度或高度；移动鼠标指针到窗口的四角，当鼠标指针变为↖或↗形状时，按住鼠标左键不放并拖动可同时改变窗口的高度和宽度。
- **移动窗口：**桌面上如果显示了多个窗口，就会出现重叠的现象，这时可以单击窗口的标题栏并按住鼠标左键不放进行拖动，将窗口移动到适当位置。
- **切换窗口：**如果需要在多个窗口之间切换，可先按住【Alt】键，再按【Tab】键，在打开的对话框中显示了当前已经打开的窗口或对话框的图标，再按【Tab】键可选择需要打开的窗口或对话框。

4.【计算机】窗口

【计算机】窗口是用户与计算机进行"交流"的场所。单击 ⊕ 按钮，在弹出的菜单中单击【计算机】按钮，即可打开【计算机】窗口，如图 1.28 所示。

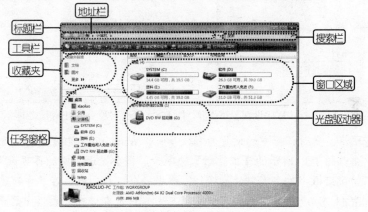

图 1.28　【计算机】窗口

- **标题栏：**位于窗口的顶部。在 Windows Vista 的窗口中，标题栏中将不再显示窗口标题，而只显示三个窗口控制按钮，包括 ▭（最小化）、▫（最大化）和 ✕（关闭）。
- **地址栏：**地址栏中逐层显示当前窗口内容的路径，单击地址栏中的项目或下拉列表，可以快速返回到上层路径或转到其他位置。要返回到【计算机】位置，只要单击地址栏中的【计算机】链接即可，如果要直接转到其他盘符，可单击【计算机】后的下拉按钮，在弹出的菜单中进行选择。
- **工具栏：**Windows Vista 窗口中根据当前打开位置和选择项目的不同，工具栏中会显示不同的工具按钮，通过工具栏中的按钮可以对窗口视图、文件等进行一系列操作。

- **收藏栏**：该面板中显示用户个人文档中分类目录的链接，单击某个链接，即可转到对应的窗口位置。
- **任务窗格**：该列表相当于 Windows XP 中资源管理器左侧的资源列表，以树状目录详细地显示了文件结构，单击▷按钮可以逐级展开，再次单击则折叠。在列表中单击某个项目，即可快速转到该位置。
- **窗口区域**：该区域中显示详细的窗口内容，包括磁盘、文件夹以及文件等。
- **光盘驱动器**：如果在光驱中放入了光盘，双击该驱动器，便可以打开光盘中的内容。

5. 对话框的设置

对话框是一种执行特殊任务的窗口。在 Windows Vista 中，不同任务的对话框的结构大同小异，主要包括标题栏、数值框、复选框、单选按钮、下拉列表框和命令按钮等。下面以【屏幕保护程序设置】对话框和【任务栏和「开始」菜单属性】对话框为例进行讲解，如图 1.29 和图 1.30 所示。

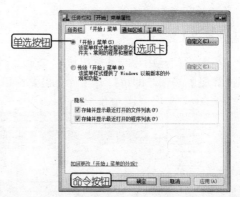

图 1.29　【屏幕保护程序设置】对话框　　图 1.30　【任务栏和「开始」菜单属性】对话框

- **选项卡**：当对话框中的设置内容较多时，Windows 会按类分组，即"选项卡"。单击如图 1.30 所示的【工具栏】选项卡，将会显示其中的各项设置。
- **下拉列表框**：单击右侧的▼按钮，弹出一个下拉列表，在其中可选择相应选项。
- **列表框**：列表框与下拉列表框有所不同，它是直接在列表框中显示所有选项。
- **命令按钮**：单击某一命令按钮，表示将执行相应的操作。如单击 确定 按钮，表示设置完成并关闭对话框。
- **数值框**：用户可在数值框中输入数值，也可通过单击其右侧的向上或向下按钮来调整数值大小。
- **复选框**：复选框的外形是一个小的方形框，用来表示是否选中该选项。当复选框被选中时，方形框为☑形状；若没有被选中，则方形框为☐形状，只需单击复选框即可完成选中或取消选中的操作。
- **单选按钮**：单选按钮的外表是一个小圆圈，选中时变为◉形状，未选中时为○形状。由于单选按钮具有排它性，所以在同一时间一组内仅有一个会被选中。

6. 创建常用程序的快捷方式图标

在操作 Windows Vista 系统时，用户可以手动为程序、文件或文件夹在桌面上创建快捷图标。最常用的方法是：在某一文件或文件夹上单击鼠标右键，在弹出的快捷菜单中选择【发送到】→【桌面快捷方式】命令，如图 1.31 所示。

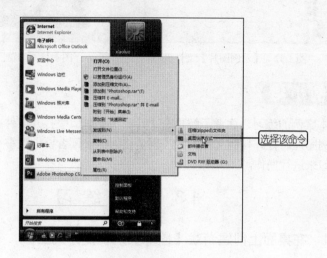

图 1.31 选择【桌面快捷方式】命令

1.2.2 典型案例——浏览【示例图片】文件夹中的图片

案例目标

本案例将通过浏览【示例图片】文件夹中的图片，来练习窗口的操作。
操作思路：
（1）通过【开始】菜单打开【计算机】窗口。
（2）打开【示例图片】文件夹浏览图片。

操作步骤

浏览图片的具体操作如下：
（1）单击 按钮，在弹出的【开始】菜单中单击【计算机】按钮。
（2）在【计算机】窗口的任务窗格中选择【图片】，即可在窗口区域中看见【示例图片】文件夹，如图 1.32 所示。
（3）双击【示例图片】文件夹，打开文件夹，然后双击其中的一张图片，即可打开【Windows 照片库】来浏览图片，如图 1.33 所示。

图 1.32 【示例图片】文件夹　　　　　　图 1.33 浏览图片

案例小结

经过本案例的练习，读者了解了在【计算机】窗口中打开文件夹浏览文件的方法。除了查看示例图片，打开其他文件的方式也是相同的，读者要做到举一反三，熟练应用【计算机】窗口来进行操作。

1.3 上 机 练 习

1.3.1 在桌面上创建游戏【墨球】的快捷方式图标

本次上机练习将通过【开始】菜单为操作系统中自带的【墨球】游戏添加桌面快捷方式，然后通过快捷方式图标启动程序并对其进行窗口操作。

操作思路：

- 选择【开始】→【所有程序】→【游戏】命令，在【墨球】游戏上单击鼠标右键，在弹出的快捷菜单中选择【发送到】→【桌面快捷方式】命令，如图 1.34 所示。
- 双击桌面上创建的【墨球】的快捷图标，启动该游戏。
- 对程序窗口进行最大化、最小化以及还原等操作。
- 选择【文件】→【退出】命令关闭窗口。

图 1.34 选择【桌面快捷方式】命令

1.3.2 启动【记事本】程序并输入一段英文

在【记事本】程序中输入一段英文，练习键盘的使用方法，并熟悉各个键位的位置。

操作思路：

- 选择【开始】→【所有程序】→【附件】→【记事本】命令，启动该程序。
- 在程序窗口中通过键盘输入一些英文，注意英文的大小写字母以及标点符号的输入方法。

1.3.3　查看系统默认的桌面背景图片

查看 Windows Vista 里面的系统默认桌面背景图片，练习窗口的操作。

操作思路：

● 在 "C:\WINDOWS\Web\Wallpaper" 路径中打开 Wallpaper 文件夹。

● 选择【缩略图】选项，如图 1.35 所示。

● 查看该文件夹中的图片，如图 1.36 所示。

图 1.35　选择【缩略图】选项　　　　图 1.36　查看图片

1.4　疑　难　解　答

问： 为什么按键盘上相应的键位后，输入的不是英文，而是汉字呢？

答： 因为有些用户将 Windows Vista 默认的输入法设置为汉字输入法，可以按【Ctrl+空格】组合键切换到英文输入法状态，这样即可输入英文。

问： 为什么当窗口填满了整个屏幕时就不能进行移动操作了？

答： 当窗口处于最大化状态时就不能进行移动操作了，要想显示其他内容，可将其还原至原始大小后再进行移动，或直接将其最小化至任务栏上。

问： 可以通过其他方式添加 Windows Vista 边栏中的小工具吗？

答： 如果需要获得更多的小工具，可以单击窗口右下角的【联机获取更多小工具】链接，访问微软的网站查看并下载更多的小工具。

问： 将鼠标指向某个小工具，单击右侧上方显示出的■按钮，可以关闭显示该小工具，这样会把这个小工具从计算机中删除吗？

答： 单击■按钮，只会暂时关闭该小工具，使其从 Windows Vista 边栏中消失，并不是从计算机中删除这个小工具，以后如果需要该小工具，还可以将其添加到边栏中。

1.5 课后练习

1. 选择题

（1）下列（　　　）不是 Windows Vista 的版本。

    A. Home Edition   B. Personal

    C. Ultimate   D. Enterprise

（2）进入 Windows Vista 操作系统后，可见桌面上只有一个（　　　）图标。

    A. 我的文档   B. 我的电脑   C. 回收站   D. Windows 边栏

（3）鼠标的基本操作包括（　　　）。

    A. 拖动   B. 移动   C. 指向

    D. 双击   E. 单击   F. 滑动

（4）按（　　　）键可以在大小写字母之间切换。

    A.【Num Lock】   B.【Ctrl】   C.【Shift】   D.【Caps Lock】

2. 问答题

（1）如何启动 Windows Vista 操作系统？

（2）按照键盘中各键的功能，可以将键盘分成哪几个区？

（3）键盘和鼠标配合的操作有哪些？

（4）简述 Windows Vista 操作系统桌面的组成部分。

3. 上机题

（1）练习 Windows Vista 操作系统启动和退出的操作。

（2）在【计算机】窗口中浏览计算机中的文件。

（3）在【记事本】窗口中练习输入英文字母。

第 2 课
文件与文件夹的操作

本课要点

- 文件与文件夹的基本操作
- 文件与文件夹的管理

具体要求

- 了解文件与文件夹的概念
- 掌握文件与文件夹的基本操作方法
- 掌握查找文件与文件夹的常用方法
- 掌握文件与文件夹的属性设置的方法

本课导读

认识文件与文件夹，学会它们的基本操作方法，可以管理好计算机中的文件与文件夹，使计算机中的数据信息更有条理性，方便用户使用计算机。

- 文件与文件夹的基本操作：通过这些基本操作可以管理好计算机中的文件。
- 查找文件与文件夹：快速查找忘记了名称但类型相同的文件与文件夹。
- 设置文件与文件夹的属性：可以设置为只读属性，让其他用户无法修改，保证其安全性；可以设置为共享属性，方便局域网中的其他用户访问。

2.1　文件与文件夹的基本操作

要掌握操作系统以及日后更熟练地应用电脑，就必须掌握文件和文件夹的操作和管理。文件和文件夹的操作是 Windows Vista 操作系统的基础知识，其操作方法非常简单，读者应熟练掌握。

2.1.1　知识讲解

文件与文件夹的操作包括显示、新建、选择、重命名、移动、复制、隐藏和删除文件等，下面将分别对其进行讲解。

1. 访问文件与文件夹

计算机中的所有数据信息都是以文件的方式来保存的，而所有的文件又是通过文件夹分门别类管理的，而文件和文件夹是通过路径在计算机中定位的。

1）文件

文件的内容可以是文档、图片、声音和程序等。在 Windows Vista 中，所有文件都是由文件图标、文件名、文件大小和文件类型等部分组成，如图 2.1 所示，其中文件图标是文件属性的直观体现，一般情况下同一种类型的文件具有相同的图标。

2）文件夹

文件夹用于管理文件，也称为目录，用于存放文件和下一级子文件夹，它由一个图标和文件夹名组成。用鼠标双击即可打开文件夹，Windows Vista 操作系统以窗口的形式显示其中包含的所有内容。在【计算机】窗口中可以清楚地观察到文件和文件夹的结构关系，如图 2.2 所示。

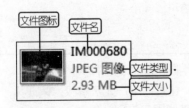

图 2.1　文件组成

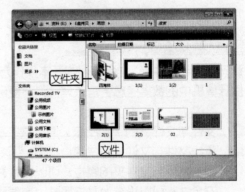

图 2.2　文件与文件夹结构

图中展开了【画册】文件夹，其中包括一些文件和文件夹，如文件夹【四海洋】，图片文件【1（1）】、【2】等。

3）路径

在计算机中为了指出文件所在位置，通常用路径来描述，其表示方式非常形象，规定

在上一级文件夹名和下一级文件夹名或文件名前加一个斜杠符号"\"，如"工作文件 E\画册"表示当前显示的是【工作文件 E】文件夹中的【画册】子文件夹中的文件。用户可从窗口的地址栏中查看当前文件或文件夹的路径，如图 2.3 所示。

> **说明：** 在 Windows Vista 中，默认情况下地址栏中不会显示文件路径的盘符，如"工作文件 E\画册"，单击地址栏，即可把盘符显示出来，如"E:\工作文件 E\画册"，如图 2.4 所示。

图 2.3 默认的路径

图 2.4 单击地址栏后的路径

2. 显示文件或文件夹

在【计算机】窗口中可以以不同的方式显示文件和文件夹，如需要显示文件的大小，文件名称等详细信息。常用的方法是：打开要查看的文件夹窗口，单击工具栏中的【视图】按钮 ▣ 视图 ▼，在弹出的下拉菜单中选择相应的命令，如图 2.5 所示。

其中各命令的含义如下。

图 2.5 单击【视图】按钮

- **特大图标：** 该显示方式以超大图标来显示文件和文件夹，这时通过图标即可查看文件夹中部分文件的缩略图；如果是图片文件，还可以清晰地显示出图片的大型缩略图，如图 2.5 所示，这对于显示图片文件比较有用。

- **大图标：** 该显示方式也是显示文件或文件夹的缩略图，图标大小次于特大图标。

- **中等图标：** 该显示方式除了显示文件或文件夹的缩略图，还显示文件或文件夹的名称，图标大小次于大图标。该显示方式和 Windows XP 中的"缩略图"方式相同。

- **小图标：** 该显示方式以很小的图标显示文件或文件夹，无法查看文件或文件夹的缩略图。

- **列表：** 该显示方式可将文件或文件夹以列表方式显示。

- **详细信息：** 该显示方式可将文件或文件夹的名称、大小、类型和创建日期等详细信息显示出来。

● 平铺：该显示方式以中等图标显示文件或文件夹的缩略图，并且还显示文件的名称、大小和类型。

3．隐藏文件或文件夹

对于重要的文件或文件夹，为了确保其安全性，可以将其隐藏起来。隐藏文件和文件夹的操作方法相似，下面以隐藏【示例图片】文件夹为例进行讲解，其具体操作如下：

（1）打开【计算机】窗口，在需要隐藏的【示例图片】文件夹上单击鼠标右键，在弹出的快捷菜单中选择【属性】命令，如图 2.6 所示。

（2）打开【示例图片 属性】对话框，选中 ☑ 隐藏(H) 复选框，如图 2.7 所示。

图 2.6 　选择【属性】命令 　　　　　　　图 2.7 　【示例图片 属性】对话框

（3）单击 确定 按钮，窗口中该文件图标变成浅灰色。选择【组织】→【文件夹和搜索选项】命令，打开【文件夹选项】对话框，单击【查看】选项卡，在【高级设置】列表框中选中 ⊙ 不显示隐藏的文件和文件夹 单选按钮，即可完全隐藏该文件。

4．新建文件或文件夹

在使用计算机的过程中常常需要新建不同类型的文件或文件夹来存储文件。下面分别讲解新建文件和文件夹的方法。

1）新建文件

文件基本上都是通过应用程序直接创建的，即在应用程序中新建一个文件，再将其保存在硬盘中。

2）新建文件夹

下面以新建一个【照片】文件夹为例来讲解新建文件夹的方法，其具体操作如下：

（1）在需要新建文件夹的窗口的空白处单击鼠标右键，在弹出的快捷菜单中选择【新建】→【文件夹】命令，如图 2.8 所示。

（2）系统自动新建一个文件夹，此时文件名处于可编辑状态，直接输入文件夹的名称，如"照片"，如图 2.9 所示。

（3）按【Enter】键，文件夹创建成功。

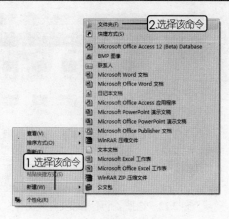

图 2.8 选择快捷菜单命令

图 2.9 输入文件夹名称

5. 选择文件或文件夹

选择文件或文件夹的方法相同，都是通过使用鼠标或配合键盘来实现的。下面将详细讲解选择文件或文件夹的方法。

1）选择单个文件或文件夹

用鼠标单击某个文件或文件夹即可选择，选择后的文件或文件夹将被一个矩形框框住，如图 2.10 所示。

2）选择多个相邻文件或文件夹

选择多个相邻文件或文件夹有如下两种方法。

- 按住鼠标左键不放，向需要选择的文件或文件夹方向拖动，此时屏幕上鼠标拖动的区域会出现一个蓝色的矩形框，释放鼠标后，蓝色矩形框内所有的文件或文件夹都被选中，如图 2.11 所示。

图 2.10 选择文件或者文件夹

- 选择第一个需要的文件或文件夹，按住【Shift】键不放的同时单击最后一个文件或文件夹，这两个文件或文件夹之间的所有文件或文件夹都被选中。

技巧： 按【Ctrl+A】组合键可以将当前窗口中的文件或文件夹全部选中。

3）选择多个不相邻的文件或文件夹

按住【Ctrl】键不放，同时单击要选择的文件或文件夹，即可选择多个不相邻的文件或文件夹，如图 2.12 所示。

说明： 在选择多个文件或文件夹时，如果多选了或选错了文件或文件夹，可以在窗口空白处单击鼠标取消选择。

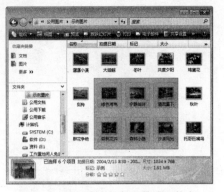

图 2.11　选择多个相邻文件或文件夹

图 2.12　选择多个不相邻文件或文件夹

6. 重命名文件或文件夹

为了更好地区分与管理文件和文件夹，需要对其进行重命名操作。重命名文件或文件夹的方法相似，下面以重命名文件夹为例进行讲解，其具体操作如下：

说明： Windows Vista 中不允许在同一文件夹中有两个相同名称的文件或文件夹。

（1）在需重命名的文件夹图标上单击鼠标右键，在弹出的快捷菜单中选择【重命名】命令，如图 2.13 所示，此时文件夹名处于可编辑状态，如图 2.14 所示。

（2）输入新的文件名称，如"Vista 图片"，按【Enter】键，如图 2.15 所示，即可完成文件夹的重命名操作。

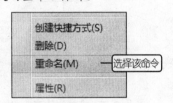

图 2.13　选择命令

图 2.14　可编辑状态

图 2.15　重命名

注意： 重命名文件或文件夹的快捷键是【F2】。另外，在对文件进行重命名操作时，不要更改文件的扩展名，否则很可能造成文件无法正常使用。

7. 移动文件或文件夹

移动文件或文件夹是指将文件或文件夹从一个位置移动到另一个位置，原位置不再保存此文件或文件夹。下面将【示例图片】文件夹中的【宁静湖畔】文件移动到 D 盘的【图片】文件夹中，其具体操作如下：

（1）打开【计算机】窗口，双击【示例图片】文件夹，在打开的窗口中选择要移动的文件"宁静湖畔"。

（2）按【Ctrl+X】组合键，或单击鼠标右键，在弹出的快捷菜单中选择【剪切】命令，将其剪切到剪贴板上，如图 2.16 所示。

（3）在左侧的窗格中选择 D 盘，在打开的窗口中双击【图片】文件夹，按【Ctrl+V】

组合键，或在空白处单击鼠标右键，在弹出的快捷菜单中选择【粘贴】命令，将剪贴板中的文件粘贴至目标位置，如图2.17所示，完成文件的移动操作。

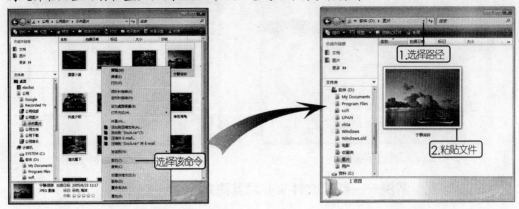

图2.16 选择【剪切】命令   图2.17 粘贴文件

8. 复制文件或文件夹

复制文件或文件夹是指将已有的文件或文件夹复制一份到另一个位置，而原文件或文件夹仍然不变。复制文件或文件夹的方法与移动操作相似，只需选择要复制的文件或文件夹，然后按【Ctrl+C】组合键，或单击鼠标右键，在弹出的快捷菜单中选择【复制】命令，然后再粘贴到目标位置。

9. 删除文件或文件夹

当不再使用某个文件或文件夹时可以将其删除，以释放更多硬盘空间存储其他信息。在 Windows Vista 中删除文件或文件夹的方法主要有如下几种。

- 选择需删除的文件或文件夹，选择【文件】→【删除】命令。
- 选择需删除的文件或文件夹，单击鼠标右键，在弹出的快捷菜单中选择【删除】命令。
- 选择需删除的文件或文件夹，按【Delete】键。
- 选择需删除的文件或文件夹，将其拖动到桌面上的【回收站】图标上。

执行以上任意一种删除操作后，都会打开一个提示对话框，如图2.18所示，提示用户是否将该文件或文件夹删除到回收站，单击 是(Y) 按钮确认此操作，单击 否(N) 按钮放弃删除操作。

> **技巧**：选择要删除的文件或文件夹，按【Shift+Delete】组合键，可以直接将文件或文件夹删除，而删除后的文件或文件夹不会进入回收站，也不会打开提示对话框。

文件或文件夹被删除到回收站中，其实并没有被完全从计算机中删除，是可以恢复的。其方法是：打开【回收站】窗口，在任务窗格中单击 还原所有项目 按钮，如图2.19所示，即可将文件或文件夹还原到原来的位置。另外，在【回收站】窗口中单击 清空回收站 按钮，可将文件从计算机中完全删除。

图 2.18 确认文件删除　　　　　　　　图 2.19 还原回收站中的文件

2.1.2 典型案例——新建文件夹并将其隐藏

案例目标

本案例将新建一个【青春档案】文件夹，并将自己相关的文件移动到其中，并设置该文件夹的隐藏属性，使其不可见。

操作思路：

（1）新建文件夹并命名。

（2）移动文件到新的文件夹中。

（3）在【文件夹选项】对话框中设置文件夹的隐藏属性。

操作步骤

新建文件夹并将其隐藏的具体操作如下：

（1）打开【计算机】窗口，进入 E 盘，在空白处单击鼠标右键，在弹出的快捷菜单中选择【新建】→【文件夹】命令。

（2）将文件夹重命名为"青春档案"，将计算机中的相关文件移到此文件夹中。如选择 E 盘中的【身份证】文件，按住【Shift】键选择如图 2.20 所示的文件，使用拖动移动的方法将其拖到【青春档案】文件夹中，如图 2.21 所示。

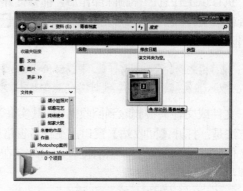

图 2.20 选择文件　　　　　　　　图 2.21 移动文件

（3）在【青春档案】文件夹图标上单击鼠标右键，在弹出的快捷菜单中选择【属性】命令，在打开的对话框中选中 ☑隐藏(H) 复选框。

（4）选择【组织】→【文件夹和搜索选项】命令，打开【文件夹选项】对话框，单击【查看】选项卡，在【高级设置】列表框中选中 ⦿ 不显示隐藏的文件和文件夹 单选按钮，即可完全隐藏该文件，如图 2.22 所示。

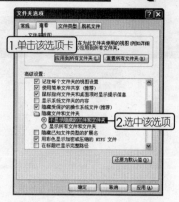

图 2.22　【文件夹选项】对话框

案例小结

本案例将一些重要文件放到了一个新建的文件夹中并将其隐藏，练习了文件和文件夹的一些基本操作。但在实际操作中，建议不要将隐藏的文件和文件夹显示出来，因为大部分隐藏文件或文件夹都是系统文件，当显示出来后，如果对其执行了误操作，有可能会损坏文件，导致系统无法正常运行。

2.2　文件与文件夹的管理

学会对文件和文件夹的一些基本操作后，其实还需要对其进行深层次的管理，这些操作可以归为文件和文件夹的高级操作，如在计算机中查找某个文件和设置文件或文件夹的属性等。

2.2.1　知识讲解

下面分别对查找文件、设置文件或文件夹属性、设置局域网中文件或者文件夹的共享属性进行讲解。

1．查找文件

当忘记了某些文件或文件夹的存放位置时，若逐个手动查找，既费时又费事，这时可使用 Windows Vista 的搜索功能，快速查找需要的文件或文件夹。

在【计算机】窗口上部的【搜索】栏中输入搜索关键字，如"照片"，Windows Vista 即可自动开始查找并显示结果，如图 2.23 所示，显示了在当前位置找到的结果，如果不是自己需要的文件，可以单击 🔍 高级搜索 超链接，在打开的窗口中根据文件位置、日期、名称、标记、作者等进行查找，如图 2.24 所示。

> **技巧**：计算机使用久了以后，会产生很多很占系统资源的临时文件，影响计算机的运行速度。使用查找文件的功能可快速地查找并删除这些文件，方法是：在【搜索】栏中输入关键字".tmp"，Windows Vista 会自动查找所有以 tmp 为扩展名的文件，按【Ctrl+A】组合键将所有临时文件选中，然后按【Shift+Delete】组合键将这些文件删除。

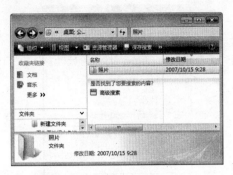

图 2.23　输入查找的关键字

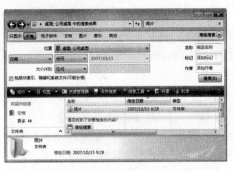

图 2.24　高级查找

2．设置文件或文件夹的属性

文件或文件夹的基本属性包括只读、隐藏两种。在文件或文件夹的图标上单击鼠标右键，在弹出的快捷菜单中选择【属性】命令，可以打开该文件或文件夹的属性对话框，在其中可设置它们的属性。如图 2.25 所示为一个文件的【属性】对话框。

1）只读属性

在实际工作中，计算机中的有些文件或文件夹是不能随便被人修改的，可以通过一些保护措施将其保护起来。在【属性】对话框中，若选中 只读(R) 复选框表示文件或文件夹具有只读属性，当删除或修改该文件或文件夹时，系统将打开提示对话框提示用户操作。

2）隐藏属性

前面我们提到了隐藏属性，当将文件设置成【隐藏】属性时，并且在【文件夹选项】对话框中选中了 不显示隐藏的文件和文件夹 选项时，该文件就会被隐藏起来。

单击 高级(D)... 按钮，还有更多属性可以设置，如存档、加密等，如图 2.26 所示。

图 2.25　基本属性设置

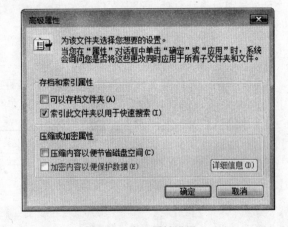

图 2.26　高级属性设置

3．设置文件或文件夹共享

如果在一个局域网中有多台电脑需要共享资源，那么就要给文件夹设置共享属性，其具体操作如下：

（1）在文件夹图标上单击鼠标右键，在弹出的快捷菜单中选择【共享】命令，打开【文件共享】对话框，如图 2.27 所示。

（2）单击 共享(H) 按钮，即可完成文件夹的共享设置，如图 2.28 所示，文件夹的图标会变成 。

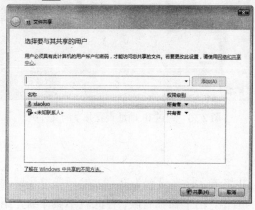

图 2.27　【文件共享】对话框

图 2.28　文件共享成功

2.2.2　典型案例——查找【素材】文件夹并设置共享属性

案例目标

本案例将使用查找文件的方法查找【素材】文件夹，并将其设置为共享，然后通过局域网访问该文件夹。

操作思路：

（1）通过【计算机】窗口查找【素材】文件夹。

（2）设置【素材】文件夹的共享属性。

（3）通过局域网访问该文件夹。

操作步骤

查找【素材】文件夹并将其设置为共享的具体操作如下：

（1）打开【计算机】窗口，在顶部的地址栏中选择【素材】文件夹可能保存的磁盘，在搜索栏中输入【素材】，搜索到的结果将显示在窗口中，如图 2.29 所示。

（2）在【素材】文件夹上单击鼠标右键，在弹出的快捷菜单中选择【共享】命令，打开【文件共享】对话框，单击 共享(H) 按钮，即可完成文件夹的共享设置。

（3）在局域网中任何一台计算机（包括自己的计算机）中，都可以访问该共享文件。在【计算机】窗口的地址栏中，输入共享文件所在计算机的 IP 地址，这里输入\\192.168.0.12，按【Enter】键，就可通过局域网访问共享的文件夹，文件夹的共享名为"素材"，如图 2.30 所示。

技巧： 也可以在【计算机】窗口的地址栏中输入计算机名，如"\\xiaoluo-pc"。

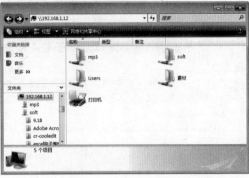

图 2.29 搜索结果   图 2.30 通过 IP 地址查看共享的文件夹

案例小结

本案例搜索计算机中的【素材】文件夹，并将该文件夹设置为共享，然后通过局域网访问了共享的文件夹。对于局域网和 IP 地址的应用，由于篇幅有限，在此就不做详细介绍了，有兴趣的读者可购买相关书籍进行学习。

2.3 上 机 练 习

2.3.1 清空回收站

本次将练习清空回收站的操作，在清空内容时应该查看被删除的文件是否为无用的垃圾文件，确定后再执行操作。

操作思路：

● 从桌面上打开【回收站】窗口。

● 仔细查看文件是否都为不再使用的垃圾文件。

● 如果都可以删除，单击窗口上部的 清空回收站 按钮，即可删除回收站中的所有内容。

2.3.2 将所有 mp3 文件剪切到新建文件夹中

本次将练习新建文件夹、搜索文件和剪切文件。本次练习的目的是尽量将同一类型的文件保存在一起，便于查找和管理。

● 打开【计算机】窗口，进入 F 盘，在空白处单击鼠标右键，在弹出的快捷菜单中选择【新建文件夹】命令。

● 新建的文件夹名称处于编辑状态，修改其名称为 "mp3"。

● 使用搜索功能，查找计算中所有 mp3 类型的音乐文件。

● 将找到的所有文件全部剪切到【mp3】文件夹中。

2.4 疑 难 解 答

问：怎样显示文件的扩展名？

答：打开【计算机】窗口，选择【组织】→【文件夹和搜索选项】命令，打开【文件夹选项】对话框，单击【查看】选项卡，在【高级设置】列表框中取消选中□隐藏已知文件类型的扩展名复选框，单击 确定 按钮即可显示文件的扩展名。

问：文件夹的图标可否不用 Windows Vista 默认的？

答：当然可以，在需要改变图标的文件夹上单击鼠标右键，在弹出的快捷菜单中选择【属性】命令，打开文件夹属性对话框，单击【自定义】选项卡，然后单击 更改图标(I)... 按钮，即可在打开对话框的列表框中选择新的图标样式。

问：为什么在文件夹上单击鼠标右键，在弹出的快捷菜单中没有【共享】命令呢？

答：你可能是用标准用户的身份登录计算机的，切换到管理员用户后，再去设置共享和安全属性就可以了。

2.5　课后练习

1. 选择题

（1）选择不相邻的多个文件时，应配合键盘上的（　　　　）键，选择相邻的多个文件时，应配合键盘上的（　　　）键。

　　　A.【Shift】　　　　　B.【Ctrl】　　　　　C.【Alt】　　　　　D.【Enter】

（2）选择需删除的文件，按【Delete】键后是将文件删除到（　　　）中。

　　　A. 我的电脑　　　　B. 我的文档　　　　C. 回收站　　　　D. 网上邻居

2. 问答题

（1）文件或文件夹显示的方式有哪些？含义分别是什么？

（2）简述查找文件的方法。

（3）简述隐藏文件或文件夹的方法。

（4）简述重命名文件夹的方法。

3. 上机题

（1）查看自己计算机中各个驱动器下的文件和文件夹（包括隐藏的文件和文件夹）。

（2）查看【回收站】中的内容，将需要的文件或文件夹恢复到原始位置，将不需要的文件彻底删除。

（3）搜索计算机中所有扩展名为 jpg 的文件（jpg 是图片文件的一种格式）。

（4）新建多个文件夹，将自己计算机中的文件分门别类进行放置。如新建一个【图片】文件夹，再查找计算机中所有的 jpg 图片文件，将它们移动到新建的文件夹中。

第 3 课
汉字输入法

本课要点

- 输入法的切换、添加和删除
- 五笔输入法的使用
- 微软拼音输入法的使用
- 紫光拼音输入法的使用

具体要求

- 了解输入法状态条中各按钮的使用方法
- 掌握添加与删除输入法的方法
- 掌握字根及五笔字根助记词
- 掌握汉字的拆分方法
- 掌握五笔输入法的使用方法
- 掌握微软拼音输入法与紫光拼音输入法的使用方法

本课导读

在计算机中输入文字一般都是通过输入法来实现的，对于普通用户来讲，掌握一种汉字输入法是进行计算机操作的前提。本课将讲解输入法的基本操作以及五笔输入法、微软拼音输入法和紫光拼音输入法 3 种常用的输入法。

- 五笔输入法：熟练掌握此输入法后，输入汉字的速度可达到每分钟一百多个字，适合长期从事文本编辑工作的人员。
- 微软拼音输入法：懂得汉语拼音的用户都可使用，无须记忆，轻松上手。
- 紫光拼音输入法：适合计算机初学者，使用简单，输入速度快。

3.1 认识输入法

在计算机中输入文字是最常用的操作之一，它是通过键盘和输入法来实现的。在使用输入法之前，应该先学习输入法的概念，再掌握其使用方法。下面将详细讲解有关输入法的知识点。

3.1.1 知识讲解

对于普通用户，一般只使用英文输入法和汉字输入法。英文输入法就是输入英文的方法，可以通过键盘上相应的键位输入字母、数字或符号；汉字输入法就是输入中文的方法，这是本章讲解的重点。

1. 输入法简介

常用的汉字输入法包括五笔输入法、智能 ABC 输入法、全拼输入法、双拼输入法、微软拼音输入法、紫光拼音输入法和谷歌拼音输入法等。这些输入法按照其编码规则的不同，可分为以下几种。

- **形码**：形码是根据汉字字形的特点，经分割、分类并定义键盘的表示法后形成的编码。该类输入法的优点是重码率低、输入速度快，缺点是需记忆大量的编码规则、拆字方法和原则，因此学习难度相对较大。
- **音码**：音码是以汉字的读音为基准进行的编码。该类输入法的优点是简单、易学和需记忆的编码信息量少，缺点是重码率高，输入速度相对较低。
- **音形结合码**：音形结合码是结合汉字的语音特征和字形特征编码，该类编码的优点和缺点介于音码和形码之间，需记忆部分输入规则和方法，但也存在部分重码。

2. 输入法的切换

输入法显示在语言栏中，可以通过语言栏对输入法进行各种设置。语言栏显示的是▦图标。切换输入法的方法是：单击该图标，弹出一个输入法列表，在其中选择所需的输入法即可，如图 3.1 所示。

选择输入法后，语言栏左侧会显示相应的图标，如选择王码五笔型输入法，语言栏左侧显示为五图标。

图 3.1 输入法列表

技巧：按【Shift+Ctrl】组合键可在各输入法之间依次进行切换。

3. 输入法的状态条

选择输入法后，将在任务栏上打开一个对应的输入法状态条（英文输入法除外），此时即可开始输入汉字。不同输入法的功能大致相同，如中英文切换、全半角切换功能等都很相似，下面以目前最常用的拼音输入法——紫光拼音输入法为例进行介绍。

1）文字输入

在输入法列表中选择紫光拼音输入法后，输入法的状态条如图 3.2 所示，这时即可在文字处理软件，如系统自带的【记事本】、【写字板】以及 Word 中输入文字。

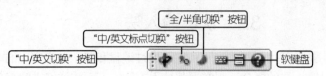

图 3.2　输入法状态条

2）中/英文切换

在使用汉字输入法输入中文时，按【Ctrl+空格】组合键可快速切换到英文输入法状态。另外，还有一种方法可以在汉字输入法中直接输入英文，其方法是：单击输入法状态条的 ⊕ 按钮后，使其变成 En 按钮，即切换至英文输入法状态。同样，单击 En 按钮，就可以切换到中文输入法，此时输入的英文为小写，要想输入大写英文，需在输入时按住【Shift】键。

> **注意：** 现在很多拼音输入法都支持按【Shift】键切换中/英文状态，紫光拼音输入法和微软拼音输入法也不例外。

3）全/半角切换

当输入法处于全角状态时，【全/半角切换】按钮显示为 ● 状态，此时输入的英文、字符和数字将占一个汉字的位置；当输入法处于半角状态时，【全/半角切换】按钮显示为 ● 状态，此时输入的英文、字符和数字将只占半个汉字的位置。

4）中/英文标点切换

当【中/英文标点切换】按钮显示为 ° 状态时，表示处于中文标点输入状态，标点只占据一个字符的位置；当【中/英文标点切换】按钮显示为 ·· 状态时，表示处于英文标点输入状态，标点占据半个字符的位置。

5）软键盘的使用

汉字输入法中的软键盘是一个非常有用的按钮，通过它可以输入各种特殊符号和特殊字符。在 ▦ 按钮上单击鼠标右键，弹出软键盘快捷菜单，如图 3.3 所示。如需要输入"【"符号时，可在该菜单中选择【标点符号】命令，将弹出如图 3.4 所示的软键盘图，在其中单击即可输入此符号。

图 3.3　软键盘快捷菜单

图 3.4　软键盘图

4．添加和删除输入法

如果要使用非 Windows 自带的输入法，就必须安装后才能使用。输入法的安装方法和

软件的安装方法相同，安装后的输入法，如果不用了，还可以将其删除。再用的时候直接添加即可，不用再次安装。

1）删除不用的输入法

系统中安装的输入法过多并不是一件好事，因为在输入法列表中显示的选项太多会影响选择输入法的速度，所以可以将不常用的输入法删除。下面以删除【万能五笔 IME 内置版】为例来讲解，其具体操作如下：

（1）在输入法状态条上单击鼠标右键，在弹出的快捷菜单中选择【设置】命令，打开【文字服务和输入语言】对话框，在【已安装的服务】列表框中选择【万能五笔 IME 内置版】，如图 3.5 所示。

（2）单击 删除(R) 按钮即可将其删除，返回【文字服务和输入语言】对话框，在【已安装的服务】列表框中已经看不到此输入法了。

（3）单击 确定 按钮即可完成该输入法的删除操作。

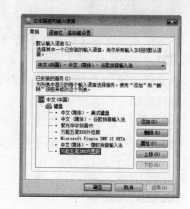

图 3.5　删除不用的输入法

2）添加常用的输入法

前面在输入法列表中删除了【万能五笔 IME 内置版】，如现在需要使用该输入法，就需要重新进行添加，其具体操作如下：

（1）在输入法状态条上单击鼠标右键，在弹出的快捷菜单中选择【设置】命令，打开【文本服务和输入语言】对话框，单击其右侧的 添加(D)... 按钮。

（2）在打开的【添加输入语言】对话框中的下拉列表框中选择【中文（中国）】选项，在【键盘】下拉列表框中选择【万能五笔 IME 内置版】选项，如图 3.6 所示。

（3）单击 确定 按钮返回【文字服务和输入语言】对话框，在【已安装的服务】列表框中即可看到添加的输入法，如图 3.7 所示。

图 3.6　【添加输入语言】对话框

图 3.7　【文字服务和输入语言】对话框

（4）单击 确定 按钮即可完成该输入法的添加。

3.1.2 典型案例——在【写字板】程序中输入"§★§"符号

案例目标

本案例将练习在【写字板】程序中输入"§★§"符号，这是通过输入法中的软键盘来实现的。

源文件位置：【\第 3 课\源文件\特殊符号.rtf】

操作思路：

（1）打开【写字板】程序，切换输入法。

（2）打开软键盘快捷菜单和软键盘。

（3）输入符号。

操作步骤

在【写字板】中输入符号的具体操作如下：

（1）选择【开始】→【所有程序】→【附件】→【写字板】命令，打开【写字板】程序，切换输入法为紫光拼音输入法。

（2）在输入法状态条的【软键盘】按钮 上单击鼠标右键，在弹出的软键盘快捷菜单中选择【特殊符号】命令。

（3）在弹出的软键盘中单击 "§" 符号，然后单击"★"符号，最后再次单击"§"符号即可，如图 3.8 所示。

图 3.8 输入"§★§"符号

案例小结

本案例练习了输入法状态条中的软键盘的具体使用方法，读者可打开软键盘，仔细查看每个分类中都有哪些符号，方便下次使用。

3.2 常见输入法的使用

输入法种类很多，用户可以根据自身的实际情况，选择合适的输入法。如打字员就可以选择输入效率比较高的五笔输入法，而对于录入速度要求不高的一般用户来讲，可以选择比较大众化的输入法，如微软拼音输入法、紫光拼音输入法等。

3.2.1 知识讲解

微软拼音输入法和紫光拼音输入法都是靠读音来输入汉字的，使用起来非常简单，需要记忆的知识很少。比较之下，五笔输入法是用汉字拆分的字根进行输入的，因此更复杂，下面将以五笔输入法作为重点知识来讲解。

1. 五笔输入法

五笔输入法以重码率低、不受方言影响等优点征服了许多用户，成为办公人员的首选输入法。五笔输入法类型众多，如王码五笔型输入法 86 版、98 版和万能五笔输入法等，它们除了编码和功能上稍有差别外，其输入汉字的基本方法都相同。本课以使用最广泛的王码五笔型输入法 86 版为例，介绍五笔输入法的使用方法。

1）汉字的结构

五笔输入法属于形码，是根据汉字的结构进行分割并定义形成的。

● 汉字的 3 个层次

从汉字的组成结构来看，可将汉字分为笔画、字根和单字 3 个层次，如图 3.9 所示。其中，笔画是一次写成的一个连续不断的线段；字根是指由若干笔画复合交叉而形成的相对不变的结构，它是构成汉字最基本的单位；单字是按一定的位置组合起来的字根。

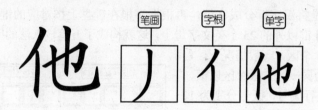

图 3.9　汉字"他"的组成结构

● 汉字的 5 种笔画

根据各种笔画书写时的运笔方向不同，可将笔画分为横、竖、撇、捺、折 5 种。五笔输入法根据笔画的顺序和使用频率的高低分别用数字 1~5 来代表，如表 3.1 所示。

表 3.1　汉字的 5 种笔画

笔画代码	笔画名称	运笔方向	笔画及变形
1	横	左→右	一 ⁄
2	竖	上→下	∣ ∣
3	撇	右上→左下	∫
4	捺	左上→右下	＼ 丶
5	折	带转折	乙 フ コ ㄣ ㄋ ㄥ ㄑ ㄴ 丁 一 ㄥ

● 汉字的 3 种结构

根据构成汉字的各字根之间的位置关系，可把汉字分为左右型、上下型和杂合型 3 种结构，分别使用数字 1、2、3 来代表，如表 3.2 所示。

表 3.2　汉字的 3 种字型结构

字型代码	字　型	代表汉字
1	左右（左中右）	形、洛、树、钟、韩、和、加
2	上下（上中下）	资、杰、简、宜、息、贺、愈
3	杂合	困、凶、司、间、由、匣、成

- **左右型汉字**：左右型汉字是指能拆分成有一定距离的左右两部分或左、中、右 3 部分的汉字。每一部分可以是一个基本字根，也可以由几个基本字根组合而成。
- **上下型汉字**：上下型汉字是指能拆分成有一定距离的上下两部分或上、中、下 3 部分的汉字。每一部分可以是一个基本字根，也可以由几个基本字根组合而成。
- **杂合型汉字**：杂合型汉字是指各组成部分之间没有简单明确的左右型或上下型关系的汉字。凡是组成整字的各部分不能明显地分隔为上下两部分或左右两部分的汉字都属杂合型。

注意： 如果一个基本字根之间或之后带有一个孤立的点的汉字，无论字中的点与基本字根是否相连，该字均被视为杂合型，如术、鸟和太等。另外，包括"辶"的汉字，如逃、这等，以及由一个基本字根构成的汉字也是杂合型。

2）字根的分布

五笔输入法实际上是将汉字拆分成字根，再根据字根在键盘上按对应的键输入该汉字。字根被分布在除【Z】键以外的 25 个英文字母上，这就构成了五笔输入法的字根键盘。

字根键盘总共分为 5 个区，一般情况下，首笔笔画代码相同的字根为同一区，各个区以横、竖、撇、捺、折的顺序进行编号，区号分别为 1、2、3、4、5。每一区中有 5 个键，每个键位用 1、2、3、4、5 表示位号，以区号+位号（区位号）的方式确定各个键位，如【D】键为横区第 3 个键，即区号为 1，位号为 3，所在键位的区位号就为 13。键位分区图如图 3.10 所示。

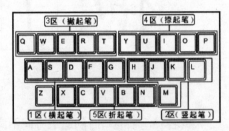

图 3.10　各键位分区图

注意： 字根并不是严格地按首笔笔画被分布到各键位上的，如【L】键上的字根"车"，它的首笔笔画为"横"，但却属于"竖"区，对于这些特殊字根，读者应注意记忆。

由于各键位上的字根太多，很难记忆，根据其特点编写了一个五笔字型字根助记词，如图 3.11 所示。记住五笔的字根及其键盘分布，是学会使用五笔输入法的必备条件。

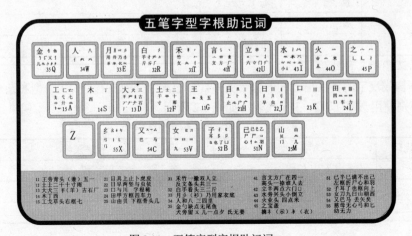

图 3.11　五笔字型字根助记词

3）汉字的拆分

记住了各字根在键盘上的位置分布后，就可以根据各汉字的特点将其拆为字根准备输入汉字了。对于汉字的拆分应该按一定的规则进行，其规则定义为"书写顺序、取大优先、能散不连、能连不交、兼顾直观"，下面将分别对其进行讲解。

- "书写顺序"原则：在拆分汉字时，首先应按照汉字的书写顺序进行拆分，即从左到右，从上到下，由外到内。例如"分"字应从上到下拆分为"八、刀"。
- "取大优先"原则：在拆分汉字时，应尽量使拆分出的字根笔画最多。例如"则"字应拆分为"贝、刂"，而不应拆分为"冂、人、刂"。
- "能散不连"原则：是指能将汉字拆分成"散"结构的字根就不拆分成"连"结构的字根。例如"垂"字应拆分为"丿、一、艹、土"（字根散开），而不应拆分为"丿、十、艹、一、一"（字根相连）。
- "能连不交"原则：是指能将汉字拆分成相互连接的字根就不拆分成相互交叉的字根。例如"天"字应拆分为"一、大"（字根相连），而不应拆分为"二、人"（字根相交）。
- "兼顾直观"原则：是指拆分出来的字根要符合一般人的视觉习惯。例如"自"字应拆分为"丿、目"，而不应拆分为"白、一"。

4）汉字的输入

正确地将汉字拆分为字根后，即可通过五笔输入法输入汉字了。

- 一般汉字的输入

输入单个汉字的方法是输入汉字的前 3 个字根加最后一个字根，如要输入"廊"字，先按拆分规则将其拆分为"广、丶、彐、阝" 4 个字根，再依次按这 4 个字根所在的【Y】、【Y】、【V】和【B】键。

如果需输入的汉字拆分出来不足 4 个字根，则很可能会出现重码的情况，即当输完该字的字根时，会出现很多汉字供用户选择，这样比较费时，因此五笔输入法提出了"末笔字型识别码"的方法来确定输入的汉字。末笔字型识别码的构成如表 3.3 所示。

表 3.3　末笔字型识别码

字形识别码 ＼ 末笔识别码	横（1）	竖（2）	撇（3）	捺（4）	折（5）
左右型（1）	11【G】	21【H】	31【T】	41【Y】	51【N】
上下型（2）	12【F】	22【J】	32【R】	42【U】	52【B】
杂合型（3）	13【D】	23【K】	33【E】	43【I】	53【V】

"末笔字型识别码"分为"末笔识别码"和"字型识别码"。"末笔识别码"指汉字最后一笔笔画的代码，如最后一笔为竖，则代码为 2；"字型识别码"指汉字字型的代码，其中左右型为 1，上下型为 2，杂合型为 3。由此可见，末笔字型识别码由以上两个代码组

合而成。如"溅"字的最后一笔为"丿"，末笔识别码为"3"，字型为"左右型"，字形识别码为"1"，因此其末笔字型识别码为"31"，对应键为【T】键，所以在五笔输入法中依次按【I】、【M】、【G】和【T】键即可输入"溅"字。

> **注意：** 当加了识别码之后仍不足 4 码时，可以按空格键来代替。

- **键名汉字的输入**

  键名汉字是排在键位上的第 1 个字根，它是这个键位上所有字根中最具代表性的字根，如【Q】键上的字根"金"。输入键名汉字的方法是连续按所在键位 4 下，键盘上键名汉字的分布如图 3.12 所示。

图 3.12　键名汉字

- **成字字根的输入**

  成字字根又称字根字，它是除键名汉字外既可以作为字根，也可以作为一个独立汉字的字，其输入方法是：所在键位+首笔画+次笔画+末笔画。即先按该字根所在的键，然后按该字第一个笔画、第二个笔画以及最后一个笔画所对应的键即可，如要输入字根"贝"，应先按该字根所在的【M】键，再依次以书写顺序按【H】、【N】和【Y】键。

- **简码**

  单个汉字除了常规的输入方法外，为了提高汉字的输入速度，五笔字型按汉字使用频率的高低，创建了一级简码、二级简码和三级简码的规则，即只需按该汉字的前一个、两个或三个字根所在的键，再按一下空格键即可输入该字。

  如要输入一级简码的"国"字，只需按一次【L】键，再按一下空格键；若要输入二级简码中的"珠"字，只需按【G】和【R】键，再按一下空格键即可。除【Z】键外的 25 个键位都对应一个一级简码汉字，如图 3.13 所示。

图 3.13　各键位对应的一级简码

5）词组的输入

通过五笔字型的词组输入功能，可以提高输入速度。词组的输入包括两字词组、三字词组、四字词组和多字词组，但无论词组中包含多少个汉字，最多只能取 4 码。

- 两字词组的输入方法是输入第一个和第二个汉字的前两码。如要输入词组"研究"，则分别取这两个字的前两个字根"石、一"和"宀、八"，其编码是"DGPW"。
- 三字词组的输入方法是输入前两个汉字的第一码和第三个汉字的前两码。如要输入词组"奥运会"，则取前两个汉字的第一个字根"丿"和"二"，再取第三个汉字的前两个字根"人、二"，其编码为"TFWF"。
- 四字词组输入的方法是输入每个字的第一码。如要输入词组"新闻联播"，则各取每个字的第一码"立、门、耳、扌"，其编码为"UUBR"。
- 多字词指多于4个字的词组，输入方法是输入前三个字的第一码和最后一个字的第一码。如要输入词组"理论联系实际"，则分别取前三个字和最后一个字的第一码"王、讠、耳、阝"，其编码为"GYBB"。

> **技巧：** 五笔输入法还拥有手动造词功能，可以将经常需要输入的词语（如姓名、公司名称等）设置成固定编码，用于提高输入速度。

2. 微软拼音输入法

微软拼音输入法是在 Windows Vista 操作系统中附带的中文输入法程序，进入 Windows Vista 后，微软拼音输入法会自动显示在输入法列表中，切换到该输入法，即可进行中文输入。

微软拼音输入法是一种以语句输入为特征的输入法，在输入中文时，可以连续输入一句话，输入法在输入过程中会自动判断显示正确的文字。如输入"我买了一台新电脑"，只要输入拼音"womaileyitaixindiannao"，输入完毕后，按空格键确认即可，如图 3.14 所示。

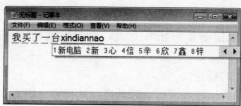

图 3.14 输入拼音

微软拼音输入法的状态条和一般输入法的状态条有些差异，如图 3.15 所示，其中各选项的含义如下。

- **按钮：** 微软拼音输入法图标，表示当前使用的输入法为微软拼音输入法。
- **按钮：** 单击该按钮，在弹出的菜单中可以选择微软拼音输入法的输入风格，如图 3.16 所示。

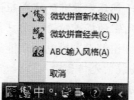

图 3.15 切换到微软拼音输入法　　　　图 3.16 选择输入法风格

注意：在 Windows Vista 中没有提供用户所熟悉的智能 ABC 输入法，对于习惯使用该输入法的用户，可将微软拼音输入法的输入风格设置为"ABC 输入风格"。

- 中按钮：单击该按钮，可以切换中英文输入状态，如单击切换为英，则可以在该输入法中直接输入英文字符。
- 按钮：单击该按钮，可在全角与半角标点符号之间进行切换。
- 按钮：单击该按钮，可以打开【输入板】对话框，如图 3.17 所示，一些笔画、特殊字符以及标点符号都可以通过输入板来输入。
- 按钮：单击该按钮，可以打开微软拼音输入法功能菜单，通过菜单选项可以对输入法进行一系列设置，如图 3.18 所示。

图 3.17　输入板

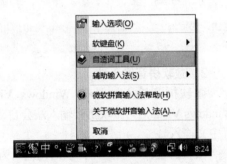

图 3.18　输入法功能菜单

3．紫光拼音输入法

紫光拼音输入法是现在最受用户喜爱的一种拼音输入法，它与微软拼音输入法一样，包括全拼、简拼和混拼等多种输入方式。下面以紫光华宇拼音输入法 V5 版本为例进行讲解。

紫光拼音输入法具有的特点如下。

- 具有词频调整功能，即以前输入过的字、词，会出现在汉字选择框中的较前部，以便于用户选择。
- 支持翘/平舌音、前/后鼻音和南方口音的模糊输入。
- 中英文混合输入时不需切换输入法状态，输完字母后如想输入中文只需按空格键即可，如想输入英文只需按【Enter】键。
- 对于包含了大小写的英文无须切换输入法，可直接输入。
- 与微软拼音输入法一样，拥有手工造词的功能。
- 对于词库中没有的词或短语，紫光拼音输入法还可以搜索相关的字或词，智能组成所需的词或短语，用户再次输入时可直接得到该词组。

下面详细讲解设置模糊音功能的方法，其具体操作如下：

（1）安装紫光拼音输入法。

（2）切换到紫光拼音输入法，在状态条上单击鼠标右键，在弹出的快捷菜单中选择【设置】命令，打开【紫光华宇拼音输入法-设置】对话框，如图 3.19 所示。

（3）单击对话框左侧的【模糊音】选项，在右侧的窗口中可对模糊音进行设置，如

图 3.20 所示。其中常用选项的功能如下。

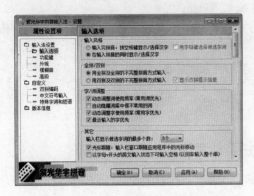

图 3.19 【紫光华字拼音输入法-设置】对话框   图 3.20 设置模糊音

● 【声母】栏：在该栏中可以将声母中不容易区分的平舌与翘舌设置为相同，如
z=zh，s=sh，c=ch；也可以设置可能发音不准的音为相同，如 k=g，f=h，l=n 等。
如选中 ☑ z = zh 复选框后，在输入词组"智慧"时，使用拼音"zihui"与"zhihui"
都可以。

● 【韵母】栏：在该栏中可以将不易区分的韵母设置为相同。

3.2.2 典型案例——输入一则笑话

案例目标

本案例将练习使用五笔输入法输入文字，在
【记事本】程序中输入文字后的效果如图 3.21 所示。

源文件位置： 【\第 3 课\源文件\笑话.txt】

操作思路：

（1）启动【记事本】程序。

（2）使用五笔输入法输入正文。

（3）保存文档并退出。

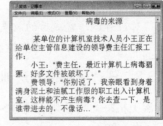

图 3.21 "笑话"文档

操作步骤

输入一则笑话的具体操作如下：

（1）选择【开始】→【所有程序】→【附件】→【记事本】命令，打开【记事本】程
序窗口。

（2）单击任务栏中的 图标，在弹出的输入法列表中选择五笔输入法。

（3）在不断闪烁的光标输入点处输入"ugmw"，会出现一个选字框，按空格键，"病"
字即可输入到文件中。

（4）继续输入"gxgu"，即"毒"字；输入"r"为"的"字；输入"go"为"来"
字；输入"idri"为"源"字。

（5）按两次【Enter】键换行，输入完剩下的汉字，其中有些汉字可以以词组的方式输入，这样可以提高速度，如"计算机"，可输入"ytsm"。

（6）输入完所有文字后，在标题前按几下空格键，使其居中，在正文前按两下空格键，以段落格式显示。

（7）选择【文件】→【保存】命令，保存文档为"笑话.txt"。

3.3 上机练习

3.3.1 任选一种输入法输入一首带拼音的唐诗

本次上机练习将使用紫光拼音输入法，在【记事本】程序中输入一首带拼音的唐诗，练习拼音输入法和软键盘的应用方法。

源文件位置：【\第 3 课\源文件\唐诗.txt】

操作思路：

- 打开【记事本】程序窗口，选择紫光拼音输入法。
- 输入所有文字，按空格键增加字距，按【Enter】键给文字换行并增加行距。
- 切换成英文输入法，在文字上面输入拼音。
- 切换成紫光拼音输入法，在输入法状态条的【软键盘】按钮 上单击鼠标右键，在弹出的软键盘快捷菜单中选择【拼音符号】命令。
- 选择要添加音调的字母，单击软键盘上的对应音调，完成后的效果如图 3.22 所示。单击 按钮，关闭软键盘。

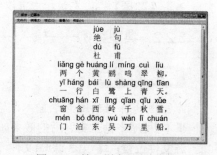

图 3.22 输入拼音并添加音调

3.3.2 任选一种输入法创造词语

本次上机练习将使用五笔输入法中自带的造词功能，将自己的名字创建为固定的词语，方便下次输入。

操作思路：

- 在五笔输入法的状态条上单击鼠标右键，在弹出的快捷菜单中选择【手工造词】命令，如图 3.23 所示。
- 打开【手工造词】对话框，如图 3.24 所示。在【词语】文本框中输入需要创建的词语，这里输入"道向"，在【外码】文本框中将自动显示出该词的五笔编码，单击 添加(A) 按钮，该词语被添加到【词语列表】列表框中，单击 关闭(C) 按钮，词语创造成功。

对词语"道向"进行造词后，以后使用五笔输入法时，输入"uttm"即可以输入词语"道向"。

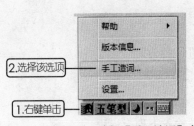

图 3.23 选择【手工造词】命令

图 3.24 【手工造词】对话框

3.4 疑 难 解 答

问：在使用王码五笔型输入法86版输入"云"字时，为什么在输入了前两码"F"和"C"，再加上末笔识别码"U"后，还没有输入该字呢？

答：这是因为编码为"FCU"的汉字有3个，它们分别为"去"、"支"和"云"，输入完全部编码后，还需要进行选择。

问：在使用拼音输入法时，怎么输入汉字"旅"呢？

答：在一般的拼音输入法中，使用"v"来代替"ü"，因此要输入"旅"字，只需输入"lv"再按空格键即可。

问："九"字的五笔编码是怎样的？

答：在五笔中拆分汉字时，如果汉字的最后两笔为撇或折，规定最后一笔为折，所以"九"字的编码为"VTN"。

3.5 课 后 练 习

1. 选择题

（1）汉字"新"的五笔编码是（　　　　）。

　　A. yusr　　　　　B. usr　　　　　　C. ugyr　　　　　D. usdh

（2）【Y】键的区位号是（　　　　）。

　　A. 31　　　　　　B. 13　　　　　　C. 41　　　　　D. 14

（3）在微软拼音输入法中，输入（　　　　）可以输入词语"成都"。

　　A. cd　　　　　　B. chengdu　　　　C. chengd　　　　D. cdu

（4）在紫光拼音输入法中，输入（　　　　）可以输入词语"旅游"。

　　A. lvyou　　　　　B. luyou　　　　　C. nuyou　　　　D. nvyou

（5）按（　　　　）组合键，可在各输入法之间依次进行切换。

　　A. Shift+Enter　　B. Shift+Ctrl　　　C. Alt+Shift　　　D. Enter

2．问答题

（1）简述汉字编码的几种方式和每种方式的特点。

（2）如何在输入法列表中添加输入法？

（3）汉字的拆分原则是什么？该按照什么顺序进行拆分？

（4）如何给紫光拼音输入法设置模糊音？

3．上机题

（1）在【写字板】程序中使用自己熟悉的输入法输入下列祝福语。

● 如果一滴水代表一个祝福，我送你一个东海；如果一颗星代表一份幸福，我送你一条银河；如果一棵树代表一份思念，我送你一片森林。天天快乐！

● 朋友不一定合情合理但一定是知心，不一定形影不离但一定是心心相惜，不一定常有联络但一定放在心上。

● 有人牵挂的漂泊不叫流浪；有人陪伴的哭泣不叫悲伤；有人分担的忧愁不叫痛苦；有人分享的快乐叫做幸福！

● 茶，要喝浓的，直到淡而无味；酒，要喝醉的，直到不能醒来的；人，要深爱的，要下辈子继续爱的；朋友，要像你这样的，送你 100 公斤的平安！1000 公斤的幸福！10000 公斤的快乐！还有我称不出重量的……"珍贵友谊"。一份不渝的友谊，执着千万个祝福，给我想念的朋友，温馨的问候。

（2）熟记五笔字根助记词，在网上下载五笔输入法练习软件，如金山打字通，安装到自己计算机中，勤加练习。

第 **4** 课

Windows Vista 进阶

本课要点

- 桌面背景和屏幕保护程序设置
- 磁盘管理
- 用户账户管理
- 安装和删除程序

具体要求

- 掌握桌面背景和屏幕保护程序的设置方法
- 掌握磁盘管理的方法
- 熟悉用户账户的管理方法
- 掌握安装和删除程序的方法

本课导读

对于新安装的操作系统，所有的设置都是默认的，必须通过具体设置，才能更符合用户个人的需求。另外，通过对磁盘、程序等方面的管理操作，可以让计算机运行得更加流畅。

- 将图片收藏设置为屏幕保护程序：美化桌面并保护屏幕，还能提高系统的安全性。
- 磁盘管理：磁盘日常管理操作，如格式化磁盘、将文件复制到可移动存储器等。
- 安装 WinRAR 软件：了解常用基础软件的安装方法。
- 删除不用的程序：删除系统中不经常使用的程序，可以更好地利用磁盘空间。

4.1 Windows Vista 的个性化设置

为了使用户的操作界面更有个性，可以对 Windows Vista 进行个性化设置，比如设置桌面背景、设置个性化提示声音等。

4.1.1 知识讲解

Windows Vista 的个性化设置包括桌面图标操作、桌面背景的设置、屏幕保护程序的设置、显示属性的设置、可视外观的设置以及个性化提示声音等，下面将详细讲解这些内容。

1. 桌面图标操作

第一次登录到 Windows Vista，桌面上仅显示一个回收站图标，可根据使用习惯在桌面上显示其他系统图标，并可以调整图标的大小以及图标的排列方式。

1）显示桌面图标

图标可以分为系统图标与程序图标两种，如果用户习惯从桌面来启动程序，可将它们放置到桌面上。在桌面上显示这两种图标的方法是不同的。

如要在桌面上显示用户的文件、计算机、网络等系统图标，其具体操作如下：

> **说明：** "用户的文件"相当于 Windows XP 中的【我的文档】、【计算机】相当于 Windows XP 中的【我的电脑】、【网络】相当于 Windows XP 中的【网上邻居】。

（1）用鼠标右键单击桌面空白处，在弹出的快捷菜单中选择【个性化】命令，打开【个性化】窗口。

（2）单击窗口左侧的 更改桌面图标(P) 超链接，如图 4.1 所示，打开【桌面图标设置】对话框。

（3）在【桌面图标】栏中选中 ☑计算机(M)复选框、☑用户的文件(U)复选框和 ☑网络(N)复选框，如图 4.2 所示，单击 确定 按钮，即可将选定的图标在桌面上显示出来。

图 4.1 【个性化】窗口

图 4.2 【桌面图标设置】对话框

> **说明：** 在对话框中设置完毕后，如果要保存设置并且退出对话框，就单击 确定 按钮；如果还要在对话框中进行其他设置，就单击 应用(A) 按钮，此时可以看到应用设置后的效果，同时不会退出对话框；如果想取消设置并且退出对话框，就单击 取消 按钮。

对于用户自定义安装的程序，如果安装程序时没有在桌面上建立快捷方式，可以在安装后将程序的快捷方式图标发送到桌面上，其具体操作如下：

（1）安装程序后，【开始】菜单中都会显示程序的启动项目，单击【开始】按钮 ，弹出【开始】菜单，如图 4.3 所示。

（2）选择【所有程序】命令，显示程序列表，如图 4.4 所示。

图 4.3　【开始】菜单　　　　　　　　　　图 4.4　程序列表

（3）用鼠标右键单击要发送桌面快捷方式的程序名称，如【Windows Media Player】，在弹出的快捷菜单中选择【发送到】→【桌面快捷方式】命令，如图 4.5 所示，即可在桌面上创建 Windows Media Player 程序的快捷方式。

在桌面上显示图标后，通过双击图标，即可启动对应的程序或打开相应的窗口。

2）调整图标大小

Windows Vista 中可以显示特大图标，并且图标的清晰度不会因为其放大或缩小而降低。在桌面空白处单击鼠标右键，在弹出的快捷菜单中选择【查看】命令，在弹出的子菜单中即可选择图标的大小，如图 4.6 所示。

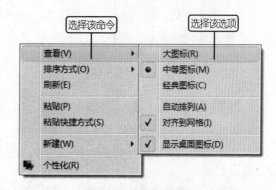

图 4.5　选择【桌面快捷方式】命令　　　　　图 4.6　桌面快捷菜单

【查看】子菜单中提供了【大图标】、【中等图标】以及【经典图标】3 种查看方式，

Windows Vista 默认为【中等图标】，图 4.7 所示的是选择【大图标】命令后的效果，图 4.8 所示的是选择【经典图标】命令后的效果。

图 4.7　大图标

图 4.8　经典图标

3）调整图标排列方式

如果桌面上的程序快捷方式图标有很多，可以按照一定规则排列这些图标，从而方便查看和操作。用鼠标右键单击桌面空白处，在弹出的快捷菜单中选择【排列】命令，在弹出的子菜单中选择采用何种方式对桌面图标进行排列，如图 4.9 所示。

Windows Vista 中允许用户随意在桌面上的任意位置放置图标，方法是先用鼠标右键单击桌面空白处，在弹出的快捷菜单中选择【查看】命令，在弹出的子菜单中，取消【自动排列】命令的选中状态，然后将鼠标指向桌面图标，并按下左键不放拖动到目标位置即可，如图 4.10 所示的是将图标排列成心形的效果。

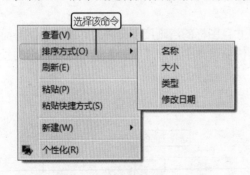

图 4.9　选择排列方式

图 4.10　将图标排列成心形

2. 桌面背景的设置

Windows Vista 提供了更漂亮的桌面背景，同时也允许用户更换背景。更换背景时，可以选择 Windows Vista 提供的背景图片，也可以将电脑中保存的任意图片文件设置为桌面背景。

用鼠标右键单击桌面空白处，在弹出的菜单中选择【个性化】命令，打开【个性化】窗口，如图 4.11 所示，单击【桌面背景】超链接，打开【选择桌面背景】对话框，如图 4.12 所示。

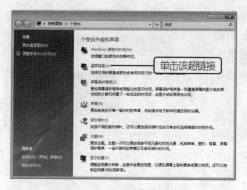

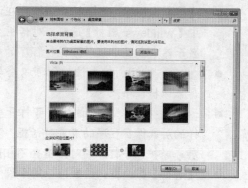

图4.11　【个性化】窗口　　　　　　　　图4.12　【选择桌面背景】对话框

在打开的【选择桌面背景】对话框中可以设置屏幕保护程序，各个选项的含义如下。

- **"图片位置"下拉列表框**：在该下拉列表框中可以选择桌面背景图片的保存位置，如选中【示例图片】选项后，下面的图片预览框中就可以显示该文件夹中的图片缩略图，如图4.13所示。如果要使桌面背景显示纯色，就在【图片位置】下拉列表框中选中【纯色】选项，然后在图片预览框中选择喜欢的颜色即可。

- **浏览(B)... 按钮**：单击该按钮将打开【浏览】对话框，此对话框和【计算机】窗口相似，可以通过此对话框将其他磁盘中保存的图片设置为桌面背景，如图4.14所示。

- **应该如何定位图片**：在【应该如何定位图片】栏中有3个单选按钮，它们的作用是设定图片在桌面上的排列方式，依次分别是适应屏幕、平铺、居中。

图4.13　选中【示例图片】选项　　　　　图4.14　【浏览】对话框

3. 屏幕保护程序设置

屏幕保护程序是可以使屏幕暂停显示或让屏幕显示为设置的动画。其作用是避免图像或字符长时间在屏幕同一位置上显示，起到保护显示器屏幕的作用。

注意：液晶显示器不适合使用屏幕保护程序。

在【个性化】窗口中单击【屏幕保护程序】超链接，打开【屏幕保护程序设置】对话框，如图4.15所示，在该对话框中可以设置屏幕保护程序，其中各个选项的含义如下。

- 【屏幕保护程序】下拉列表框：在该下拉列表框中可以选择屏幕保护程序，如选中【Windows 徽标】选项，对话框上面的显示器中会显示该屏幕保护程序的效果。

- 预览(V) 按钮：单击该按钮可以全屏预览屏幕保护程序。

- 设置(T)... 按钮：单击该按钮可打开当前选择的屏幕保护程序的设置对话框。不同的屏幕保护程序打开的对话框也不相同。

- 【等待】数值框：该数值框用于设置屏幕保护程序的等待时间，如将时间设为 5 分钟，表示如果用户在 5 分钟内没有对计算机进行操作将运行屏幕保护程序。

图 4.15　设置屏幕保护程序

- 【在恢复时显示登录屏幕】复选框：选中该复选框后，退出屏幕保护程序时会打开系统登录窗口，如果用户设置了密码，必须在用户名下输入正确的密码后才能退出屏幕保护程序。

说明：如果没有选中【在恢复时显示登录屏幕】复选框，当屏幕保护程序运行后，只需移动一下鼠标或按任意键，即可退出屏幕保护程序。

4．设置显示属性

"显示属性"是登录系统后必须进行的设置，Windows Vista 会自动判断显示器的分辨率，但并不一定会调整到显示器所支持的最高分辨率和刷新频率，这些需要用户自行设置。

打开【个性化】窗口，单击【显示设置】超链接，打开如图 4.16 所示的【显示设置】对话框，其中各个选项的含义如下。

- 分辨率：根据显示器的属性调整到相应的分辨率。

- 颜色：在下拉列表中选择显示器支持的最高颜色，一般选择【最高（32 位）】选项。

- 高级设置(V)... 按钮：单击该按钮，在打开的对话框中单击【监视器】选项卡，在【屏幕刷新频率】下拉列表框中选中显示器所支持的刷新频率，如图 4.17 所示。

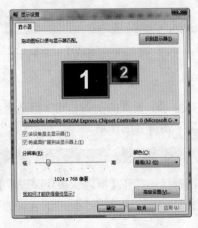

图 4.16　【显示设置】对话框

图 4.17　设置刷新频率

说明： 目前 17 英寸 CRT 显示器的标准分辨率为 1024×768 像素，刷新频率为 85Hz；17 英寸、19 英寸的 LCD 显示器的分辨率为 1024×1280，刷新频率为 60Hz；宽屏显示器的分辨率和刷新频率则根据屏幕大小而有所不同，可参考相关资料。

设置完毕后，单击 确定 按钮，返回到【显示设置】对话框中，在该对话框中单击 确定 按钮，此时屏幕将会变黑，然后调整到所设置的分辨率和刷新频率，并询问用户是否保留设置，如图 4.18 所示，单击 是(Y) 按钮，即可应用新的刷新频率和分辨率。

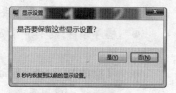

注意： 在设置显示器的分辨率时，建议选中【隐藏该监视器无法显示的模式】选项，以防止设置了太高的刷新频率而导致显示器无法显示。

图 4.18 询问框

5. 设置可视外观

如对 Windows Vista 操作系统的外观样式和颜色感到厌倦，可以进行更换。其方法是在桌面上单击鼠标右键，在弹出的快捷菜单中选择【个性化】命令，打开【个性化】窗口，单击【Windows 颜色和外观】超链接，打开【外观设置】对话框，如图 4.19 所示，其中各选项的含义如下。

- 【**颜色方案**】**下拉列表**：在该下拉列表中可选择操作系统的外观颜色。
- 效果(E)... 按钮：单击该按钮，可在打开的【效果】对话框中设置字体的平滑方式、菜单下是否显示阴影以及拖动时是否显示窗口内容。
- 高级(D)... 按钮：单击该按钮，可在打开的【高级外观】对话框中设置桌面、消息框、标题按钮等项目的外观，如图 4.20 所示。

图 4.19 【外观设置】对话框

图 4.20 【高级外观】对话框

6. 个性化提示声音

如果要使自己的操作系统更有个性，可以设置与众不同的提示声音。其方法是打开【个性化】窗口，单击【声音】超链接，打开【声音】对话框，如图 4.21 所示，其中各选项的含义如下。

- **声音方案**：在该下拉列表框中选择一种声音方案，未更改声音设置时包括 Windows

默认、无声以及 Windows 默认（修改）3 种。

- 另存为(V)... 按钮：单击该按钮，可将更改保存为新的声音方案。

- 删除(D) 按钮：选中一种声音方案后，单击该按钮，即可删除该声音方案，但 Windows 默认的声音方案是无法删除的。

- 程序事件：选择声音应用的 Windows 程序事件。

- 【播放 Windows 启动声音】复选框：选择该复选框，应用声音到程序事件上。

- 声音：在该下拉列表框中选择 Windows 自带的声音。

- ▶测试(T) 按钮：单击该按钮，播放当前选择的声音。

图 4.21 【声音】对话框

- 浏览(B)... 按钮：单击该按钮，选择其他声音（注意仅支持 wav 声音格式）。

比如要更改 Windows 登录时的声音，就先在【程序事件】下拉列表框中选中【Windows 登录】选项，然后在【声音】下拉列表框中选择一种声音，或者单击 浏览(B)... 按钮选择其他声音，单击 应用(A) 按钮。

4.1.2　典型案例——设置屏幕保护程序

案例目标

本案例练习将一个图片文件夹中的所有图片设置为屏幕保护程序，等待时间为 2 分钟，启动屏幕保护程序后，图片将以动画的形式在屏幕上播放。

操作思路：

（1）打开【屏幕保护程序设置】对话框，选择屏幕保护程序的类别和等待时间。

（2）选择图片文件夹。

操作步骤

将【示例图片】文件夹中的所有图片设置为屏幕保护程序的具体操作如下：

（1）在桌面上单击鼠标右键，在弹出的快捷菜单中选择【个性化】命令，打开【个性化】窗口，单击【屏幕保护程序】超链接，打开【屏幕保护程序设置】对话框，在【等待】数值框中输入"2"，如图 4.22 所示。

（2）在【屏幕保护程序】下拉列表框中选中【照片】选项，单击 设置(T)... 按钮，打开【照片屏幕保护程序设置】对话框，如图 4.23 所示。

> 技巧：除了使用数码照片作为屏幕保护程序，网上还有很多屏保效果可以免费下载。另外，如果要将 Windows Vista 系统中的屏幕保护程序复制到其他操作系统中，如 Windows XP，可以采用下面的方法：在 Windows Vista 系统中，进入"C:\Windows\system32"文件夹，在 system32 文件夹中选择喜欢的屏幕保护程序，然后复制到 Windows XP 的相同文件夹中即可。

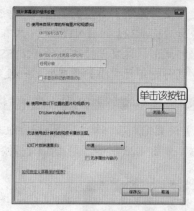

图 4.22 设置屏幕保护程序　　　图 4.23 【照片屏幕保护程序设置】对话框

（3）单击 [浏览(B)...] 按钮，在打开的【浏览文件夹】对话框中选择要设置成屏幕保护程序的文件夹位置，设置完成后返回【屏幕保护程序设置】对话框，单击 [确定] 按钮，屏幕保护程序设置完成。

案例小结

本案例练习了设置屏幕保护程序的具体方法，读者还可以根据习惯，进行更具个性化的设置。另外，在【照片屏幕保护程序设置】对话框中，还可以对屏幕保护程序的放映速度进行设置。

4.2 Windows Vista 的日常管理

为了使计算机运行速度更快、操作更方便，可以对 Windows Vista 进行日常管理操作，如磁盘格式化、磁盘碎片整理、用户账户的添加与更改和添加或删除程序等。

4.2.1 知识讲解

要掌握的 Windows Vista 日常管理知识包括很多，下面将详细介绍最常用的磁盘管理、用户账户的添加与更改和安装、删除程序的操作。

1. 磁盘管理

对作为计算机存储设备的磁盘的管理非常重要，下面将讲解关于磁盘的日常管理，如硬盘格式化的方法、将文件复制到可移动存储器以及硬盘碎片整理的方法。

1）磁盘的格式化

对于新购买的磁盘都需要格式化后才能使用，另外，旧磁盘如果出现问题或要删除其中的全部内容时也可对其进行格式化。下面以格式化 E 盘为例进行讲解，其具体操作如下：

（1）在要格式化的磁盘驱动器图标 E 盘上单击鼠标右键，在弹出的快捷菜单中选择【格式化】命令，打开如图 4.24 所示的对话框，其中的选项含义如下。

注意： 若要格式化软盘或 U 盘，需先将软盘插入驱动器或将 U 盘插入到 USB 接口中。

● 【文件系统】下拉列表框：在该下拉列表框中选中要将磁盘格式化为哪种格式，如【FAT32】、【NTFS】（只有 Windows Vista/2000/NT/XP 等操作系统支持该格式），这里保持默认的【NTFS】格式。

● 【分配单元大小】文本框：一般采用默认值。

说明： 若是已经格式化过的磁盘，则可以选中【快速格式化】复选框加快格式化的速度。

（2）设置完成后，单击 开始(S) 按钮，系统弹出警告对话框警告是否删除该磁盘上的所有数据，如图 4.25 所示，单击 确定 按钮开始格式化，完成后关闭对话框。

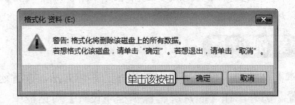

图 4.24　【格式化】对话框　　　　　图 4.25　警告对话框

2）将文件复制到可移动存储器

在使用计算机时，为了方便携带或转移文件的位置，经常需要将硬盘中的文件复制到软盘或 U 盘中。下面以从硬盘向 U 盘复制文件为例进行讲解，其具体操作如下：

（1）先将 U 盘插入到计算机的 USB 接口中。

（2）在硬盘中选择要复制到 U 盘中的文件，按【Ctrl+C】组合键进行复制。

（3）按【Windows+E】组合键打开【我的电脑】窗口。

（4）在【我的电脑】窗口中双击 U 盘驱动器的图标，打开其窗口。

（5）选择要保存的位置，按【Ctrl+V】组合键进行粘贴即可。

3）磁盘碎片整理

对文件进行复制、移动和删除等操作后，硬盘中会产生许多碎片，可能会被分段存放在不同的存储单元中占用磁盘空间。为此，可使用磁盘碎片整理程序对这些碎片进行调整，使其变为连续的存储单元，从而延长硬盘的使用寿命。磁盘碎片整理的具体操作如下：

（1）选择【开始】→【所有程序】→【附件】→【系统工具】→【磁盘碎片整理程序】命令，打开【磁盘碎片整理程序】对话框，如图 4.26 所示。

（2）单击 修改计划(M)... 按钮，可以修改进行磁盘碎片整理的时间。

（3）单击 立即进行碎片整理(N) 按钮，系统开始对磁盘进行碎片整理，如图 4.27 所示。

图 4.26　【磁盘碎片整理程序】对话框

图 4.27　正在进行磁盘碎片整理

（4）单击 [取消碎片整理(C)] 按钮，可以中断碎片整理。

（5）整理完成后，系统将打开一个对话框提示整理完毕，单击 [关闭] 按钮，完成磁盘碎片整理。

> **注意：** 在碎片整理的过程中，不要做任何读写操作，否则会延长整理时间，严重时还会导致死机。

2. 用户账户管理

Windows Vista 系统是一个支持多个用户账户的系统，多个用户使用同一台计算机是相对独立互不影响的，但需要对每个用户账户进行单独的管理。

1）添加新用户账户

添加新用户账户的具体操作如下：

（1）选择【开始】→【控制面板】命令，打开【控制面板】窗口。

（2）单击"用户账户"图标 ，打开【用户账户】窗口，如图 4.28 所示。

（3）单击 [管理其他帐户] 超链接，在打开的窗口中单击 [创建一个新帐户] 超链接，如图 4.29 所示。

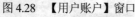
图 4.28　【用户账户】窗口

图 4.29　单击【创建一个新账户】超链接

（4）在【新账户名】文本框中输入用户名（如"只要一点点"），并选择账户类型，如图 4.30 所示，然后单击 [创建帐户] 按钮，即会出现新建的账户名称及其类型，如图 4.31 所示。

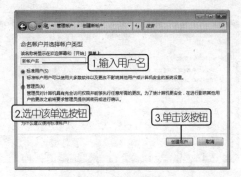

图 4.30　设置新账户　　　　　　　　　图 4.31　显示创建的新账户

2）更改用户账户

创建完用户账户后，还可以更改用户账户的信息，如名称、密码等。具体操作如下：

（1）在【控制面板】窗口中单击【用户账户】图标，打开【用户账户】窗口，单击 管理其他帐户 超链接。

（2）单击【只要一点点】账户图标，如图 4.32 所示，弹出如图 4.33 所示的窗口，单击 更改帐户名称 超链接。

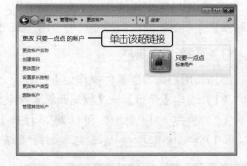

图 4.32　【用户账户】窗口　　　　　　　图 4.33　修改账户名称

（3）在弹出的窗口的【新账户名】文本框中，输入新的名称，如"点点"，然后单击 更改名称 按钮，如图 3.34 所示。

（4）单击 创建密码 超链接，打开创建密码的窗口，如图 4.35 所示，在【新密码】文本框中输入密码，单击 创建密码 按钮设置成功。

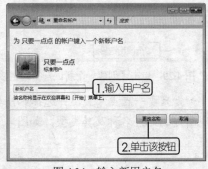

图 4.34　输入新用户名　　　　　　　　　图 4.35　设置密码

说明： 因为我们创建用户的时候没有设置密码，可以在这里为用户创建密码。如果已经给当前用户设置了密码，【更改账户】窗口中的 创建密码 超链接会变成 更改密码 ，设置密码窗口中的 创建密码 按钮会变成 更改密码 ，并且首先要输入正确的旧密码后，才能对密码进行更改。

（5）单击 更改图片 超链接，打开【选择图片】窗口，在其中选择所需的图片，如图 4.36 所示，单击 更改图片 按钮设置成功。

技巧： 单击 浏览更多图片... 超链接，可以将硬盘中其他位置的图片设置为账户图标。

（6）单击 设置家长控制 超链接，在弹出的窗口中选择一个设置了密码的标准用户账户，弹出【家长控制】窗口，选中【启用，强制当前设置】单选按钮，然后对 Web 筛选、时间、游戏、程序等进行设置，最后单击 确定 按钮，如图 4.37 所示。

说明： Windows Vista 的【家长控制】设置主要用来对儿童使用计算机的方式进行协助管理。例如，当家长控制阻止了对某个网页或游戏的访问时，将显示一个通知声明已阻止该网页或程序，孩子可以单击通知中的链接，以请求该网页或程序的访问权限，您可以通过输入账户信息来允许其访问。

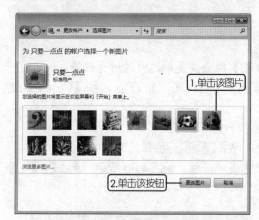
图 4.36　选择账户图片

图 4.37　设置家长控制

（7）单击 删除帐户 超链接，系统打开提示是否保留文件的对话框，单击 删除文件 按钮，即可删除账户。

3. 安装和删除程序

一般情况下，安装应用程序是通过双击安装光盘中的安装程序（文件名称一般为 Setup.exe）自动启动安装向导进行安装的。

安装以后，如果要删除程序，操作方法是：在【控制面板】窗口中双击【程序和功能】图标 ，打开【程序和功能】窗口，选择要删除的程序，然后单击 卸载/更改 按钮，如图 4.38 所示，按照系统的提示即可完成操作。

技巧： 要删除应用程序，还可以在【开始】菜单中双击该程序自带的卸载程序（在该应用程序安装目录下，文件名为 Uninstall.exe）进行删除。

图 4.38　删除程序

4.2.2　典型案例——安装 WinRAR 压缩软件

案例目标

　　WinRAR 是一个功能强大的压缩文件管理器，它允许创建、管理和控制压缩文件。它的主要功能是常规压缩和多媒体压缩、处理非 RAR 压缩文件、损坏的压缩文件的修复、身份验证、内含的文件注释和加密。新安装操作系统以后，首先就应该安装这个软件。本案例将讲解直接双击安装程序来安装 WinRAR 的方法，这也是一种常用的安装软件的方法。

　　操作思路：

　　（1）将光盘中的安装程序复制到硬盘中。

　　（2）双击安装文件的图标，启动安装程序，按提示步骤完成安装。

操作步骤

　　安装 WinRAR 软件的具体操作如下：

　　（1）将安装光盘插入到光驱中，按【Ctrl+C】组合键复制选中的所有程序。

　　（2）打开【计算机】窗口，选择一个放置此程序的位置，如 D 盘，按【Ctrl+V】组合键粘贴程序。

　　（3）双击安装程序的图标，启动安装程序，如图 4.39 所示。

　　（4）单击 浏览(W)... 按钮，选择安装的路径，单击 安装 按钮，开始安装。

　　（5）按提示步骤安装，安装完成后，打开完成对话框，如图 4.40 所示，单击 完成 按钮即可。

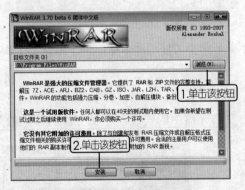
图 4.39　启动程序的安装窗口

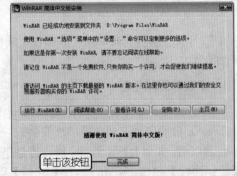
图 4.40　完成对话框

案例小结

　　本案例介绍的是直接通过安装程序安装 WinRAR 软件的过程，还练习了如何将光盘中的文件复制到硬盘中的方法。

4.3　上机练习

4.3.1　将照片设置成桌面背景

桌面背景最能体现用户个性化的一面，可以将 Windows Vista 自带的图片设置成桌面，也可以将自己处理过的照片设置成桌面。本次上机练习将一幅处理过的照片设置成桌面背景。最终效果如图 4.41 所示。

图 4.41　将照片设置成桌面背景

素材位置：【\第 4 课\素材\照片.jpg】

操作思路：

● 打开【个性化】窗口，然后打开【选择桌面背景】对话框。

● 单击 浏览(B)... 按钮，按素材位置选择"照片.jpg"，单击 确定(O) 按钮，即可将该照片设置为桌面背景。

> **技巧：** 由于桌面背景也会占用系统资源，因此在设置桌面背景前，先在 ACDSee 或者 Photoshop 软件中对照片大小进行设置。一般将 17 英寸显示器的分辨率设置成 1024×768 像素，图片分辨率为 72 像素/英寸。

4.3.2　安装 ACDSee 看图软件

ACDSee 是目前最流行的数字图像浏览软件，用于图片的获取、管理、浏览和优化，还可以轻松处理数码图像，拥有去除红眼、剪切图像、锐化、浮雕特效、曝光调整、旋转、镜像等功能。读者可以自行练习其具体操作方法。

操作思路：

● 将光盘中的安装程序复制到硬盘中。

● 双击安装文件的图标，启动安装程序，按提示步骤完成安装。

4.4　疑难解答

问： 桌面背景中的图片保存在哪里？怎样才能删除不需要的桌面背景图片？

答： 桌面背景图片保存在 "C:\Windows\Web\Wallpaper" 文件夹中，根据这个路径打开 Wallpaper 文件夹，删除不需要的图片即可。

问：在自己的计算机中打开别人创建的文档时，经常会打开缺少某些字体的提示对话框，怎样在 Windows Vista 操作系统中安装更多的字体呢？

答：打开【控制面板】窗口并切换到经典视图模式，双击【字体】图标 ，打开一个窗口，将需要的字体复制到此窗口中即可。一般字体文件可通过从网上下载或到软件供应商处购买获得。

4.5 课后练习

1. 选择题

（1）在【个性化】窗口中，可以设置（　　　）。

    A. 桌面背景　　　　　　　　　　B. 屏幕保护程序

    C. 声音　　　　　　　　　　　　D. 显示设置

（2）对于管理员账户，不能对其进行（　　　）操作。

    A. 更改图片　　　　　　　　　　B. 家长控制

    C. 设置密码　　　　　　　　　　D. 更改权限

2. 问答题

（1）如何在 Windows Vista 中创建新用户？

（2）简述将文件复制到可移动存储器的操作步骤。

（3）简述磁盘格式化的操作步骤。

（4）如何在【控制面板】窗口中删除应用程序，简述其操作步骤。

3. 上机题

（1）为计算机更换漂亮的桌面背景。

（2）把一组图片设置成屏幕保护程序，要求在 10 分钟之内没有对计算机进行任何操作便自动启用屏幕保护程序。

（3）练习在 Windows Vista 中添加一个新账户，并对该账户设置密码、设置用户图片。

（4）将计算机中任意一个文件复制到 U 盘中。

第 5 课
Word 2007 基础知识

本课要点

- 认识 Office 2007
- Word 2007 文档的基本操作
- Word 2007 文本的基本操作

具体要求

- 了解 Office 2007 的应用领域
- 了解 Office 2007 的帮助功能
- 掌握 Word 2007 中文档的基本操作方法
- 掌握 Word 2007 中文本的编辑方法
- 掌握 Word 2007 中视图的调整方法

本课导读

近年来，Office 这套办公软件不断发展，目前已经以强大的功能、友好的工作界面征服了众多用户，其中的 Word 2007 更是文字处理软件中的佼佼者。本课将讲解 Word 2007 的基础知识，包括文档和文本的基本操作，使读者对 Word 2007 有一个初步的认识，为以后的学习打下良好的基础。

- 文档的基本操作：新建、保存、打开和关闭文档的操作。
- 文本的基本操作：输入、选择、删除、移动和复制等文本的基本编辑方法。
- 视图的设置：根据编辑或者查看文档的需要，调整最便于操作的视图。

5.1 认识 Office 2007

处理办公事务是计算机最主要的用途之一，Microsoft 公司出品的 Office 软件是目前最受欢迎的、使用者最多的一套智能办公软件，其最新版本为 Office 2007。

5.1.1 知识讲解

Office 2007 不是一个单一功能的软件，它包括了很多组件。在学习 Office 2007 之前，读者必须先了解各组件的基本操作，如启动、退出 Office 2007 的方法。

1. Office 2007 的组件

Office 2007 中的每个组件都是一个单独的程序，包括 Word 2007、Excel 2007、PowerPoint 2007、Access 2007、Outlook 2007 等。下面介绍各组件的应用范围。

- Word 2007：它是一个文档创作程序，具有直观、易学和易用等特点，使用它可轻松地制作出图文并茂的各种文档，如信函、论文和小册子等。
- Excel 2007：它是一个功能强大的电子表格程序，主要用于制作各种办公中所需的电子表格，用来编辑、处理、统计和管理数据，并能打印各种统计报告和统计图表。
- PowerPoint 2007：它是一个强大的演示文稿制作程序，主要用于创建包含文本、图表、图形、剪贴画、影片和声音等对象的幻灯片。目前它已经成为制作企业演示文稿、教学演示文稿和产品简介的首选软件。
- Access 2007：它是一个桌面数据库程序，主要用于管理数据库系统，可以很方便地在其中实现数据的添加、删除、查询、统计和保存。另外，还可以进行输入界面的设计以及报表的生成等工作，可节省大量的工作时间和精力。
- Outlook 2007：它是一个消息的传递和管理程序，使用它可以传递和管理个人或商务信息，如管理电子邮件、约会、联系人、任务和文件等。
- Communicator 2007：它是一个统一的通信客户端，支持大量的通信方法，它使得信息工作人员可以随处查找和链接到他们的同事及一同工作的人。
- InfoPath 2007：它是一个基于 Windows 的应用程序，用于创建丰富的动态表单，团队和组织可以用来收集、共享、再利用和管理信息，改善全组织的协作与决策制定工作。
- OneNote 2007：它是一个数字笔记本，提供收集、组织笔记与信息的一种灵活方式、快速查找所需内容的强大搜索功能和使团队能够更加有效地协同工作的易用共享笔记本。
- Visio 2007：它是一个图表制作和数据可视化解决方案，使得 IT 和商务专业人士可以轻松地可视化、分析和交流复杂信息、系统和过程。
- Publisher 2007：它是一个商务发布与营销材料的桌面打印及 Web 发布应用程序，包括您创建和分发高效而有力的打印、Web 和电子邮件出版物所需的所有工具。
- SharePoint Designer 2007：它是一个 Web 站点开发与管理程序，它提供的工具可以让用户使用最新 Web 设计技术，以及 IT 控制的环境中的确立标准，构建、自

定义和参与 SharePoint 站点。

● Office Project 2007：它是一个项目规划产品系列，用于满足当前组织的工作和人员管理需求。

2．Office 2007 各组件的启动和退出

将 Office 2007 正确安装到计算机中后，可通过【开始】菜单启动各组件，待使用完后，关闭程序窗口，即可退出组件。

注意：第一次启动各组件时，将打开【激活向导】对话框，用户可根据激活向导的提示进行注册。

1）启动

下面以启动 Word 2007 为例进行讲解，其常用的启动方法主要有以下几种。

● 选择【开始】→【所有程序】→【Microsoft Office】→【Microsoft Office Word 2007】命令。

● 若已为 Word 2007 创建了桌面快捷图标，可直接双击其桌面图标 。

● 双击计算机中已有的 Word 格式的文档（即扩展名为 doc 或者 docx 的文档）。

说明：.docx 是 Word 2007 的默认保存格式，它用新的基于 XML 的压缩文件格式取代了其目前专有的.doc 文件格式，在传统的文件扩展名后面添加了字母 x。在 Word 2007 中，.docx 取代.doc，在 Excel 2007 中，.xlsx 取代.xls。

2）退出

下面以退出 Word 2007 为例进行讲解，其常用退出方法如下。

● 在 Word 2007 窗口中单击 按钮，从弹出的菜单中选择【关闭】命令。

● 单击 Word 2007 窗口标题栏右侧的【关闭】按钮 。

● 按【Alt+F4】组合键。

3．使用 Office 2007 的帮助

对初学者来说，学会使用 Office 2007 的帮助功能是很有必要的。启动 Office 2007 中任意一个组件后，单击窗口右上角的【帮助】按钮 ，即可在打开的对话框中查询帮助信息。如图 5.1 所示是【Word 帮助】窗口，单击对应的帮助主题即可查询相关的问题，在【Word 帮助】窗口的 搜索 文本框中输入要询问的问题也可找到相关的帮助信息。

图 5.1　【Word 帮助】窗口

5.1.2　典型案例——在 Word 2007 中查找"剪贴画"的帮助信息

案例目标

本案例将启动 Word 2007 程序，打开【Word 帮助】窗口，查找关于"剪贴画"的帮助信息，然后退出 Word 2007。

操作思路：

（1）启动 Word 2007。

（2）打开【Word 帮助】窗口。

（3）查看关于"剪贴画"的帮助信息。

（4）退出 Word 2007。

操作步骤

在 Word 2007 中查找"剪贴画"帮助信息的具体操作如下：

（1）选择【开始】→【所有程序】→【Microsoft Office】→【Microsoft Office Word 2007】命令启动 Word 2007 程序。

（2）单击窗口右上角的【帮助】按钮⑳，打开【Word 帮助】窗口。

（3）在【搜索】文本框中输入要查找信息的关键字"剪贴画"，如图 5.2 所示。

（4）按【Enter】键或单击 🔍搜索 按钮开始搜索，在【浏览 Word 帮助】栏中显示出搜索到的与该关键字相关的主题，如图 5.3 所示。单击各主题的超链接，即可查看相关帮助信息。

（5）查询完毕后，单击【Word 帮助】窗口右上角的【关闭】按钮✖，退出【Word 帮助】窗口。

图 5.2　输入要获取帮助的内容　　　　图 5.3　搜索到的结果

（6）单击 Word 2007 窗口右侧的【关闭】按钮✖退出程序。

技巧：按【F1】键可打开【Word 帮助】窗口。

本案例练习了使用 Word 帮助搜索关于"剪贴画"的相关帮助信息以及启动、退出 Word 2007 的方法。读者可以根据自己的需要查询 Word 帮助，并灵活地将帮助功能的使用方法应用在 Office 其他组件中。

5.2　文档的基本操作

Word 2007 是最常用的文字处理软件，常用于编辑信件、简历等多种类型的电子文档。

5.2.1　知识讲解

文档的基本操作包括新建、保存、打开、关闭、输入文本、选择、删除等操作，下面将分别进行介绍。

1．Word 2007 的工作界面

要在 Word 2007 中编辑文本，必须先了解 Word 2007 的工作界面。启动 Word 2007 后，打开如图 5.4 所示的工作界面，主要包括 Office 按钮、快速访问工具栏、标题栏、选项栏、文档编辑区、滚动条、状态栏等几个组成部分。

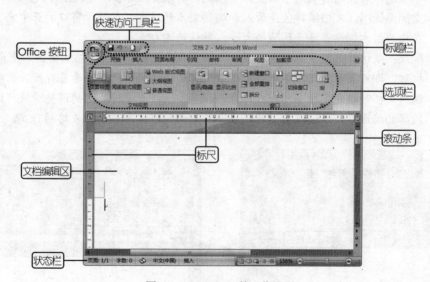

图 5.4　Word 2007 的工作界面

这里主要介绍 Office 按钮、快速访问工具栏、选项栏、状态栏以及文档编辑区。

● **Office 按钮**：单击该按钮，在弹出的菜单中可以选择【新建】、【打开】、【保存】以及【打印】等命令，在 Word 2007 中曾经打开过的文档也将在菜单中显示，如图 5.5 所示。

● **快速访问工具栏**：在该工具栏中显示了常用的工具按钮，单击 ▼ 按钮，可以在弹出的菜单中自定义设置显示哪些工具按钮，如图 5.6 所示。

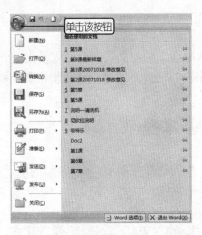

图 5.5　单击 Office 按钮后弹出的菜单　　　　图 5.6　快速访问工具栏菜单

- **选项栏**：Word 2007 工作界面中默认显示了 8 个选项卡，每个选项卡中分组显示不同的选项。根据选择对象的不同，还会自动显示出默认状态下没有显示出的选项卡，例如选择图片时，就会出现图片工具的一些选项卡。

- **状态栏**：状态栏左侧显示当前文档的页数/总页数、字数、输入语言以及输入状态等信息，右侧的滑块用于调整显示比例，4 个按钮用于调整视图方式。

- **文档编辑区**：文档编辑区是录入和编辑文本的地方，它位于窗口的正中央。可以在状态栏右侧设置显示区域的大小，默认为 100%。

- **标尺**：默认情况下，标尺是隐藏的，如图 5.7 所示，单击文档编辑区右上角的 🔲 按钮，即可显示标尺，如图 5.8 所示。标尺分为水平标尺和垂直标尺，主要用于编辑文档时确定各种浮动版式对象的位置。通过水平标尺上的调整滑块可以设置段落的缩进格式，通过垂直标尺在制作表格时可以准确调整表格的行高。

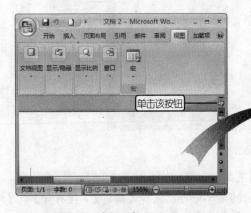

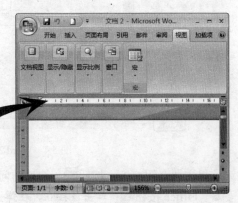

图 5.7　未显示标尺　　　　　　　　　图 5.8　显示标尺

2. 新建文档

启动 Word 2007 程序时，系统会自动新建一个名为"文档 1"的空白文档。Word 支持多窗口操作方式，所以可以同时创建多个文档，新建文档主要有以下几种常用的方法。

- 单击 Office 按钮🖼，从弹出的菜单中选择【新建】命令。
- 在快速访问工具栏中单击 ▾ 按钮，从弹出的菜单中选择【新建】命令，此时快速访问工具栏中会新增🗋按钮，单击该按钮，便可新建文档。
- 按【Ctrl+N】组合键。

单击 Office 按钮🖼，从弹出的菜单中选择【新建】命令后，会打开如图 5.9 所示的【新建文档】对话框，从中选择要创建的文档类型，单击 🔲创建 按钮，即可得到新建的文档。

图 5.9 【新建文档】对话框

> **说明：** 在【新建文档】对话框中，根据模板可以快速创建如名片、日历、信函、传真以及简历等文档，创建后只需对其中的内容进行更改即可完成文档的制作，从而提高工作效率。从【新建文档】对话框中可以看到，Word 2007 还提供了"书法字帖"功能，可以灵活地创建字帖文档，自定义字帖中的字体颜色、网格样式、文字方向等，然后将它们打印出来，这样就可以获得符合自己需求的书法字帖，从而提高自己的书法造诣。

3. 输入文本

在 Word 2007 中新建文档后，可在文档编辑区中看见一条不断闪烁的黑色短竖线，该竖线称为光标插入点，表示在此输入文本。

> **技巧：** 如果要在一个空白文档的中间输入文字，那么在文档编辑区中间双击鼠标左键，就可以确定输入文本的位置。

1）输入普通文本

下面将在新创建的空白文档中输入一则笑话，其具体操作如下：

（1）新建一个 Word 文档，选择一种中文输入法。

（2）从光标插入点处开始输入笑话的标题，然后按【Enter】键，光标将从当前位置跳到下一行行首，在系统默认状态下，上一段段末会显示硬回车符 ↵，如图 5.10 所示。

（3）输入笑话的正文，当输入的文本超过文档页面右边距时，将自动换到下一行，这种现象称为"软回车"，如图 5.11 所示。

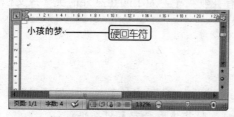

图 5.10 输入笑话的标题

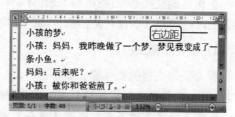

图 5.11 输入笑话的正文

2）输入特殊符号

如果要输入特殊字符，仅仅通过键盘是不够的。可通过 Word 2007 中的"插入符号"功能实现。下面，在一则笑话的标题上添加一个笑脸符号，具体操作如下：

（1）在要输入特殊符号的位置定位光标插入点，在选项栏中单击【插入】选项卡，然后单击【符号】按钮，可在下拉列表框中看见常用的符号，如图 5.12 所示。

（2）下拉列表中没有需要的笑脸符号，选择【其他符号】选项，弹出【符号】对话框，单击【符号】选项卡，然后单击【字体】下拉列表框右侧的 按钮，选择【Webdings】选项，如图 5.13 所示。

图 5.12　常见符号

（3）在下面的列表框中选择需要的"笑脸"符号，单击 插入(I) 按钮即可将此符号插入到文档中的光标位置处。

（4）此时 取消 按钮变成 关闭 按钮，单击 关闭 按钮，返回到文本编辑窗口，效果如图 5.14 所示。

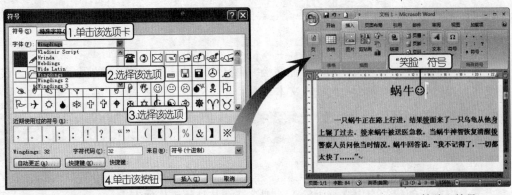

图 5.13　【符号】对话框　　　　　　　　图 5.14　插入"笑脸"符号

> **说明：** 在【符号】对话框中，单击【特殊字符】选项卡，可以选择插入特殊字符。插入特殊字符的方法和插入符号的方法一样，读者可以自行练习。

4．保存文档

编辑后的文档必须进行保存操作才会被储存在硬盘中，为了防止意外情况导致文档内容丢失，用户还可以设置文档的自动保存功能。

1）保存新建文档

保存新建文档的具体操作如下：

（1）在要保存的文档窗口中，单击 Office 按钮，从弹出的菜单中选择【保存】命令，或单击快速访问工具栏中的【保存】按钮，打开【另存为】对话框。

（2）单击【保存位置】下拉列表框右侧的 按钮，在弹出的下拉列表框中选择保存的位置，若要保存在【我的文档】文件夹中，可以直接单击对话框左侧的 我的文档 按钮。

（3）在【文件名】文本框中输入文档名称"我的简历"，在【保存类型】下拉列表中选择【Word 文档】选项，如图 5.15 所示。

（4）单击 保存(S) 按钮即可将该文档保存到指定位置，返回 Word 窗口，在标题栏中将显示保存后的文档名称，如图 5.16 所示。

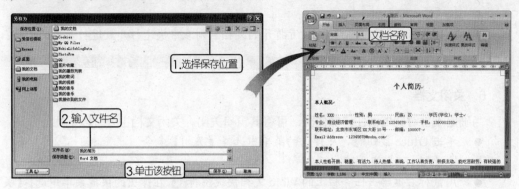

图 5.15　【另存为】对话框　　　　　　　　　　图 5.16　保存后的文档

注意： 在 Word 2007 中，既可以将文档保存为 .docx 格式的 Word 2007 文档，也可以保存为 .doc 格式的 Word 97～2003 文档。如果打开的是已有文档，还可以在编辑后不影响原文档的情况下另行保存。

2）保存已存在的文档

对于已经保存过的文档，执行【保存】命令即可在原位置保存，并且覆盖原文件。如果要将修改前后的内容均保存下来，可以使用【另存为】命令进行保存，这相当于将原文档复制一份再进行修改。在 Word 2007 中，当需要以另一文件名存储相同文档内容时也可以用另存为功能。

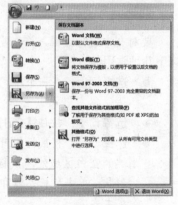

技巧： 如果修改了文档内容，按【Ctrl+S】组合键，即可直接保存文件，并且新修改的内容将原来的内容覆盖。

图 5.17　文档的另存方式

单击 Office 按钮，将鼠标指针指向【另存为】命令，可见，文档另存有下列几种方式，如图 5.17 所示。

- **Word 文档**：以默认文件格式 .docx 保存文档，这种格式只有 Word 2007 才能打开。
- **Word 模板**：将文档保存为模板，下次要使用这种文档格式时，载入模板即可。
- **Word 97～2003 文档**：将文档保存为 Word 97～2003 完全兼容的文档副本，这样，无论哪个版本的 Word，都可以打开该文档。
- **查找其他文件格式的加载项**：查找用于保存为其他格式（如 pdf 或 xps）的加载项。
- **其他格式**：打开【另存为】对话框，从所有可用文件类型中进行选择。

5．打开文档

要打开一个文档，必需找到它在电脑中的保存位置。常用的打开文档的方法主要有以下几种。

- 单击 Office 按钮，从弹出的菜单中选择【打开】命令。
- 在快速访问工具栏中单击按钮，从弹出的菜单中选择【打开】命令，此时快速访问工具栏中会新增按钮，单击该按钮，便可新建文档。
- 按【Ctrl+O】组合键。
- 单击 Office 按钮，从【最近打开的文档】列表中快速打开最近打开过的文档。

技巧：按住【Shift】键并单击，可以选择多个文档，单击 打开(O) 按钮即可将选择的所有文档打开。

6．关闭文档

当确定不再对文档做任何操作时，可将其窗口关闭。关闭文档主要有以下几种方法。

- 单击 Office 按钮，从弹出的菜单中选择【关闭】命令。
- 按【Alt+F4】组合键。
- 用鼠标右键单击任务栏上的 Word 文档快捷图标，在弹出的快捷菜单中选择【关闭】命令。
- 单击 Word 文档窗口标题栏右侧的按钮。

注意：在关闭文档时，如果该文档没有保存，会弹出一个对话框，提示是否需要保存之后再关闭它。

7．选择文本

要对文本进行编辑，首先要选中文本，以指明对哪些文本进行操作。选择文本主要有以下几种常用的方法。

- **选择词语**：在一个单词（字）或词语中双击鼠标左键可以选择该单词（字）或词语。
- **选择句子**：按住【Ctrl】键，在任意文本中单击鼠标左键可选择一个句子。
- **选择一行**：将鼠标指针移到某行左端的空白区域处，鼠标指针变成形状，单击鼠标左键即可选择该行文本内容。
- **选择段落**：在某个段落中 3 击鼠标左键则可选择整个段落；将鼠标指针移到某行左端的空白区域处，鼠标指针变成形状，双击鼠标左键也可选择整个段落。
- **选择多个段落**：在文档中选择任意一段文本后，按住【Ctrl】键，再拖动鼠标在文档中选择其他文本，可同时选择多段不连续的文本内容，如图 5.18 所示。

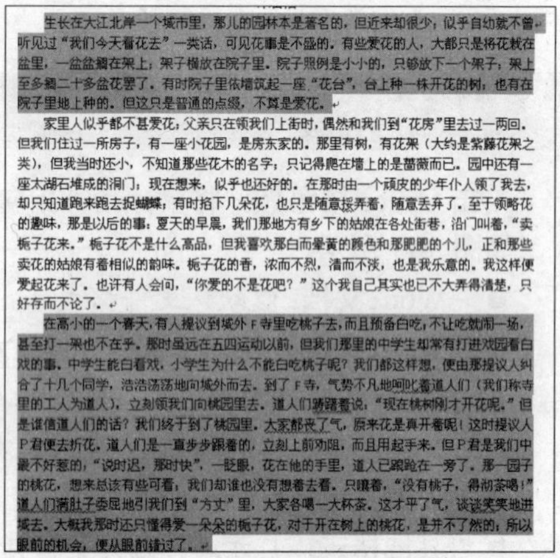

生长在大江北岸一个城市里，那儿的园林本是著名的，但近来却很少，似乎自幼就不曾听见过“我们今天看花去”一类话，可见花事是不盛的。有些爱花的人，大都只是将花栽在盆里，一盆盆搁在架上；架子横放在院子里。院子照例是小小的，只够放下一个架子；架上至多搁二十多盆花罢了。有时院子里依墙筑起一座“花台”，台上种一株开花的树；也有在院子里地上种的。但这只是普通的点缀，不算是爱花。

家里人似乎都不甚爱花；父亲只在领我们上街时，偶然和我们到“花房”里去过一两回。但我们住过一所房子，有一座小花园，是房东家的。那里有树，有花架（大约是紫藤花架之类），但我当时还小，不知道那些花木的名字；只记得爬在墙上的是蔷薇而已。园中还有一座太湖石堆成的洞门；现在想来，似乎也还好的。在那时由一个顽皮的少年仆人领了我去，却只知道跑来跑去捉蝴蝶；有时掐下几朵花，也只是随意挼弄着，随意丢弃了。至于领略花的趣味，那是以后的事：夏天的早晨，我们那地方有乡下的姑娘在各处街巷，沿门叫着，“卖栀子花来。”栀子花不是什么高品，但我喜欢那白而晕黄的颜色和那肥肥的个儿，正和那些卖花的姑娘有着相似的韵味。栀子花的香，浓而不烈，清而不淡，也是我乐意的。我这样便爱起花来了。也许有人会问，“你爱的不是花吧？”这个我自己其实也已不大弄得清楚，只好存而不论了。

在高小的一个春天，有人提议到城外 F 寺里吃桃子去，而且预备白吃，不让吃就闹一场，甚至打一架也不在乎。那时虽远在五四运动以前，但我们那里的中学生却常有打进戏园看白戏的事。中学生能白看戏，小学生为什么不能白吃桃子呢？我们都这样想，便由那提议人纠合了十几个同学，浩浩荡荡地向城外而去。到了 F 寺，气势不凡地呵叱着道人们（我们称寺里的工人为道人），立刻领我们向桃园里去。道人们踌躇着说：“现在桃树刚才开花呢。”但是谁信道人们的话？我们终于到了桃园里。大家都丧了气，原来花是真开着呢！这时提议人 P 君便去折花。道人们是一直步步跟着的，立刻上前劝阻，而且用起手来。但 P 君是我们中最不好惹的，“说时迟，那时快”，一眨眼，花在他的手里，道人已跪在一旁了。那一园子的桃花，想来总该有些可看；我们却谁也没有想着去看。只嚷着，“没有桃子，得沏茶喝！”道人们满肚子委屈地引我们到“方丈”里，大家各喝一大杯茶。这才平了气，谈谈笑笑地进城去。大概我那时还只懂得爱一朵朵的栀子花，对于开在树上的桃花，是并不了然的；所以眼前的机会，便从眼前错过了。

图 5.18 选择不连续的段落

- **选择整篇文档**：将鼠标指针移到某行左端的空白区域处，鼠标指针变成形状，3

击鼠标左键则可选择整篇文档。

- **选择文档区域：** 将鼠标指针移到文档中，鼠标指针变成I形状，在要选择文本的第一个字符前面单击，将光标插入到该位置处，然后按住鼠标左键不放拖动至要选择内容的最后一个字符后面，再释放鼠标即可，被选择的文本显示为黑底白字。

> **技巧：** 按住【Alt】键不放，然后在文档中按住鼠标左键不放进行拖动可以选择矩形文本块。这种选择方法并不经常使用，一般用于较为特殊的文档编辑，如删除多行文字前面的序号等。

8．删除文本

在编辑文本时，输错文本是常见的事情，此时可以将错误的文本删除，主要有以下几种常用的方法：

- 按【Backspace】键删除光标左侧的文本。
- 按【Delete】键删除光标右侧的文本。
- 选择需要删除的文本后，按【Delete】键。

> **技巧：** 如果要删除的字符有很多，一般采用第 3 种方法，即先选择要删除的文本，再按【Delete】键。

9．复制与移动文本

在编辑的文档中，如果有相同的内容，可以采用复制的方法，这样可以提高工作效率。如果输入的文本位置不正确，将其删除后再重新输入势必会降低工作效率，此时可以使用移动文本的方法进行处理。

1）复制文本

复制文本有许多种方法，常用的有下面这几种。

- 选择要复制的文本，按住【Ctrl】键拖动文本，将文本复制到需要输入的位置。
- 选择要复制的文本，按【Ctrl+C】组合键复制文本，然后在目标位置按【Ctrl+V】组合键粘贴文本。
- 选择要复制的文本，单击鼠标右键，从弹出的菜单中选择【复制】命令，然后将光标定位在目标位置，单击鼠标右键，选择【粘贴】命令。

使用快捷键复制文本是最常用的方法。下面将一个文档中的一段文本复制到另一个文档中，其具体操作如下。

（1）将鼠标指针移到要复制的文档中，光标变成I形状时，选择要复制的文本，按【Ctrl+C】组合键复制文本，如图 5.19 所示。

（2）在任务栏上单击目标文件，定位光标插入点到要粘贴的位置，按【Ctrl+V】组合键即可将其粘贴到该位置，效果如图 5.20 所示。

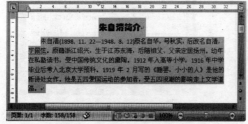

图 5.19　复制选择的文本

图 5.20　粘贴文本

2）移动文本

移动文本和复制文本的区别是：复制文本实际上是使相同的文本在不同的地方出现，原文本没有变化；而移动文本只是改变文本的位置，原位置的文本消失。最常用的移动文本的方法有下面几种。

- 选择要移动的文本，再用鼠标直接拖动到目标位置。
- 选择要移动的文本，按【Ctrl+X】组合键剪切文本，然后在目标位置按【Ctrl+V】组合键粘贴文本。
- 选择要移动的文本，单击鼠标右键，从弹出的菜单中选择【剪切】命令，然后将光标定位在目标位置，单击鼠标右键，选择【粘贴】命令。

10．查找与替换文本

使用 Word 2007 编辑文档时，如果文档中有很多地方都有相同的错误，逐个修改，势必会增加工作的复杂程度，而且还可能会造成遗漏，此时就可以使用查找和替换功能来完成这项繁杂的劳动。下面将文档中的"微软公司"替换成"Microsoft 公司"，其具体操作如下：

（1）在文档窗口中单击右上角的 查找 按钮，打开【查找和替换】对话框。

（2）在【查找内容】文本框中输入要查找的文本，或在其后的下拉列表框中选择一个前面查找过的文本，这里输入"微软公司"，如图 5.21 所示。

（3）单击 查找下一处(F) 按钮，开始在文档中查找"微软公司"，当找到第一个"微软公司"时，会暂时停止查找，并以蓝底方式显示查找到的文字，如图 5.22 所示。

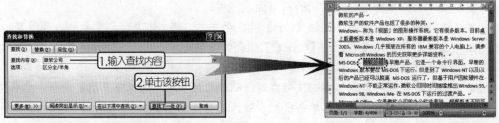

图 5.21　【查找和替换】对话框　　　　图 5.22　查找到第一个"微软公司"

（4）单击【替换】选项卡，在【替换为】文本框中输入"Microsoft 公司"，单击 全部替换(A) 按钮，如图 5.23 所示。文档中的所有"微软公司"即被替换为"Microsoft 公司"，如图 5.24 所示。

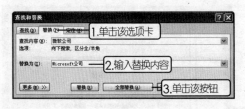

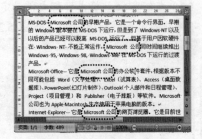

图 5.23　【替换】选项卡　　　　图 5.24　"微软公司"全部替换成"Microsoft 公司"

（5）在替换前，会弹出一个提示对话框显示替换的数量，单击 确定 按钮关闭提示

对话框，再单击【查找和替换】对话框右上角的 ⊠ 按钮将其关闭，完成替换操作。

在【查找和替换】对话框中单击 更多(M) >> 按钮，将展开【搜索选项】栏，在其中可对查找的内容进行详细设置，包括区分大小写、使用通配符和全字匹配等。

技巧：按【Ctrl+F】组合键，可以打开【查找和替换】对话框。

11. 撤销和恢复操作

在编辑文本的过程中，难免出现操作错误的情况。可以通过撤销操作恢复到先前的状态，也可以通过恢复操作取消已经撤销的操作。这两种操作的使用方法如下。

- **撤销操作：**单击快速访问工具栏中的 ↩ 按钮或按【Ctrl+Z】组合键。
- **恢复操作：**在快速访问工具栏中单击 ▾ 按钮，从弹出的菜单中选择【恢复】命令，此时快速访问工具栏中会新增 ↻ 按钮，单击该按钮，便可恢复操作。按【Ctrl+Y】组合键也可实现恢复操作。

5.2.2　典型案例——一个毕业生的求职信

案例目标

本案例将在 Word 2007 中创建一个名为"求职信"的新文档，将已经提供的正文内容复制到文档中，并进行简单的排版。在此过程中使用到了 Word 2007 的一些基本操作，如复制、粘贴、输入文本等。

素材位置：【\第 5 课\素材\求职信正文内容.docx】

源文件位置：【\第 5 课\源文件\求职信.docx】

操作思路：

（1）在 Word 2007 中新建一个名为"求职信"的文档。

（2）打开"求职信正文内容.docx"文档，将其中的文本复制到此 Word 文档中，然后在文档中输入标题和结尾部分。

（3）编辑文档中的文本，最终效果如图 5.25 所示。

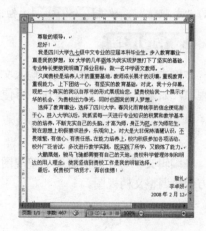

图 5.25　"求职信"文档效果

操作步骤

创建"求职信"文档的具体操作如下：

（1）启动 Word 2007，系统自动新建一个空白文档，切换到自己熟悉的中文输入法，在文档的第一行输入尊称"尊敬的领导："。

（2）按【Enter】键换行，输入"您好！"，再换行输入"敬礼！"以及求职人的姓名和求职日期，如图 5.26 所示。

（3）打开"求职信正文内容.docx"，按【Ctrl+A】组合键选择全部文档，然后单击鼠标右键，在弹出的快捷菜单中选择【复制】命令，如图 5.27 所示。

图 5.26　输入文本

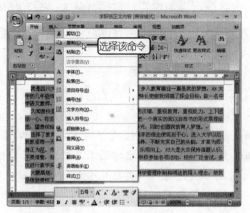

图 5.27　复制文本

（4）将光标定位到文本"您好！"后面，按【Enter】键换行，按【Ctrl+V】组合键粘贴复制的正文内容。

（5）选择最后的落款文本，单击选项栏中的【右对齐】按钮 。

（6）按【Ctrl+S】组合键，在打开的【另存为】对话框中选择保存的位置，输入文件名为"求职信"，单击 保存(S) 按钮进行保存。

案例小结

本例主要练习了新建文档、输入文本以及复制、粘贴文本等基本操作，在编辑文本的过程中，如果读者执行了误操作，可使用撤销功能取消以前执行的操作。

5.3　文档的视图设置

在编辑文档时，根据需要调整视图，可以方便查看文档。在 Word 2007 中，可以更直观方便地调整文档视图。

5.3.1　知识讲解

对文档视图进行调整，包括调整文档的视图方式、调整显示比例以及显示文档结构图等。

1．调整文档视图

Word 2007 中提供了"普通"、"Web 版式"、"页面"、"阅读版式"以及"大纲"
5 种视图方式，用户可根据当前编排文档的类型，在不同的视图方式之间进行切换。单击【视图】选项卡，在【文档视图】栏中单击对应的视图按钮，即可切换到相应的视图方式，如图 5.28 所示。

在 Word 2007 中可以直观方便地在各个视图之间进行切换。

图 5.28　【文档视图】栏

- 页面视图：在页面视图中，可以直观地设置页边距、页眉和页脚、页码等页面元素，对于编排后要进行打印的文档，采用页面视图最为适宜。
- 阅读版式视图：以阅读版式视图方式查看文档，图像窗口中只显示文档编辑区，以便利用最大的空间来阅读或批注文档。
- 大纲视图：大纲视图是一种缩进文档标题的视图显示方式，用户可以方便地在文档中进行页面跳转、修改标题以及通过移动标题来重置文本。
- Web 版式视图：Web 版式视图是使用 Word 编辑网页时采用的视图方式。它模拟 Web 浏览器的显示方式，不论正文如何排列都自动换行以适应窗口。
- 普通视图：普通视图中可以显示大部分的字符、段落格式，适合于普通文字编排工作，但无法显示页眉和页脚等信息，和实际打印效果会有些不同。

> **技巧：** Word 窗口右下角的一排视图按钮 ▭▭▭▭▭，从左到右分别对应页面视图、阅读版式视图、Web 版式视图、大纲视图、普通视图。单击其中的按钮，即可在各个视图方式之间进行快速切换。

2. 调整显示比例

在编排 Word 文档时，可以根据编排需要调整文档的显示比例，如对文档的某些细节进行调整时，可以放大显示文档的局部；对文档进行整体调整时，可以缩小显示文档的整体布局。调整文档比例时，需要先切换到【视图】选项卡，在【显示比例】组中进行调整，如图 5.29 所示，其中各按钮的功能如下。

- 【显示比例】按钮：单击该按钮，打开【显示比例】对话框调整窗口的缩放级别。
- 【100%】按钮：单击该按钮，将按文档的实际大小在窗口中显示。
- 【单页】按钮：单击该按钮，将在窗口中显示完整的一个文档页面。
- 【双页】按钮：单击该按钮，将在窗口中同时显示完整的两个文档页面。

图 5.29 【显示比例】组

- 【页宽】按钮：单击该按钮，将根据文档的页面宽度在窗口中显示文档页面，使页面宽度与窗口宽度一致。

> **技巧：** 在 Word 2007 窗口右下角拖动显示比例滑块 100% ⊖———▽———⊕，可以快速调整文档的视图显示比例。

3. 调整窗口

在 Word 2007 中，通过【视图】选项卡中的【窗口】组，还可以对窗口进行一些设置，比如新建窗口、全部重排等，如图 5.30 所示。其中各按钮的功能如下。

- 【新建窗口】按钮：单击该按钮，会打开一个包含当前视图的新窗口。
- 【全部重排】按钮：单击该按钮，在屏幕上并排平铺所有打开的 Word 窗口。

图 5.30 【窗口】组

- 【拆分】按钮：单击该按钮，将当前窗口拆

分为两部分，以便查看不同的部分。拆分窗口后，该按钮会变成【取消拆分】按钮，单击该按钮，即可取消拆分。

- **并排查看**按钮：单击该按钮，并排显示两个文档，以便比较二者之间的内容。
- **同步滚动**按钮：启用"并排查看"功能时，该按钮才能被激活，单击该按钮，当拖动其中一个窗口的滚动条时，另一个窗口的文档会同时滚动。
- **重设窗口位置**按钮：重置并排查看的两个文档的窗口位置，使二者平分屏幕。
- 【切换窗口】按钮：单击该按钮，从弹出的下拉列表中选择打开的其他文档。

注意：如果在【显示/隐藏】栏中选中 ☑ 文档结构图 复选框，【拆分】按钮无法被激活。

4. 显示/隐藏选项

在【视图】选项卡的【显示/隐藏】组中，可以决定标尺、文档结构图、网格线、缩略图以及消息栏是显示还是隐藏，如图 5.31 所示。

- **标尺**复选框：选中该复选框，在窗口中显示标尺，以便测量和对齐文档中的对象。
- **文档结构图**复选框：选中该复选框，将打开文档结构图，以便通过文档的结构性视图查看文档。
- **网格线**复选框：选中该复选框，将显示网格线。

图 5.31 【显示/隐藏】组

- **缩略图**复选框：选中该复选框，将显示缩略图窗格，以便通过每页的小图片在一篇长文档中导航。

5.3.2 典型案例——将一篇文档调整成阅读版式视图

案例目标

本案例将在 Word 2007 中将一篇 20 页的小说文档调整成阅读版式视图，以便读者阅读。在此过程中使用到了 Word 2007 的一些基本操作，如打开、设置文档视图等。

素材位置：【\第 5 课\素材\小说.docx】

操作思路：

（1）打开素材文件。

（2）调整成阅读版式视图，最终效果如图 5.32
所示。

操作步骤

将文档调整成阅读版式视图的具体操作如下：

（1）启动 Word 2007，单击 按钮，从弹出
的菜单中选择【打开】命令。

图 5.32 阅读版式效果

（2）弹出如图 5.33 所示的【打开】对话框，在对话框中选择素材文件。

（3）在【视图】选项卡中，单击【文档视图】栏中的【阅读版式视图】按钮，如图
5.34 所示，以阅读版式视图方式查看文档，最终效果如图 5.32 所示。

图 5.33　【打开】对话框

图 5.34　调整文档视图

案例小结

本例主要练习了打开文档、调整文档视图等基本操作。Word 2007 提供了 5 种视图方式，读者应自行练习切换这几种文档视图，了解各视图的效果，以便以后能够灵活应用。

5.4　上　机　练　习

5.4.1　新建书法字帖

本次上机练习将利用 Word 2007 提供的模板创建一个"书法字帖"，创建字帖后，读者可以打印出来临摹，提高自己的书法造诣。

源文件位置：【\第 5 课\源文件\书法字帖.docx】

操作思路：

● 启动 Word 2007。

● 单击 Office 按钮，从弹出的菜单中选择【新建】命令，打开【新建文档】对话框。

● 选择【书法字帖】选项，单击 创建 按钮。

● 自动弹出【增减字符】对话框，如图 5.35 所示，在【可用字符】列表框中选择要临摹的文字，单击 添加(A) 按钮，可见选中的字符被添加到文档中，单击 关闭 按钮，效果如图 5.36 所示。

图 5.35　【增减字符】对话框

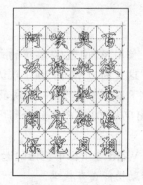

图 5.36　书法字帖

5.4.2 编辑书法字帖

本次上机练习将在前面创建的"书法字帖.docx"文档中删除部分字符、更改字符颜色和更改网格样式，完成后的文档效果如图 5.37 所示。

源文件位置：【\第 5 课\源文件\编辑书法字帖.docx】

操作思路：

● 打开前面制作的"书法字帖.docx"文档。

● 单击选项栏中的【书法】选项卡，如图 5.38 所示，在展开的选项中，单击【增减字符】按钮，打开【增减字符】对话框，在【已用字符】列表中选择不需要的文字，单击 删除(R) 按钮，将文字删除，单击 关闭 按钮，退出【增减字符】对话框。

● 单击【网格样式】按钮，从下拉列表框中选择【田回格】选项。

● 单击【文字排列】按钮，从下拉列表框中选择【竖排，最左一列】选项。

● 单击【选项】按钮，将文字的颜色设置为蓝色。

● 完成后，按【F12】键将其另存为"编辑书法字帖.docx"。

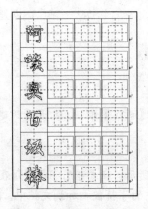

图 5.37　编辑后的书法字帖

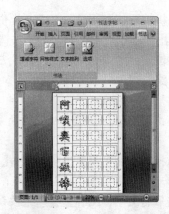

图 5.38　书法选项

5.5 疑 难 解 答

问：使用 Word 2007 编辑的文件，用 Word 2003 打不开，怎么办？

答：这是因为 Word 2007 默认保存格式是.docx，而 Word 2003 默认保存格式是.doc，因此出现了不兼容的问题。解决的办法是在 Word 2007 中打开文件，然后执行【另存为】→【Word 97-2003 文档】命令即可。

问：Word 选项栏中包括的选项太多，大部分都不知道有什么作用，难道每一个都需要使用帮助功能去查找吗？

答：其实并不一定要使用帮助功能，可以将鼠标指针停留在某按钮或列表框上片刻，将会出现相应的提示信息，包括该按钮或列表框的名称和作用等。

问：每次执行粘贴操作后，在复制内容的右下方都会出现一个 按钮，这有什么作用呢？

答：此按钮为【粘贴选项】按钮，单击它将弹出一个下拉列表框，用户可以根据需要选择其中某个粘贴选项。

5.6 课后练习

1．选择题

（1）在某个段落中单击鼠标左键（　　　　）次可选择整个段落。

　　A. 3　　　　　　　　B. 2　　　　　　　　C. 4　　　　　　　　D. 1

（2）当输入的文本超过文档页面的右边距时，将自动换到下一行，这种现象称为（　　　　）。

　　A. 软回车　　　　　　B. 回车　　　　　　C. 硬回车　　　　　　D. 换行

（3）Word 2007 默认的保存格式是（　　　　）。

　　A. doc　　　　　　　B. docx　　　　　　C. txt　　　　　　　　D. txtx

2．问答题

（1）简述打开文档的常用方法。

（2）保存新建文档与保存已存在文档的区别是什么？

3．上机题

创建一个 Word 文档，采用求职信的格式，给自己的父母写一封信，保存在计算机中。

第 6 课

Word 2007 进阶知识

本课要点

- 文档格式设置
- 表格的应用
- 美化文档

具体要求

- 掌握设置字符格式的方法
- 掌握设置段落格式的方法
- 掌握制作和编辑表格的方法
- 掌握美化文档的方法

本课导读

在 Word 2007 中，不仅可以输入文本，还可根据需要对其格式进行设置和美化，使文档更加直观、层次更加分明、更易于理解。本课主要讲解文档格式设置、表格的插入和编辑、插入文本框、图片和形状等。通过本课的学习，可以使 Word 文档更具美观性和可读性。

- 字体格式：改变文档中千篇一律的文字格式。
- 段落格式：使文档层次分明，结构清晰。
- 表格：使数据更加直观，一目了然，可制作报价单、销售表、简历等。
- 图形对象：使文本更加美观，可制作海报、广告单、流程图等。

6.1　文档格式设置

在文档中输入文本，需要对文本与段落的格式进行一系列设置，使编排后的文档层次分明，更加美观。

6.1.1　知识讲解

文本的格式设置主要包括字体、字号、字形、字符颜色以及段落的对齐、行距设置等几个方面，可以通过【开始】选项卡中的选项进行设置。

1. 使用【字体】栏设置字符格式

在 Word 2007 的工作界面中，单击【开始】选项卡，即可显示【字体】组，在这里可以对一些常用的字符格式进行设置，如图 6.1 所示，其中各部分的功能如下所述。

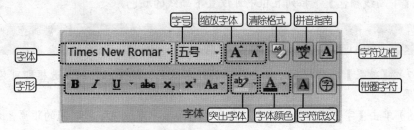

图 6.1　【字体】组

- ● 【字体】下拉列表框 Times New Romar ▾：在该下拉列表框中可以设置所选字符的字体。
- ● 【字号】下拉列表框 五号 ▾：在该下拉列表框中可以设置所选字符的大小。
- ● 【字形】按钮组：在该按钮组中单击相应的按钮可为所选字符设置字形变化，依次为加粗、倾斜、下画线、删除线、下标、上标、更改大小写。
- ● 【突出字体】按钮 ：单击该按钮后，所选字符突出显示，就像使用荧光笔做了标记一样。
- ● 【字体颜色】按钮 ：单击该按钮右侧的 ▾ 按钮，在弹出的下拉列表中可以设置所选字符的颜色。
- ● 【字符底纹】按钮 ：单击该按钮，为所选字符添加浅灰色的底纹背景。
- ● 【带圈字符】按钮 ：单击该按钮，会弹出一个对话框，在其中选择圆圈的样式，为所选字符周围添加圆圈或者边框。
- ● 【缩放字体】按钮 ：单击 按钮，增大所选字符的字号；单击 按钮，缩小所选字符的字号。
- ● 【清除格式】按钮 ：单击该按钮，清除所选字符的所有格式，只留下纯文本。
- ● 【拼音指南】按钮 ：单击该按钮，打开【拼音指南】对话框，给所选字符添加拼音，以明确发音。
- ● 【字符边框】按钮 ：单击该按钮，给所选字符添加边框。

> 说明：【字号】下拉列表框中的字号选项有两种表示方式，使用文字标识的字号，如一号、二号等，其数值越小，字符越大；使用阿拉伯数字标识的字号，如 10，14 等，其数值越小，字符越小。

2. 使用【字体】对话框设置字符格式

在【字体】对话框中可以设置更复杂的字符格式。使用【字体】对话框设置文字格式的具体操作如下：

（1）选择要修改的字符，单击鼠标右键，从弹出的快捷菜单中选择【字体】命令，将打开如图6.2所示的【字体】对话框。

（2）在【字体】选项卡的【中文字体】下拉列表框中设置中文文本的字体，在【西文字体】下拉列表框中设置西文文本（英文和数字）的字体。

（3）在【字形】下拉列表框中为所选字符设置加粗、倾斜等效果。

（4）在【字号】下拉列表框中设置所选字符的字号。

（5）在【字体颜色】下拉列表框中设置所选字符的颜色。

（6）在【下画线线型】和【着重号】下拉列表框中可为所选字符添加下画线和着重号，在【下画线颜色】下拉列表框中可设置下画线的颜色。

> **说明**：在默认情况下，【下画线颜色】下拉列表框为灰色不可用状态，只有为字符添加了下画线后，【下画线颜色】下拉列表框才会被激活。

（7）【效果】栏中提供了一些特殊的显示效果，选中相应的复选框即可为所选字符添加效果。

（8）单击【字符间距】选项卡，在展开的面板中可设置字符之间的距离，如图6.3所示。

图6.2　【字体】对话框

图6.3　设置字符间距

3. 使用【段落】组设置段落格式

一篇文档，如果都是一种格式，会显得结构不清晰、层次不分明，给阅读者造成困扰。通过【开始】选项卡中的【段落】组中的选项，可以十分方便地对段落格式进行设置，【段落】栏如图6.4所示。

> **技巧**：将光标插入点定位于需设置格式的段落中，在【段落】组中单击相应的按钮即可设置段落格式。如果要给字符或段落设置底纹，必须首先选中该字符或段落。

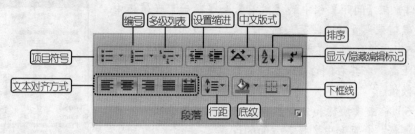

图 6.4　【段落】组

其中各按钮的功能如下。

- **【项目符号】按钮**：单击该按钮，可为段落自动添加项目符号。
- **【编号】按钮**：单击该按钮，可为段落自动添加数字编号。
- **【多级列表】按钮**：单击该按钮，可在下拉列表框中选择多级列表样式。
- **【设置缩进】按钮**：单击　　按钮，可减少段落的缩进量；单击　　按钮，可增加段落的缩进量。
- **【中文版式】按钮**：单击该按钮，设置中文或者混合文字的版式。
- **【排序】按钮**：单击该按钮，打开【排序文字】对话框，设置按字母顺序或者数字顺序对所选文字进行排序。
- **【显示/隐藏编辑标记】按钮**：单击该按钮，显示或隐藏段落标记或者其他格式符号。
- **【下框线】按钮**：单击该按钮，在下拉列表框中选择表格的框线。
- **【底纹】按钮**：单击该按钮，在下拉列表框中选择所选文字或者段落的背景色。
- **【行距】按钮**：单击该按钮，在下拉列表框中设置段落中行与行之间的距离。
- **【左对齐】按钮**：单击该按钮，可使段落中的文本靠左对齐。
- **【居中】按钮**：单击该按钮，可使段落中的全部文本居中对齐。
- **【右对齐】按钮**：单击该按钮，可使段落中的文本靠右对齐。
- **【两端对齐】按钮**：单击该按钮，可使段落文本的两端对齐。
- **【分散对齐】按钮**：单击该按钮，使段落中的文本分散对齐。

> **注意**：两端对齐和分散对齐的区别是，设置两端对齐，除了段落的最后一行靠左对齐外，其他段落文本都均匀分布在左右页边距之间；分散对齐使包括最后一行在内的每一行文本都均匀分布在左右页边距之间。

4. 使用【段落】对话框设置段落格式

在【段落】对话框中可以设置更为复杂的段落格式，其具体操作如下：

（1）选择需要设置格式的段落，然后单击鼠标右键，从弹出的快捷菜单中选择【段落】命令，打开【段落】对话框，如图 6.5 所示。

（2）在【对齐方式】下拉列表框中可以设置段落的对齐方式，如左对齐、居中对齐、右对齐、两端对齐和分散对齐等。

（3）在【缩进】栏的【左】和【右】数值框中可输入数值来设置段落左边和右边的缩进量，在【特殊格式】下拉列表框中可设置需要的格式，如首行缩进、悬挂缩进等。

（4）在【间距】栏中的【段前】和【段后】数值框中可输入数值来设置所选段落与前一段及后一段的距离。

（5）在【行距】下拉列表框中可以设置段落中行与行之间的距离，在其右侧的【设置值】数值框中可以指定行距的具体数值。

（6）单击【换行和分页】和【中文版式】选项卡，可以进行换行、分页和中文版式方面的设置。

（7）设置完毕后，单击 确定 按钮，所选的段落显示为设置的段落格式效果。

> **注意：** 只有在【行距】下拉列表框中选择【固定值】选项后，才可在【设置值】数值框中设置具体的行距。

图 6.5 【段落】对话框

5. 使用水平标尺设置段落格式

在 Word 2007 中，默认情况下标尺并没有显示出来。单击【视图】选项卡，然后选中 ☑标尺 复选框，即可显示标尺。水平标尺位于文档编辑区的顶部，用于准确设置段落的缩进量。

使用水平标尺设置段落缩进的基本方法是：选择需设置格式的段落，用鼠标拖动标尺上的缩进按钮即可进行段落的相应缩进设置。

如图 6.6 所示的是为段落设置了格式的文档，其中各按钮的功能如下。

图 6.6 设置段落格式

- ● 【首行缩进】按钮：用于设置段落第一行向右缩进的距离。
- ● 【悬挂缩进】按钮：用于设置段落中除第一行以外，其他行向右缩进的距离。
- ● 【左缩进】按钮：用于设置段落的左边界。
- ● 【右缩进】按钮：用于设置段落的右边界。

> **技巧：** 按住【Alt】键不放并拖动水平标尺上的缩进按钮，可微调段落的缩进值。

6. 复制格式

在一篇文档中，通常有很多地方需要使用同一种格式，对于这种情况，只需设置一处的文本格式，然后使用【开始】选项卡中的【格式刷】按钮将其格式快速复制给其他文本即可，其具体操作如下：

（1）将光标定位到已设置格式的文本中，单击【开始】选项卡中的【格式刷】按钮 格式刷，进入格式刷状态，鼠标指针变为 形状。

（2）在需要应用该格式的段落上单击，可以将格式复制到这个段落；拖动鼠标选择文本，即可将格式应用在所选文本上。复制完成后，系统自动退出格式刷状态。

> **注意：** 如果需要复制格式的文本有多处，可双击【格式刷】按钮 ✔ 格式刷，然后分别在需要复制相同格式的文本处单击，复制完成后，再次单击【格式刷】按钮 ✔ 格式刷 或按【Esc】键退出格式刷状态。

6.1.2 典型案例——给"防晒露说明"文档设置格式

案例目标

本案例将对一个"防晒露说明"文档进行格式设置，主要用到了【开始】选项卡中的字体设置、字号设置、段落对齐、首行缩进、右缩进等，完成后的最终效果如图 6.7 所示。

素材位置：【\第 6 课\素材\防晒露说明.docx】

源文件位置：【\第 6 课\源文件\防晒露说明.docx】

操作思路：

（1）设置标题的字体和字号，并使其居中显示，使其更加醒目。

（2）设置文档字号和缩进方式。

（3）设置并列项目，使文档看起来更美观。

图 6.7 设置格式后的文档

操作步骤

给"防晒露说明"文档设置格式的具体操作如下：

（1）按【Ctrl+O】组合键，打开"防晒露说明.docx"文件，如图 6.8 所示。

（2）将光标定位到第一行文字中，然后单击【开始】选项卡中的【居中对齐】按钮 ≡，使该行文字居中对齐。

（3）选中第一行文字，在 宋体 下拉列表框中选择【黑体】选项，在 五号 下拉列表框中选择【四号】选项，并单击 U 按钮，给文字添加下画线，如图 6.9 所示。

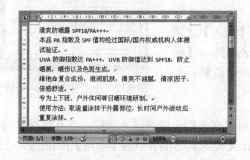

图 6.8 打开文件　　　　　　　　　　　图 6.9 设置标题文字

（4）将鼠标光标定位在第 2 行文字中，拖动【首行缩进】按钮，然后使用格式刷将该格式复制到其他段落，如图 6.10 所示。

（5）选择中间 3 行文字，在【开始】选项卡中的【字体】组中选择【楷体_GB2312】选项，然后在【段落】组中单击【项目符号】按钮 ☰·，如图 6.11 所示，得到最终效果。

（6）设置完毕后，单击 🖫 按钮，从弹出的菜单中选择【另存为】命令，将文件另存到其他文件夹中。

图 6.10　设置首行缩进

图 6.11　设置并列项目的格式

案例小结

本案例主要练习了对文本字体、字号、字形以及段落缩进、项目符号等格式的设置，并运用【格式刷】工具复制格式。给文档设置格式时要注意，设置格式的目的是为了使文本层次更加清晰，因此文本格式不宜设置得过分花哨，以免不利于阅读。

6.2　表格的应用

表格的作用是罗列一些数据信息，从而直观清晰地将文档中的并列数据或信息表达出来，所以在文档中适当地添加表格会使文档更加容易理解。

6.2.1　知识讲解

使用 Word 2007 的表格处理功能可以方便地在文档中插入和编辑表格，并且可在其中输入文字和插入图形达到美化文档的效果。

1．制作表格

在 Word 2007 中，制作表格都可以通过【插入】选项卡中的【表格】按钮来完成，主要包括通过表格图、【插入表格】对话框、手动绘制 3 种，下面分别进行讲解。

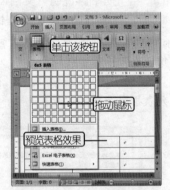

图 6.12　使用表格图插入表格

1）使用表格图

单击【插入】选项卡中的【表格】按钮可以在文档中快速插入表格，其具体操作是：将光标插入点定位到需插入表格的位置，单击【插入】选项卡中的【表格】按钮 ▦，在弹出的下拉列表框中有一个表格图，移动鼠标，橙色区域表示插入表格的行列数，如图 6.12 所示，单击鼠标，即可插入表格。

2）使用【插入表格】对话框

使用表格图只能插入简单且行列数有限的表格，要制作较复杂的表格，可通过【插入表格】对话框来完成，其具体操作如下：

（1）将光标插入点定位到需插入表格的位置，在【插入】选项卡中单击【表格】按钮，从弹出的下拉列表中选择 插入表格(I)... 选项，打开【插入表格】对话框，如图 6.13 所示。

（2）在【表格尺寸】栏的【列数】和【行数】数值框中可输入表格的列数和行数，单击 确定 按钮。

图 6.13 【插入表格】对话框

> **说明：** 将鼠标指针移到单元格的交界线上，当其变为 形状时按下左键不放并拖动可以调整行高或列宽。

3）手动绘制表格

除了可以自动插入表格外，还可手动绘制各种复杂的表格，其具体操作如下：

（1）在【插入】选项卡中单击【表格】按钮，从弹出的下拉列表框中选择 绘制表格(D) 选项，拖动鼠标绘制一个矩形框，在矩形框中拖动鼠标即可绘制表格线，如图 6.14 所示。

图 6.14 【设计】选项卡中的选项

（2）此时选项栏中会自动新增一个【设计】选项卡，并自动切换到该选项卡中，在【表格样式】组中可设置表格的样式，在【绘图边框】组中可设置表格边框线的粗细、线形和颜色。

> **技巧：** 在绘制表格的过程中，如果要删除某条线，可单击【绘图边框】组中的【擦除】按钮，在该线附近拖动使其呈红色显示后释放鼠标即可。

4）快速插入表格

在 Word 2007 中，可以快速插入已经编辑好的表格，其具体操作如下：

（1）在【插入】选项卡中单击【表格】按钮，从弹出的下拉列表框中选择 快速表格(T) 选项，在弹出的下拉列表框中选择要插入的表格样式，如图 6.15 所示。

（2）拖动垂直滚动条有更多样式供选择，图 6.16 所示的表格是选择【矩阵】样式的效果。

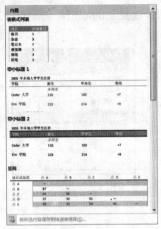

图 6.15　选择表格样式

城市或城镇	点·A	点·B	点·C	点·D	点·E
点·A	—				
点·B	87	—			
点·C	64	56			
点·D	37	32	91		
点·E	93	35	54	43	—

图 6.16　矩阵样式的表格

2. 编辑表格

制作表格后，就可以在表格中添加内容了，方法很简单，只需将鼠标移到单元格上，当鼠标指针变为 I 形状时单击鼠标可将光标插入点定位到单元格中，然后输入文字或者插入图片。还可以根据需要调整表格的单元格、行、列或整个表格，下面就介绍选择单元格、插入行或列、合并或拆分单元格等操作。

1）选择单元格

表格是由一个个单元格组成的，对表格中的内容进行设置，需要先选择表格中的相应单元格，选择单元格的方法主要有以下几种。

- **选择一个单元格**：将鼠标指针移到该单元格左侧，当其变为 形状时单击鼠标可选择该单元格。
- **选择一行单元格**：将鼠标指针移到该行左侧，当其变为 形状时双击鼠标可选择该行。
- **选择一列单元格**：将鼠标指针移到该列顶端，当其变为 形状时单击鼠标可选择该列。
- **选择连续的单元格**：在要选择的单元格、行或列上按住鼠标左键不放并拖动可选择连续的单元格。
- **选择整个表格**：单击表格左上角的 图标可选择整个表格。

2）插入行或列

在编辑表格内容的过程中，可根据需要在任意位置插入行或列。
插入行或列主要有以下两种方法。

- 在表格的最后一个单元格中按【Tab】键，可以在表格的末尾添加一行。
- 选择表格中要插入行或列的单元格，单击鼠标右键，从弹出的快捷菜单中选择【插入】命令，子菜单如图 6.17 所示。

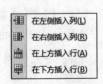

图 6.17　插入行或列

3) 插入单元格

在表格中插入单元格的具体操作如下：

（1）将光标插入点定位到要插入单元格的位置。

（2）单击鼠标右键，从弹出的快捷菜单中选择【插入】→【插入单元格】命令，打开【插入单元格】对话框，如图 6.18 所示，其中各插入方式的含义如下。

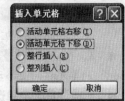
图 6.18 【插入单元格】对话框

- ◯ **活动单元格右移(I)** 单选按钮：插入新单元格后原单元格向右移动。
- ◯ **活动单元格下移(D)** 单选按钮：插入新单元格后原单元格向下移动。
- ◯ **整行插入(R)** 单选按钮：在当前单元格上方插入一整行单元格。
- ◯ **整列插入(C)** 单选按钮：在该单元格左侧插入一整列单元格。

（3）在【插入单元格】对话框中选中需要的选项后，单击 [确定] 按钮即可按相应方式在表格中插入单元格。如图 6.19 和图 6.20 所示是在表格中插入单元格前后的效果。

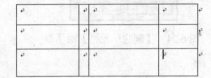
图 6.19 插入单元格前

图 6.20 插入单元格后

4) 合并与拆分单元格

在编辑单元格中的内容时，可根据需要对单元格进行合并或拆分操作。合并单元格的具体操作如下：

（1）选择需要合并的单元格，如图 6.21 所示。

（2）单击鼠标右键，在弹出的快捷菜单中选择【合并单元格】命令即可将所选的单元格合并，如图 6.22 所示。

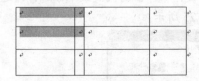
图 6.21 选择要合并的单元格

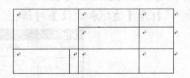
图 6.22 合并单元格后

拆分单元格的具体操作如下：

（1）选择要拆分的单元格。

（2）单击鼠标右键，在弹出的快捷菜单中选择【拆分单元格】命令，打开【拆分单元格】对话框，如图 6.23 所示。

（3）在【列数】数值框中输入要拆分的列数，在【行数】数值框中输入要拆分出的行数，单击 确定 按钮，即可将所选单元格拆分为指定的行列数。

5）删除行、列或单元格

在合并和拆分单元格的过程中会出现一些多余的行、列或单元格，此时可将其删除。将光标插入点定位到需删除的行、列或单元格中，单击鼠标右键，从弹出的菜单中选择【删除单元格】命令，打开【删除单元格】对话框，如图 6.24 所示，其中各单选按钮的含义如下。

- **右侧单元格左移(L)** 单选按钮：单击该按钮，删除插入点所在的单元格后，其右侧的单元格向左移动。
- **下方单元格上移(U)** 单选按钮：单击该按钮，删除插入点所在的单元格后，其下方的单元格向上移动。
- **删除整行(R)** 单选按钮：单击该按钮，将删除插入点所在的行。
- **删除整列(C)** 单选按钮：单击该按钮，将删除插入点所在的列。

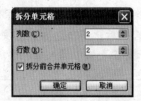　　　　

图 6.23　【拆分单元格】对话框　　　　图 6.24　【删除单元格】对话框

3. 美化表格

在表格中输入数据后，常常发现单元格中的内容参差不齐、重点数据不够突出，这时就需要美化表格。美化表格的操作一般包括设置表格边框、设置底纹样式和表格内容的对齐方式等，下面分别进行讲解。

1）设置表格边框和底纹

表格边框并非一成不变，Word 2007 中表格的默认边框是 0.5 磅的黑色直线，用户可根据需要对表格边框的粗细和线型、表格底纹和颜色等进行设置，也可选择边框是显示还是隐藏，其具体操作如下：

（1）选择需设置边框的表格，单击鼠标右键，从弹出的快捷菜单中选择【边框和底纹】命令，打开【边框和底纹】对话框，如图 6.25 所示。

图 6.25　【边框和底纹】对话框

（2）在【边框】选项卡的【设置】栏中可以选择预设的边框样式，在【样式】、【颜色】和【宽度】下拉列表框中可设置边框的线型、颜色和宽度。

（3）单击【预览】栏中的按钮可显示或隐藏对应位置的边框线。

（4）单击【底纹】选项卡，在【填充】栏中可设置表格底纹的颜色，在【图案】栏中可设置底纹图案的样式和颜色，如图6.26所示。

（5）单击 确定 按钮，完成表格边框和底纹的设置。

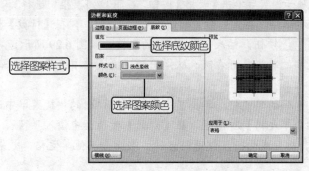

图6.26 【边框和底纹】对话框

2）自动对齐表格内容

在默认状态下，表格中的内容为靠上两端对齐，用户可为其设置其他对齐方式。选择需设置对齐方式的行、列或单元格，然后单击鼠标右键，在弹出的快捷菜单中选择【单元格对齐方式】命令，在其子菜单中提供了9种对齐方式，单击其中的一个按钮，即可设置表格中内容的对齐方式，如图6.27所示。

图6.27 单元格对齐方式

技巧：在单元格对齐方式图中，按钮上的图案就代表表格内容对齐后的效果，用户需要哪种对齐方式，单击对应的按钮即可。

6.2.2 典型案例——制作"公司销售单"表格

案例目标

本案例将制作一张"公司销售单"，主要练习表格的制作、编辑以及美化等操作，制作完成的"公司销售单"效果如图6.28所示。

源文件位置：【\第 6 课\源文件\公司销售单.docx】

操作思路：

（1）在【插入】选项卡中单击【表格】按钮插入表格。

（2）根据需要对单元格进行合并、拆分。

图6.28 公司销售单

（3）输入内容，设置字体、字号和对齐方式和表格底纹。

操作步骤

制作"公司销售单"表格的具体操作如下：

（1）新建文档，输入表名和注释文字，将其格式分别设置为"黑体、三号、居中"和"宋体、五号"，完成后按【Enter】键换行。

（2）单击【插入】选项卡，然后单击【表格】按钮，在下拉列表框中选择 ▦ 插入表格(I)... 选项，打开【插入表格】对话框。在【列数】数值框中输入"5"，在【行数】数值框中输入"8"，单击 确定 按钮，插入一个 5×8 的表格，如图 6.29 所示。

（3）选择第 6 行表格，单击鼠标右键，从弹出的快捷菜单中选择【合并单元格】命令将其合并。

（4）选择第 1 行第 5 列的单元格，单击鼠标右键，从弹出的快捷菜单中选择【拆分单元格】命令，打开【拆分单元格】对话框，在【列数】数值框中输入"1"，在【行数】数值框中输入"2"，将其拆分成两行，使用同样的方法拆分其他单元格，效果如图 6.30 所示。

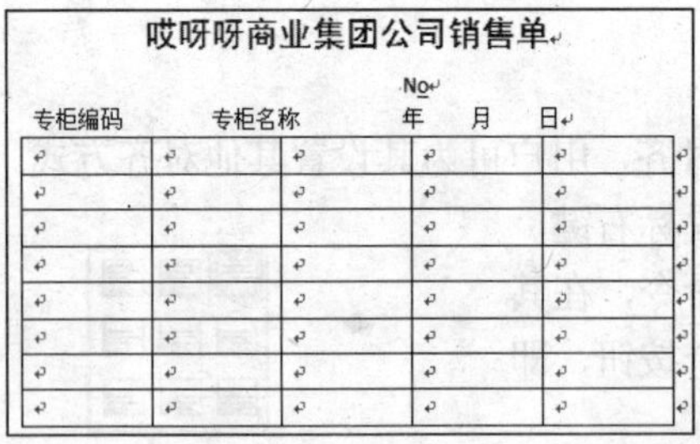

图 6.29 插入表格

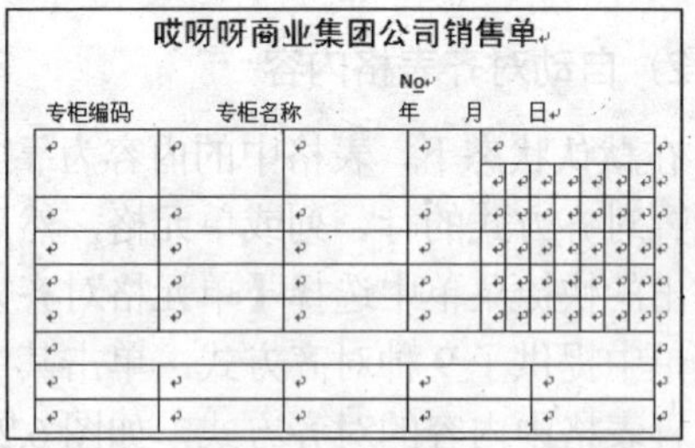

图 6.30 拆分表格

（5）在表格中输入申请表的内容，如图 6.31 所示。

（6）将鼠标指针指向表格边框，当指针变成 ✛ 形状时，拖动边框调整列宽，然后选择所有表格。单击鼠标右键，从弹出的快捷菜单中选择【单元格对齐方式】命令，单击【居中】按钮 ▤，效果如图 6.32 所示。

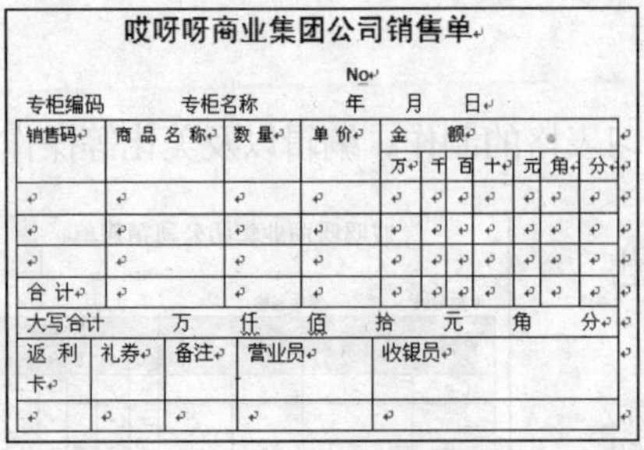

图 6.31 输入表格内容

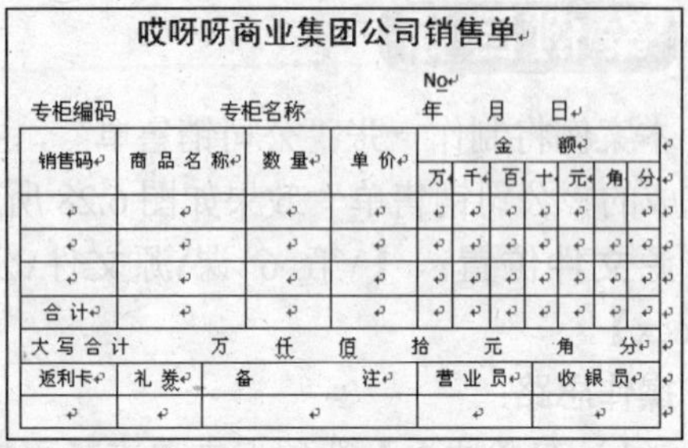

图 6.32 对齐单元格

（7）选择第 1 行和倒数第 2 行，单击鼠标右键，从弹出的快捷菜单中选择【边框和底纹】命令，打开【边框和底纹】对话框。

（8）单击【底纹】选项卡，从【填充】下拉列表框中选择蓝色，单击 确定 按钮。

（9）选择"金额"下的财务单位这几个单元格，将其底纹颜色设置为淡蓝色，完成本例的制作。

案例小结

本案例制作了一张"公司销售单"，在制作的过程中主要用到了插入表格、输入表格内容、单元格对齐方式以及给单元格添加底纹等操作。在制作表格的过程中，应根据内容的需要灵活地进行单元格的合并或拆分操作。

6.3　丰富文档的内容

为了增加文档内容的视觉效果，可在文档中插入文本框、艺术字、图片以及自选图形等图形对象。

6.3.1　知识讲解

下面将分别讲解在文档中插入并编辑文本框、艺术字、图片以及自选图形等的方法。

1．插入文本框

文本框可以放在文档中的任意位置，在文本框中输入文本或者插入图片可以使文本与图形很好地结合在一起，使文档更直观和美观，在文档中插入文本框的具体操作如下：

（1）单击【插入】选项卡，然后单击【文本框】按钮，弹出如图 6.33 所示的下拉列表框。

（2）在【内置】栏中选择一种文本框的排列方式，在文档编辑区中会出现一个文本框，根据文本框中的提示输入内容，也可以删除文本框中的内容，把需要的内容粘贴到文本框中。

图 6.33　【文本框】下拉列表框

> 说明：除了选择【内置】栏中的文本框，也可以选择 绘制文本框(D) 选项或者 绘制竖排文本框(V) 选项，鼠标指针变为 ✛ 形状，拖动鼠标绘制一个矩形文本框，然后将内容输入或者粘贴到文本框中即可。只有选择了内容以后， 将所选内容保存到文本框库(S) 选项才能被激活。

文本框中的文本可以使用设置文本格式的方法进行编辑，如字体和字号等，下面讲解设置文本框的格式的常用操作。

● 将鼠标指针移到文本框边框上，当其变为 ✛ 形状时按下左键不放并拖动可以移动文本框。选择文本框后，使用鼠标拖动文本框的控制点可以改变文本框的大小。

● 选择文本框，可见选项栏中新增一个文本框工具的【格式】选项卡，单击该选项卡，在展开的面板中单击 形状填充 按钮，在弹出的下拉列表中选择【色块】可以为文本框填充相应的颜色。

● 单击 形状轮廓 按钮，在弹出的下拉列表中选择色块可以为文本框边框填充相应的

颜色。

- 单击 更改形状 按钮，在弹出的下拉列表框中可以设置文本框的形状，如图 6.34 所示。
- 单击 文字环绕 按钮，在弹出的下拉列表框中选择文本框与周围文本的环绕方式，如图 6.35 所示。

技巧： 将插入点定位到文本框中，单击鼠标右键，从弹出的快捷菜单中选择"文字方向"命令，在打开的【文字方向-文本框】对话框中可以设置文本框中文字的方向，比如把横排的文字更改成竖排。

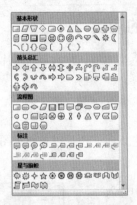

图 6.34　更改文本框的形状　　　　　图 6.35　设置文字环绕方式

注意： 在这里是选择文本框的形状，在【插入】选项卡中的【形状】下拉列表中选择的形状，它会作为图形插入到文本中。

2．插入艺术字

Word 的艺术字功能可以将文本转化为艺术效果的文字图形，使文档更加美观，呈现出与众不同的效果。

插入艺术字的具体操作如下：

（1）将插入点定位到需要插入艺术字的位置。

（2）单击【插入】选项卡，然后在【文本】组中单击【艺术字】按钮，打开【艺术字库】对话框，如图 6.36 所示，选择一种样式。

（3）在弹出的【编辑艺术字文字】对话框中输入需创建的艺术字文本，并在【字体】、【字号】下拉列表框中设置文字的字体和字号，如图 6.37 所示。

（4）单击 确定 按钮，在文档中插入艺术字，效果如图 6.38 所示。

图 6.36　【艺术字库】对话框

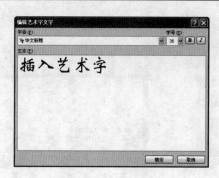

图 6.37 插入的艺术字

图 6.38 插入的艺术字

双击插入到文档中的艺术字，打开【艺术字工具】选项卡，在该选项卡中可重新设置艺术字，比如重新编辑文本内容、选择艺术字样式、给文字添加阴影、添加三维效果等，如图 6.39 所示。

图 6.39 【艺术字工具】选项卡

- 【文字】组：在该组中，单击【编辑文字】按钮，可以重新输入文字；单击其他按钮，可以分别设置文字的间距、使所有字母等高、使文字竖排以及设置文字对齐方式。
- 【艺术字样式】组：选中艺术字，将鼠标指针指向一种艺术字样式，即可预览应用该样式后的效果，单击样式，即可使用新样式替换原始样式。还可以在【艺术字样式】组中设置填充色、形状轮廓以及形状样式，如图 6.40 所示。

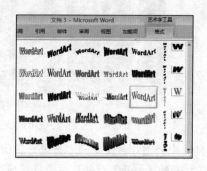

图 6.40 修改艺术字样式

- 【阴影效果】组：在该组中给艺术字添加阴影效果。
- 【三维效果】组：在该组中给艺术字添加三维效果。
- 【排列】组：在该组中设置艺术字在页面中的位置以及文字环绕方式。

3. 插入图片和编辑图片

图文并茂的文档会给阅读者视觉上的美感，使用 Word 2007 可以插入各种图片。单击

【插入】选项卡，然后单击【图片】按钮，弹出【插入图片】对话框，在其中选择需要插入的图片后，单击 插入(S) 按钮即可将图片插入到文档中。

选择插入的图片，选项栏中会显示图片工具的【格式】选项卡，单击该选项卡，然后单击【文字环绕】按钮，可从弹出的下拉列表框中选择文字环绕方式，如图 6.41 所示为选择 衬于文字下方(D) 选项后的效果。

图 6.41 将图片衬于文字下方

> **说明：** 单击【剪贴画】按钮，可以在当前位置插入系统内置的剪贴画。

插入图片后，双击图片，可打开图片工具的【格式】选项卡，在这里可对图片进行图片色彩和色调、边框、阴影效果以及大小等的调整。

1）调整图片的色彩和色调

在图片工具的【格式】选项卡的【调整】组中调整图片的色彩和色调，如图 6.42 所示。各选项的含义如下。

- 亮度 按钮：选中图片后，单击该按钮，在弹出的下拉列表中选择图片的亮度。

- 对比度 按钮：选中图片后，单击该按钮，在弹出的下拉列表中选择图片的对比度。

图 6.42 【调整】组

- 重新着色 按钮：选中图片后，单击该按钮，在弹出的下拉列表中可以为图片重新着色，如图 6.43 所示。为一幅图片使用部分选项着色后的效果如图 6.44 所示。

图 6.43 重新着色下拉列表

自动 　　　强调文字颜色 1 浅色

图 6.44 重新着色后的效果

- 压缩图片 按钮：单击该按钮，使选中的图片按设定的参数进行压缩，以减小其尺寸。

- 更改图片 按钮：单击该按钮，在打开的【打开】对话框中选择其他图片，保存当前图片的格式和大小。

- 重设图片 按钮：单击该按钮，放弃对所选图片进行的所有格式的更改。

2）设置图片效果

插入图片后，双击图片，在图片工具的【格式】选项卡中可设置图片的效果，包括图片样式、图片边框、图片形状、图片效果等。在【图片样式】组中，选择一种样式，即可为图片应用该样式，如图 6.45 所示。

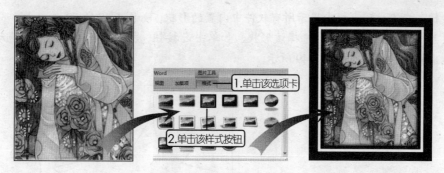

图 6.45　应用图片样式

在【图片样式】组中，还有下面这 3 个按钮，各按钮功能如下。

● 🖼️图片形状·**按钮**：单击该按钮，在弹出的列表中可选择图片采用的形状。

● 🖼️图片边框·**按钮**：单击该按钮，在弹出的下拉列表中可选择边框颜色、边框线条的粗细，以及虚线边框。

● 🖼️图片效果·**按钮**：单击该按钮，在弹出的菜单中可为图片添加预设、阴影、发光、柔化边缘等效果，图 6.46 所示的是选择预设 10 后的图片效果。

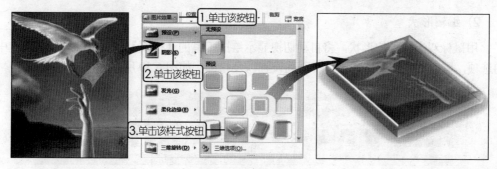

图 6.46　选择预设效果

3）设置图片的大小

在 Word 2007 中插入图片后，可通过裁剪图片和设置图片大小两种方法来修改图片的大小，如图 6.47 所示。

● **裁剪图片**：选中图片后，单击【大小】组中的【裁剪】按钮，可以通过鼠标对图片进行裁剪。

● **设置图片大小**：选中图片后，在【大小】组中的【高度】和【宽度】数值框中可以精确设置图片的高度和宽度。

图 6.47　【大小】组

4．插入形状

Word 中还提供了如线条、箭头和流程图等多种形状，用户可以根据需要在文档中绘制相应的形状。

1）插入形状

具体操作如下：

（1）将插入点定位到需要绘制自选图形的位置，单击【插入】选项卡，然后单击【形

状】按钮，在下拉列表框中显示所有软件中内置的形状，如图 6.48 所示。

（2）单击一个按钮即可选择该形状，如单击 按钮，按下鼠标左键不放并拖动，即可绘制出相应的图形，如图 6.49 所示。

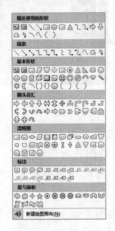

图 6.48　形状列表

图 6.49　爆炸图形

2）编辑形状

用鼠标双击插入的形状，将自动切换显示绘图工具的【格式】选项卡，通过选项卡中的选项，可以对图形的格式进行一系列设置以及修饰，如图 6.50 所示。

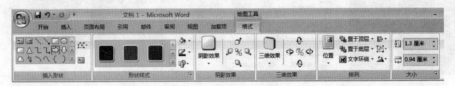

图 6.50　绘图工具的【格式】选项卡

各按钮功能如下。

● 【插入形状】组：在该组中的图形列表框中选择一个形状，拖动鼠标即可在现有形状的基础上继续绘制形状。

● 【形状样式】组：单击该组中的预设形状样式，可以为当前选中的形状设置各种外观样式，如图 6.51 所示。在【形状样式】组中，单击 形状填充 按钮，在弹出的颜色列表中可以更改图形的填充颜色，也可在菜单中指向某个效果类型，在弹出的列表中选择图形的填充效果；单击 形状轮廓 按钮，在弹出的下拉列表中可以选择轮廓的颜色、线条粗细以及虚线线条；单击 更改形状 按钮，在弹出的形状列表中选择新的形状，可以对当前形状进行替换。

● 【阴影效果】组：单击该组中的【阴影效果】按钮，在弹出的列表中可以选择为形状添加阴影效果。

说明：添加阴影效果后，可通过【阴影效果】组中的调节按钮调整阴影的偏移量或取消阴影效果。

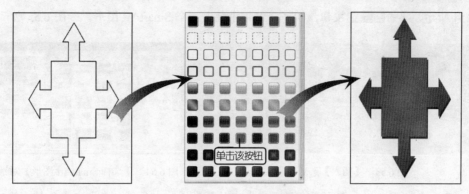

图6.51 设置形状样式

- 【三维效果】组：单击该组中的【三维效果】按钮，在弹出的下拉列表中可以选择三维效果，以及对三维效果的各种选项进行设置，如图6.52所示。

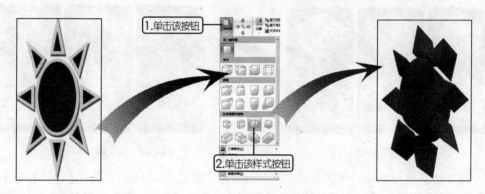

图6.52 设置三维效果

- 【排列】栏：在该栏中调整图形的顺序和文字环绕方式。

> 说明：在插入的形状上单击鼠标右键，从弹出的快捷菜单中选择【添加文字】命令，或者单击【插入形状】组中的【编辑文本】按钮，即可在形状中输入文字。

5. 插入 SmartArt 图形

SmartArt 图形是 Word 2007 中新增的一个图形功能，使用该功能可以使用户更容易地制作出流程图、组织结构图等图例。

> 注意：必须采用 Word 2007 格式的文档才能使用 SmartArt 图形。

在文档中插入 SmartArt 图形的具体操作步骤如下：

（1）在【插入】选项卡中单击【插图】组中的【SmartArt 图形】按钮，如图 6.53 所示，打开【选择 SmartArt 图形】对话框。

> 注意：插入 SmartArt 图形时，先在对话框左侧的列表框中选择类别，便于根据用途来选择恰当的图形。

（2）在对话框左侧的窗格中选择图形类别，然后在中间的窗格中选择图形样式，如

图 6.54 所示，单击 确定 按钮，即可在文档中插入一个 SmartArt 图形，如图 6.55 所示。

图 6.53 【插入】选项卡

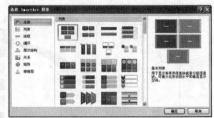

图 6.54 【选择 SmartArt 图形】对话框

（3）插入 SmartArt 图形后会显示文本占位符和图片占位符，在文本占位符上输入文本，单击图片占位符，插入图片，如图 6.56 所示，然后根据文档的编排范围，拖动图形的边框来调整图形的大小。

图 6.55 插入的 SmartArt 图形　　　　　图 6.56 插入图形并输入文本

在文档中插入 SmartArt 图形后，将在选项栏中显示 SmartArt 工具的【设计】与【格式】选项卡，通过 SmartArt 工具的【设计】选项卡的各组中的选项，可以对 SmartArt 图形进行一系列修饰。

- **在图形中添加形状**：单击【创建图形】组中的【添加形状】按钮，在弹出的下拉列表中可以选择在当前图形的前面或后面添加形状，如图 6.57 所示。

- **调整形状布局**：单击【创建图形】组中的 从右向左 按钮，可以对当前形状的走势布局进行调整。

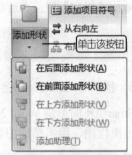

图 6.57 【添加形状】下拉列表

- **更改图形布局**：选中整个图形后，在【布局】组中可以选择其他图形布局。

- **重设图形**：为图形设置了多种格式后，单击【重设】组中的【重设图形】按钮，可以清除插入后所设置的所有图形样式，使图形返回到插入时的状态。

- **更改图形样式**：选中图形后，在【SmartArt 样式】组的列表框中可以选择要为图形采用的样式，如图 6.58 所示。

- **更改图形颜色**：选中图形后，单击【SmartArt 样式】组中的【更改颜色】按钮，在弹出的列表中可以选择图形的配色，如图 6.59 所示。

图 6.58　更改图形样式

图 6.59　更改图形的颜色

6.3.2　典型案例——制作母亲节贺卡

本案例将制作"母亲节贺卡"，主要练习绘制形状、插入和编辑图片、插入文本框、插入艺术字等操作的方法。制作完成的"母亲节贺卡"如图 6.60 所示。

素材位置：【\第 6 课\素材\花卉.BMP】

源文件位置：【\第 6 课\源文件\母亲节贺卡.docx】

操作思路：

（1）使用插入形状的方法插入横卷形图形并为其填充颜色。

（2）插入图片，给图片添加特殊效果和阴影。

（3）插入文本框并输入文字，将文本框的填充和边框都设置为无。

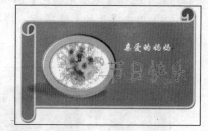

图 6.60　母亲节贺卡

操作步骤

制作母亲节贺卡的具体操作如下：

（1）新建空白文档，单击【插入】选项卡，然后单击【形状】按钮，在弹出的下拉列表中单击 按钮。

（2）在文档编辑区中拖动鼠标，绘制横卷形图形，然后在选项栏中单击绘图工具的【格式】选项卡，在【形状样式】组中单击绿色的 按钮，图形效果如图 6.61 所示。

（3）单击【插入】选项卡中的【图片】按钮，在【插入图片】对话框中选择"花卉.BMP"，拖动图片的控制点将图片缩小，如图 6.62 所示。

图 6.61　绘制图形

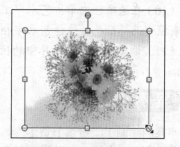

图 6.62　缩小图片

（4）选择花卉图片，单击图片工具的【格式】选项卡，然后在【图片样式】组中单击【金属椭圆】按钮 ⊙，单击 [文字环绕] 按钮，选择 [浮于文字上方(N)] 选项，再单击 [图片效果] 按钮，给图片添加阴影，如图 6.63 所示。

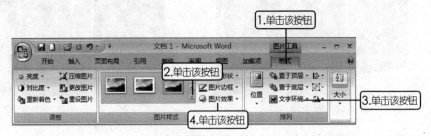

图 6.63　图片设置

（5）将图片拖曳到横卷形图形中，再次调整图片的大小，效果如图 6.64 所示。

（6）单击【插入】选项卡中的【文本框】按钮，从弹出的下拉列表框中选择 [绘制文本框(D)] 选项，拖动鼠标在文档中绘制一个文本框，输入"亲爱的妈妈"几个字。

（7）在选项栏中单击文本框工具的【格式】选项卡，单击 [形状填充] 按钮，在弹出的下拉列表中选择【无填充颜色】选项，然后单击 [形状填充] 按钮，选择【无轮廓】选项。

（8）单击【开始】选项卡，将字体设置为 [华文行楷]，字号设置为 [小二]，文字的颜色为白色，效果如图 6.65 所示。

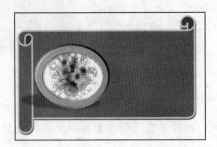

图 6.64　设置图片后的效果

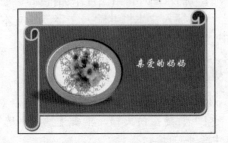

图 6.65　输入文字

（9）单击【插入】选项卡中的【艺术字】按钮，在弹出的艺术字样式列表中选择【艺术字样式 16】，在【编辑艺术字文字】对话框中输入"节日快乐"，将字体设置为【汉仪丫丫体简】，字号为 36，单击 [确定] 按钮。

（10）在选项栏中单击艺术字工具的【格式】选项卡，然后单击 [形状填充] 按钮，在下拉列表框中选择橙色，这样艺术字颜色就更改成橙色了。

（11）调整艺术字在图片中的位置，完成"母亲节贺卡"的制作，最终效果如图 6.60 所示。

案例小结

本案例绘制了"母亲节贺卡"，主要练习了插入形状、插入图片、插入艺术字、插入文本框等操作。在练习中还用到了为绘制的图形填充颜色、为图片设置样式等知识，读者应该多多应用选项栏中的选项，以熟悉 Word 2007 的功能。

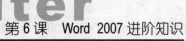

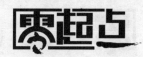

6.4 上 机 练 习

6.4.1　制作“交房通知”

本次练习将制作一份“交房通知”，其最终效果如图 6.66 所示。主要练习文本格式、对齐方式的设置和插入图片等操作。

素材位置：【\第 6 课\素材\标志.JPG】

源文件位置：【\第 6 课\源文件\交房通知.docx】

操作思路：

- 输入所有文字。
- 将标题格式设置为“黑体、小三、居中对齐”，表格中的文本格式均为“宋体、小四、两端对齐”。
- 给段落设置首行缩进，最后两行居右对齐。
- 插入楼盘标志图片。

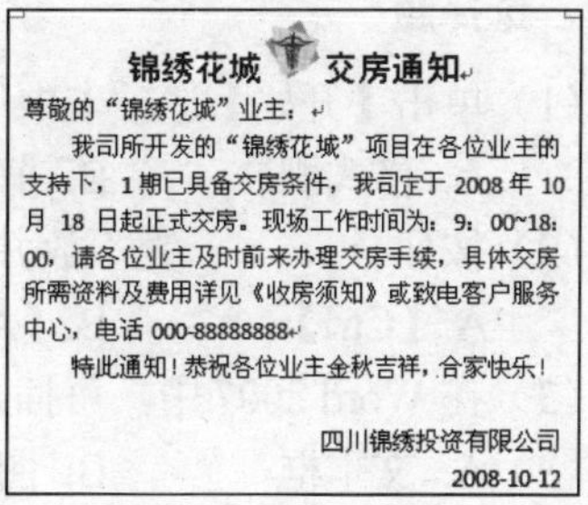

锦绣花城　交房通知

尊敬的“锦绣花城”业主：

我司所开发的“锦绣花城”项目在各位业主的支持下，1 期已具备交房条件，我司定于 2008 年 10 月 18 日起正式交房。现场工作时间为：9：00~18：00，请各位业主及时前来办理交房手续，具体交房所需资料及费用详见《收房须知》或致电客户服务中心，电话 000-88888888

特此通知！恭祝各位业主金秋吉祥，合家快乐！

四川锦绣投资有限公司

2008-10-12

图 6.66　交房通知

6.4.2　制作“移动电话卡资费表”

本次练习将制作一份“移动电话卡资费表”，其最终效果如图 6.67 所示。主要练习表格的绘制与编辑。

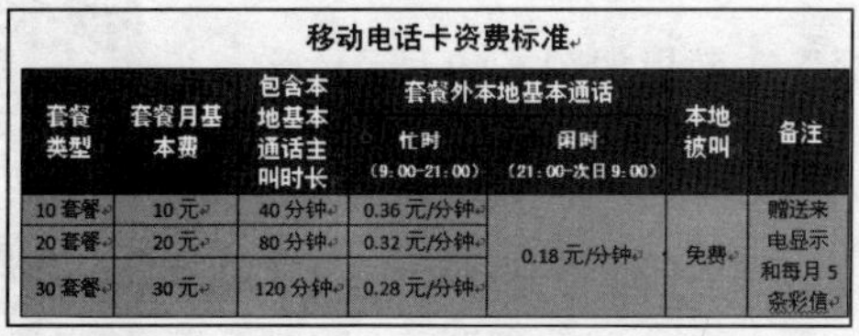

移动电话卡资费标准

套餐类型	套餐月基本费	包含本地基本通话主叫时长	套餐外本地基本通话 忙时（9:00-21:00）	套餐外本地基本通话 闲时（21:00-次日 9:00）	本地被叫	备注
10 套餐	10 元	40 分钟	0.36 元/分钟	0.18 元/分钟	免费	赠送来电显示和每月 5 条彩信
20 套餐	20 元	80 分钟	0.32 元/分钟			
30 套餐	30 元	120 分钟	0.28 元/分钟			

图 6.67　移动电话卡资费表

源文件位置：【\第 6 课\源文件\移动电话卡资费标准.docx】

操作思路：

- 表格标题为“黑体、小三、居中格式”。
- 第 1 行表格的底纹颜色是深褐色，文本格式为“黑体、四号、居中对齐”。
- 其他部分文本的格式为“宋体、五号、居中对齐”，表格底纹颜色是淡黄色。
- 保存表格，完成操作。

6.5 疑 难 解 答

问：插入图片后，如何删除部分图片？

答：选择图片，单击选项栏中图片工具的【格式】选项卡，然后单击【裁剪】按钮，在图片上拖动鼠标，将不需要的部分裁切掉即可。

问：给插入的图形填充颜色，可供选择的颜色很少，如何自定义填充颜色？

答：单击绘图工具的【格式】选项卡，在展开的选项面板中单击 形状填充 按钮，从弹出的下拉列表框中选择 其他填充颜色(M)... 选项，即可在打开的【颜色】对话框中自定义填充色。

6.6 课后练习

1．选择题

（1）单击【开始】选项卡中的（　　　）按钮可以复制文本的格式。

    A. 格式刷　　　　B. 剪切　　　C. 插入超链接　　　D. 复制

（2）按住（　　　）键不放并拖动水平标尺上的缩进按钮，可微调段落的缩进值。

    A.【Ctrl】　　　B.【Alt】　　　C.【Tab】　　　D.【Esc】

（3）在 Word 2007 中，可插入的图形对象有（　　　）。

    A. 文本框　　　B. 图片　　　C. 表格　　　D. 艺术字

2．问答题

（1）在【字号】下拉列表框中用文字标识的字号和使用阿拉伯数字标识的字号有什么不同？

（2）如何在插入的图形中添加文字？

3．上机题

制作一份"促销海报"，效果如图 6.68 所示。

素材位置：【\第 6 课\素材\糕点.jpg、咖啡馆标志.jpg、芒果冰.jpg】

源文件位置：【\第 6 课\源文件\促销海报.docx】

提示：本例使用到了插入和编辑图片、插入文本框等知识，其中的字体使用的是"汉仪海韵体简"。

图 6.68　促销海报

第7课

Word 2007 高级知识

○ **本课要点**

  📖 样式的应用
  📖 页面设置
  📖 打印文档

○ **具体要求**

  📖 理解样式的作用
  📖 掌握样式的创建以及修改方法
  📖 掌握页面格式的设置方法
  📖 掌握创建和编辑页眉和页脚的方法
  📖 掌握打印预览和打印设置的具体操作

○ **本课导读**

在制作大量同类型文档时，使用样式可以极大地提高工作效率，本章介绍了样式的创建、应用以及修改的方法，另外，介绍了文档页面格式的设置和文档的打印方法。

  📖 样式的应用：使用样式可以快速设置文档的格式。
  📖 页面设置：针对不同的纸型或文档要求，设置文档的页面格式。
  📖 打印文档：可根据需要设置打印的文档范围和份数。

7.1 样式的应用

在 Word 2007 中，可将某些格式定义为样式并将其保存下来，在以后创建类似的文档时，可以直接调用该类文档样式，从而极大地提高工作效率；也可以将具有格式的文档保存起来生成模板，在制作同类文档时，就无须重复设置格式了。

7.1.1 知识讲解

创建了样式，可以很方便地应用在其他文档中，并且还可以根据需要修改样式，下面分别对创建样式、应用样式以及修改样式进行讲解。

1. 创建样式

在【开始】选项卡中的【样式】组中，单击【快速样式】按钮，弹出【快速样式】下拉列表框，在这里可直接选择 Word 2007 的预设样式，如图 7.1 所示。

图 7.1 【快速样式】下拉列表框

> 注意：在最大化显示窗口时，【快速样式】按钮会隐藏起来，取而代之的是部分预设样式按钮，单击 ▼ 按钮，可显示【快速样式】下拉列表框。

若这些样式不能满足需求，就需要自定义样式，其具体操作如下：

（1）在文档编辑区中选择一段文字，设置文字缩进、底纹颜色、文字颜色等，如图 7.2 所示。

（2）在【快速样式】下拉列表框中选择 将所选内容保存为新快速样式(Q)... 选项，在打开的对话框中为该样式命名，如图 7.3 所示，单击 确定 按钮，即可将样式保存到快速样式列表中。

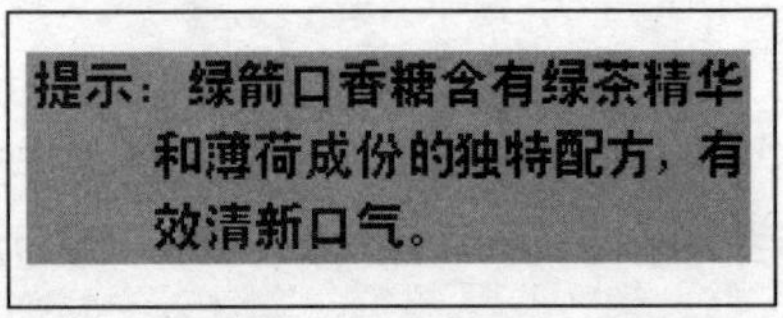

图 7.2 设置样式

图 7.3 保存样式

2. 应用样式

使用样式的具体方法是：选择需要应用样式的文本或段落，在【开始】选项卡的【样式】组中单击【快速样式】按钮，然后在弹出的【快速样式】下拉列表框中单击相应的样式按钮即可，如图 7.4 所示。

> 技巧：在一个或者几个文档中都需要相同的样式，不用每次都在【快速样式】下拉列表框中去选择，可以使用格式刷功能复制样式。还有一个办法，就是在【快速样式】下拉列表框中的样式按钮上单击鼠标右键，从弹出的快捷菜单中选择【修改】命令，在弹出的对话框中，单击 格式(Q) ▼ 按钮，然后选择【快捷键】命令，这样就可以为该样式设置快捷键，再次使用该样式时，按相应的快捷键即可。

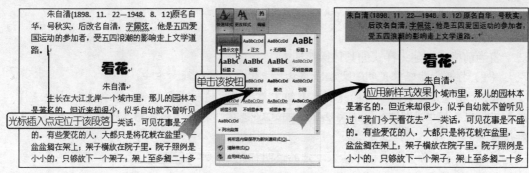

图 7.4　应用样式

3. 修改样式

如果需要对已有样式进行修改，可在【开始】选项卡的【样式】组中单击【快速样式】按钮，在弹出的【快速样式】下拉列表框中使用鼠标右键单击要修改的样式按钮，从弹出的快捷菜单中选择【修改】命令，打开【修改样式】对话框，在其中可以对样式的格式进行修改，如图 7.5 所示，单击 格式(O)▼ 按钮，可以进行更多选项的设置和修改。

图 7.5　修改样式

7.1.2　典型案例——将当前格式创建为样式

【案例目标】

本案例将把第 6 课中制作的"防晒露说明"文档的标题格式创建为样式，并将"防晒露"文档保存为模板，以便以后创建其他文档时使用。

素材位置：【\第 6 课\源文件\防晒露说明.docx】

源文件位置：【\第 7 课\源文件\产品说明标题模板.dotx】

操作思路：

（1）打开"防晒露说明"文档，将标题格式创建为样式。

（2）将"防晒露说明"文档保存为"产品说明标题模板.dotx"模板文件。

操作步骤

将当前格式创建为样式的具体操作如下：

（1）打开"防晒露说明"文档，将插入点定位到其标题文本中。

（2）在【开始】选项卡的【样式】组中单击【快速样式】按钮，在弹出的【快速样式】下拉列表框中选择 将所选内容保存为新快速样式(Q)... 选项，打开【根据格式设置创建新样式】对话框。

（3）在【名称】文本框中输入"产品说明标题"，单击 确定 按钮，完成样式的创建，如图 7.6 所示。

（4）单击 按钮，从弹出的菜单中选择【另存为】→【Word 模板】命令，打开【另存为】对话框。在【文件名】下拉列表框中输入"产品说明标题模板"，单击 保存(S) 按钮完成模板的创建，如图 7.7 所示。

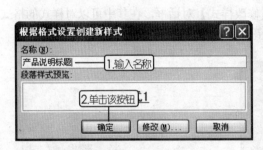

图 7.6　创建样式

图 7.7　另存为模板

案例小结

本案例练习了创建样式和将样式保存为模板的具体操作，如果不需要使用自定义的模板，和删除其他文件一样，在保存模板的文件夹中删除该模板文件即可。

7.2　页　面　设　置

页面设置是指对文档的纸张参数进行的设置，这样在打印文档时可以避免不必要的资源浪费。如果是对书稿或者小册子进行排版，就要根据印刷要求首先进行页面设置，以免后期设置造成版式的错乱。

7.2.1　知识讲解

对页面进行的设置将应用于文档的所有页，主要包括设置页面格式、页眉和页脚以及插入页码等，下面分别进行讲解。

1．设置页面格式

在新建文档时，文档将自动使用模板默认的页面格式。对于要印刷的文档，一般对页面尺寸的要求都比较严格，用户最好在编辑文档前就把页面设置好。在设置纸张和页边距

时，可以采用 Word 中预置的参数，也可以自定义进行设置。

页面格式的设置主要包括纸张大小、方向和页边距等，其具体操作如下：

（1）打开需要设置页面格式的文档，单击【页面布局】选项卡中的【页边距】按钮，在弹出的下拉列表框中，有 5 个已经设置好边距的样式，单击其中一个按钮即可。没有自己需要的，可以选择自定义边距(A)...选项，如图 7.8 所示。

（2）打开【页面设置】对话框，如图 7.9 所示，在【页边距】选项卡的【页边距】组的【上】、【下】、【左】、【右】4 个数值框中可分别设置纸张的边缘与文本边界的距离。

（3）在【纸张方向】栏中可设置页面的方向，分为纵向和横向两种。

图 7.8 【页边距】下拉列表框

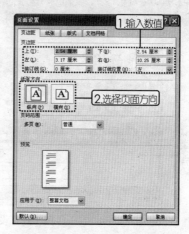

图 7.9 【页面设置】对话框

（4）单击【纸张】选项卡，在【纸张大小】下拉列表框中选择纸张类型，如 A4，B5 和 16 开等，也可在其下方的【宽度】和【高度】数值框中输入数值，如图 7.10 所示。

（5）单击【文档网格】选项卡，在其中可以设置文字的排列方向、是否需要网格以及每页文档包括的行数等内容，如图 7.11 所示，单击 确定 按钮，完成页面格式的设置。

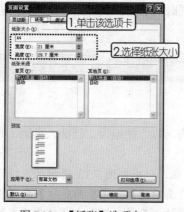

图 7.10 【纸张】选项卡

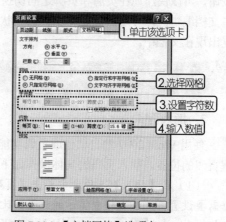

图 7.11 【文档网格】选项卡

说明： 在【页面布局】选项卡中单击【纸张方向】或【纸张大小】按钮可以更轻松地选择纸张方向和纸张大小。

2．创建页眉和页脚

在 Word 2007 中，可以在文档的每页顶部或底部添加相同的内容，如徽标、文档标题、文件名和页码等。

单击【插入】选项卡的【页眉和页脚】组中的【页眉】按钮或者【页脚】按钮，在弹出的下拉列表框中选择一种页眉样式，即可进入页眉编辑状态，同时将在选项栏中显示页眉和页脚工具的【设计】选项卡，单击该选项卡，可以在展开的选项面板中向页眉和页脚编辑区中快速添加常用的内容，其中各部分功能如图 7.12 所示。

> **注意：** 在页眉和页脚编辑状态下，文档编辑区中的其他内容显示为灰色不可用，必须关闭页眉和页脚编辑状态，才能进入文档编辑区进行文档的编辑。

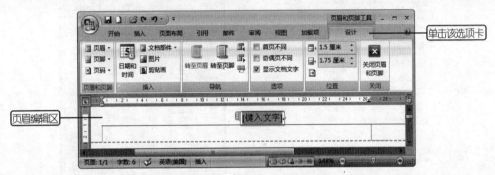

图 7.12　设置页眉和页脚

> **注意：** 选中 ☑ 首页不同 复选框可单独为首页设置页眉和页脚，选中 ☑ 奇偶页不同 复选框可以为奇数页和偶数页设置不同的页眉和页脚。

当设置页眉后，Word 会为文档采用与页眉相协调的页脚样式，这时只要在页脚区域中输入相应的页脚信息即可。输入后，通过【导航】组中的【转至页眉】或者【转至页脚】按钮，可以快速地在页眉和页脚之间切换。完成页眉和页脚的编辑后，单击 ✕ 按钮或双击主文档编辑区即可退出页眉和页脚编辑状态，同时在页眉和页脚区中输入的内容将根据设置出现在文档中。

> **技巧：** 用鼠标双击页眉或页脚区域，可快速切换到页眉和页脚编辑状态，双击文档编辑区即可快速退出页眉和页脚编辑状态。

3．插入页码

使用 Word 2007 的自动生成页码功能，用户可以方便地为文档插入页码，并且可以设置页码的位置。插入页码的具体操作如下：

（1）在【插入】选项卡中单击【页码】按钮，弹出如图 7.13 所示的下拉列表框，根据需要设置页码在文档中显示的位置，比如【页面顶端】、【页面底端】或【页边距】。

（2）单击 🔲 设置页码格式(F)... 按钮，打开【页码格式】对话框，在【数字格式】下拉列表框中可设置页码的格式，选中 ◉ 起始页码 单选按钮，在其右侧的数值框中可设置页码的起始数字，如图 7.14 所示，完成后单击 确定 按钮即可插入页码。

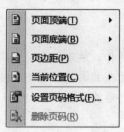
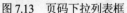

图 7.13　页码下拉列表框

图 7.14　【页码格式】对话框

7.2.2　典型案例——设置"产品报价单"的页面格式

案例目标

本案例将设置"产品报价单"文档的页面格式，要求文档的上、下页边距为"2.5cm"，左页边距为"3.2cm"，右页边距为"2.5cm"，纸张大小为 A4。

素材位置：【\第7课\素材\产品报价单.docx】

源文件位置：【\第7课\源文件\产品报价单.docx】

操作思路：

（1）打开"产品报价单.docx"文档，在【页面布局】选项卡中设置页边距。

（2）在【页面设置】对话框中的【纸张】选项卡中选择纸张大小。

操作步骤

设置"产品报价单"的页面格式的具体操作如下：

（1）打开"产品报价单.docx"文档，单击【页面布局】选项卡中的【页边距】按钮，从弹出的下拉列表框中选择自定义边距(A)...选项，打开【页面设置】对话框。

（2）在【页边距】选项卡的【上】和【下】数值框中输入"2.5"，在【内侧】数值框中输入"3.2"，在【外侧】数值框中输入"2.5"，如图7.15所示。

（3）单击【纸张】选项卡，在【设置大小】下拉列表框中选择"A4"，如图7.16所示。

图 7.15　设置页边距

图 7.16　设置纸张大小

（4）单击 确定 按钮，完成页面格式的设置。

案例小结

本案例主要练习了为一个文档设置页面格式的操作，从本例中可见，重新设置页面格式后，文档中文本的布局会根据设置自动调整。因此在编辑文档之前，最好先设置页面格式，以免因文本布局变化带来版式的混乱，造成不必要的麻烦。

7.3 打 印 文 档

对文档进行页面设置后，便可以通过打印机将其打印在纸张上了。Word 2007 提供了打印预览和打印设置功能，以满足不同用户在不同场合的打印需求。

7.3.1 知识讲解

在打印文档之前，可以使用打印预览功能查看打印的效果，根据打印要求的不同，还可进行相关的打印设置，下面分别进行讲解。

1. 打印预览

打印文档之前，养成先在 Word 中预览文档的最终打印效果的习惯，以便及时发现文档中的错误并及时修改。

单击窗口左上角的 按钮，在弹出的菜单中选择【打印】→【打印预览】命令，即可切换到打印预览视图中预览文档的最终打印效果，同时将打开【打印预览】选项卡，如图 7.17 所示。

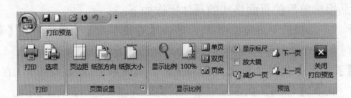

图 7.17 【打印预览】选项卡

其中各部分功能如下。

● 【打印】按钮：单击该按钮可直接打印文档。

● 【选项】按钮：单击该按钮，将打开【Word 选项】对话框，在该对话框中更改打印选项。

● 【页边距】按钮：单击该按钮，重新设置页面边距。

● 【纸张方向】按钮：单击该按钮，设置页面的横向布局和纵向布局。

● 【纸张大小】按钮：单击该按钮，重新设置页面大小。

● 【显示比例】按钮：单击该按钮，【打印预览】窗口中只显示一页文档的打印效果。

● 【双页】按钮：单击该按钮，更改文档的显示比例，使两个页面适合窗口大小。

● 【页宽】按钮：单击该按钮，更改文档的显示比例，使页面宽度和窗口宽度一致。

● 显示标尺复选框：选择该复选框，显示标尺，以便查看和测量文档中要对齐的对象。

- **放大镜**复选框：选择该复选框，可以通过单击文档，切换从 100% 到"适应整页"之间的缩放级别。
- **减少一页**按钮：单击该按钮，略微缩小文本和间距以便减少一页文档。
- **下一页**按钮：将光标插入点定位到下一页。
- **上一页**按钮：将光标插入点定位到上一页。
- **【关闭打印预览】按钮**：单击该按钮，退出打印预览窗口。

2. 打印设置

通过【打印预览】窗口，确认文档无误以后，就可以开始打印了。在打印文档之前需要对打印机属性及打印的具体参数进行设置，其具体操作如下：

（1）单击窗口左上角的 按钮，在弹出的菜单中选择【打印】→【打印】命令，打开【打印】对话框，如图 7.18 所示。

> **技巧**：如果不对打印份数、打印范围等进行设置，可以选择【打印】→【快速打印】命令，将直接将文档送到默认打印机上进行打印。

（2）在【名称】下拉列表框中选择需要使用的打印机，单击 **属性(P)** 按钮，在打开的【属性】对话框中可设置打印机的属性，如纸张大小、送纸方向和图像质量等，如图 7.19 所示，单击 **确定** 按钮返回【打印】对话框。

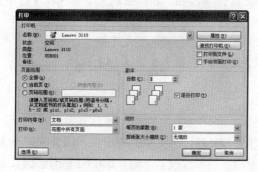
图 7.18　【打印】对话框

图 7.19　设置打印机属性

（3）在【页面范围】栏中可设置打印的页面范围，选中 **全部(A)** 单选按钮可打印整篇文档；选中 **当前页(E)** 单选按钮将只打印当前页面；选中 **页码范围(G)** 单选按钮，在其右侧的文本框中可自定义打印的具体范围。

> **注意**：选中 **页码范围(G)** 单选按钮，在其右侧的文本框中可设置打印的页码或页码范围，如输入 "1-10" 表示将打印文档的第 1 页到第 10 页，输入"1, 3, 5"表示只打印第 1 页、第 3 页和第 5 页，输入"10-"表示将打印第 10 页到最后一页。

（4）在【副本】栏的【份数】数值框中可以输入要打印的文档份数。在打印多份文档时，选中 **逐份打印(T)** 复选框将逐份打印文档；取消选中 **逐份打印(T)** 复选框将逐页打印多份文档。

（5）在【缩放】栏的【每页的版数】下拉列表框中可选择每张纸上要打印的文档页数，在【按纸张大小缩放】下拉列表框中可选择以哪种纸张类型进行缩放。

（6）单击左下角的 选项(0)... 按钮可打开【Word 选项】对话框，在其中可以设置如逆序打印等其他打印选项，单击 确定 按钮可返回至【打印】对话框。

（7）确认设置正确后单击 确定 按钮，开始打印。

7.3.2 典型案例——打印 10 份"求职信"文档

案例目标

本案例将练习设置并打印"求职信"文档，要求将该文档用 A4 纸张缩放并逐份打印 10 份。

素材位置：【\第 5 课\源文件\求职信.docx】

操作思路：

（1）打开"求职信"文档。

（2）打开【打印】对话框，根据需要进行打印设置。

（3）打印文档。

操作步骤

本案例的打印练习的具体操作如下：

（1）打开"求职信"文档，单击窗口左上角的 按钮，在弹出的菜单中选择【打印】→【打印】命令，打开【打印】对话框。

（2）在【份数】数值框中输入"10"，然后选中 ☑逐份打印(T) 复选框。

（3）在【缩放】栏的【按纸张大小缩放】下拉列表框中选择【A4】选项。

（4）单击 确定 按钮开始打印。

案例小结

本案例主要练习了打印文档前的设置操作。如果打印的文档只有一页，那么选与不选 ☑逐份打印(T) 复选框的结果是一样的；如果打印的文档页数较多，最好选中 ☑逐份打印(T) 复选框，这样系统将逐份打印文档，省去了手工分页的麻烦，并且不容易出错。

7.4 上 机 练 习

7.4.1 给 Word 文档添加页眉和页脚

本次练习将把公司名称添加到报价单的页眉位置，在页脚位置添加广告语，并将其保存为"最新报价单模板"。

素材位置：【\素材\第 7 课\产品报价单.docx】

源文件位置：【\源文件\第 7 课\最新报价单模板.dotx】

操作思路：

● 打开"产品报价单.docx"文档。

● 单击【插入】选项卡中的【页眉】按钮，选择一种页眉方式，输入公司名称。

- 单击页眉和页脚工具的【设计】选项卡中的【转至页脚】按钮，切换到页脚，输入广告语，如图 7.20 所示。

图 7.20　最新产品报价单模板

- 单击窗口左上角的 按钮，在弹出的菜单中选择【另存为】→【Word 模板】命令，在打开的对话框中将该文档另存为"最新报价单模板"文件。

7.4.2　根据模板制作并打印报价单

根据前面创建的模板文件制作一份报价单，然后将其打印出来，要求打印 1 份。

素材位置：【\第 7 课\源文件\最新报价单模板.dotx】

操作思路：

- 打开"最新报价单模板.dotx"文档。
- 按照报价单的要求填写产品型号和价格。
- 单击窗口左上角的 按钮，在弹出的菜单中选择【打印】→【快速打印】命令，单击 确定 按钮，即可开始打印该文档。

说明： 因为只需要打印 1 份文档，因此，不用在【打印】对话框中进行设置。

7.5　疑 难 解 答

问： 如何在页眉中插入图片？

答： 在页眉和页脚工具的【设计】选项卡中，单击【图片】按钮，即可在页眉中插入图片。

问： 如果想打印一份页数很多的文档，需要全部双面打印，该怎么设置呢？

答：如果需要对多页文档进行双面打印，可以在【打印】下拉列表框中选择只打印文档的奇数页，在打印完毕后，将纸张全部翻面，重新放回到打印机中，再打印偶数页。

问：如何使用快捷键应用样式？

答：在【开始】选项卡中的【样式】组中选择一种样式，单击鼠标右键，从弹出的快捷菜单中选择【修改】命令，打开【修改样式】对话框。单击 格式(O) ▼ 按钮，在弹出的下拉菜单中选择【快捷键】命令，在打开的对话框中设置该样式的快捷键即可。

问：如何在其他电脑中打印含有本机特有字体的文档？

答：如果在文档中使用了另外安装的特殊字体，而其他电脑又未安装该字体，那么打印时就会遇到麻烦。有两种方法可以解决这个问题，一种是在目标电脑中安装该字体，另一种是把字体设置为嵌入。

在 Word 2007 中嵌入字体的方法是：在 Word 2007 中打开要复制到其他电脑中进行打印的文档，在【打印】对话框中单击 选项(O)... 按钮，打开【Word 选项】对话框，在【保存】栏中选中【将字体嵌入文件】选项，单击 确定 按钮，然后对文档进行保存，并复制到其他电脑中即可实现字体的完整打印了。

7.6 课后练习

1. 选择题

（1）下列说法中不正确的是（　　　）。

    A. 普通文档可以保存为模板文件

    B. 模板文件可以直接打开进行修改

    C. 插入页码时都是从首页开始的

    D. 预设的样式可以修改、删除

（2）在"页码范围"文本框中输入"1-5"，"10"，"6-"的意思分别是（　　　）。

    A. 第1页和第5页，第10页，第6页

    B. 第1页和第5页，第10页，第1页至6页

    C. 第1至5页，第10页，第6页

    D. 第1至5页，第10页，第6至最后一页

2. 问答题

（1）简述创建样式的方法和步骤。

（2）页面设置包括哪些内容，是如何设置的？

（3）如何设置页眉和页脚？

3. 上机题

（1）根据预设模板"平衡传真"新建一个文档，在其中输入文本并修改格式，最后在页眉处添加公司名称。

（2）将上面的"平衡传真"文件标题和正文创建为样式。

第 8 课

Excel 2007 基础知识

本课要点

- 认识 Excel 2007
- 工作簿和工作表的基本操作
- 单元格操作
- 输入单元格内容
- 设置单元格格式

具体要求

- 认识 Excel 2007 的工作界面
- 理解 Excel 2007 中的基本概念
- 掌握工作簿和工作表的基本操作
- 掌握单元格的基本操作和格式设置方法

本课导读

计算机技术越来越成熟，越来越多的企业都开始使用电子表格来记录和管理公司的数据了。Excel 2007 是目前应用最广泛的电子表格制作软件，它功能强大，可以准确、快捷地制作出专业和美观的电子表格，给公司财务管理带来了极大的便利。

- 工作簿的基本操作：使用 Excel 预设模板快速创建月预算表等工作簿。
- 工作表的基本操作：使用工作表的基本操作绘制修改销售报表工作簿。
- 单元格内容的输入和编辑：使用在单元格中输入内容的方法在股票表中输入内容。
- 单元格的操作：运用单元格的基本操作和格式设置知识制作收据工作表。

8.1 认识 Excel 2007

Excel 2007 是 Office 组件之一，它是一个用于制作电子表格的应用软件。使用 Excel 2007 可以方便地处理一些比较复杂和烦琐的数据，能够极大地提高工作效率，广泛应用在企业的财务管理中。

8.1.1 知识讲解

本节主要讲解 Excel 2007 的一些基本知识，包括其工作界面的组成和相关概念以及工作簿的基本操作。

1. 认识 Excel 2007 的工作界面

选择【开始】→【所有程序】→【Microsoft Office】→【Microsoft Office Excel 2007】命令，启动 Excel 2007，打开如图 8.1 所示的工作界面。和其他 Office 组件一样，Excel 2007 也包含 Office 按钮、快速访问工具栏、选项栏，另外，Excel 2007 中还有一些特有的组成部分，主要有编辑栏、单元格、工作表区、行号和列标和工作表标签栏等。

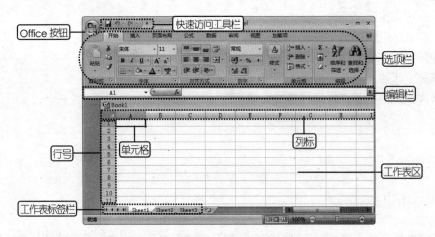

图 8.1　Excel 2007 的工作界面

这里仅介绍 Excel 特有的界面组成，各部分功能如下。

- **编辑栏**：编辑栏位于选项栏的下方，用于输入和修改工作表中的数据。在工作表的某个单元格中输入数据时，编辑栏中会显示相应的属性选项，并且可以在编辑栏中对数据进行修改。
- **单元格和单元格区域**：指 Excel 操作界面中由横线和竖线分隔而成的小方格，是 Excel 电子表格中最基本的组成部分，也是存储数据的最小单元。单元格区域则是多个单元格的集合。
- **行号与列标**：工作表区左边的"1，2，3…"等称为行号，工作表区上面从"A"到后面的"C，D，E…"等称为列标。

注意：通过行号和列标来共同表示单元格的名称，如"A3"表示第 1 列第 3 行的单元格。单元格区域使用左上角和右下角的单元格来表示，如"A1:D5"表示以 A1 单元格和 D5 单元格为对角点的矩形单元格区域。

● **工作表标签栏**：管理工作簿中的所有工作表，单击工作表名称即可打开该工作表的内容。在工作表标签上单击鼠标右键，在弹出的快捷菜单中可以对工作表进行插入、删除、移动和复制等操作。

2. 工作簿的基本操作

工作簿是 Excel 中计算和存储数据的文件，每一个工作簿中可以包含多个工作表，因此可在单个 Excel 文件中管理各种类型的信息。工作簿的基本操作包括工作簿的新建、保存、打开和关闭等，下面分别进行讲解。

1）新建工作簿

启动 Excel 2007 后，程序会自动创建一个名为"Book1"的空白工作簿供用户使用，也可以根据需要自行新建一个或多个工作簿，其方法主要有以下几种。

● 单击 Office 按钮，从弹出的菜单中选择【新建】命令。
● 在快速访问工具栏中单击 按钮，从弹出的菜单中选择【新建】命令，此时快速访问工具栏中会新增 按钮，单击该按钮，便可新建一个工作簿。
● 按【Ctrl+N】组合键。

2）保存工作簿

编辑完工作簿以后，可以将其保存下来供以后使用。保存工作簿的主要方法是：单击 Office 按钮，从弹出的菜单中选择【保存】命令，在打开的【另存为】对话框中设置保存路径并输入保存名称，单击 保存(S) 按钮即可。

技巧： 单击快速访问工具栏中的 按钮，或者按【Ctrl+S】组合键，可以快速地对工作簿进行保存。

如果当前工作簿是已经保存过的，又要另存为其他文件，则单击 Office 按钮，在弹出的菜单中选择【另存为】命令，然后在打开的【另存为】对话框中设定另存位置和名称，选择另存类型，并进行保存即可。

注意： 在 Excel 97~2003 版本中，文件的扩展名为 xls，在 Excel 2007 中，文件的扩展名为 xlsx，因此在 Excel 2007 中编辑的工作簿，如果要在其他版本的 Excel 中打开，就要单击 按钮，从弹出的菜单中选择【另存为】→【Excel 1997-2003 工作簿】命令。

在【另存为】对话框中，单击右下角的 工具(L) 按钮，然后选择 常规选项(G)... 选项，如图 8.2 所示，打开【常规选项】对话框，在这里可以为工作簿设置密码，如图 8.3 所示。

图 8.2 工具选项

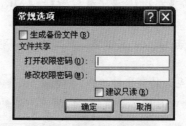

图 8.3 【常规选项】对话框

3）打开工作簿

如果要查看或编辑某个工作簿，则需打开工作簿，其具体方法是：单击 Office 按钮，在弹出的菜单中选择【打开】命令，打开【打开】对话框，在其中选择需打开的文档后单击 打开(O) 按钮，如图 8.4 所示。

图 8.4　打开工作簿

技巧： 按【Ctrl+O】组合键，可快速地打开【打开】对话框。

4）关闭工作簿

在 Excel 中完成对工作簿的编辑并且已经保存工作簿后，可将其关闭以释放其占用的系统资源。具体方法是：单击 Office 按钮，在弹出的菜单中选择【关闭】命令，或者单击 Excel 工作表区右上角的 ✕ 按钮，关闭工作簿但不会退出 Excel。

说明： 如果在关闭工作簿前没有对工作簿中所做的修改进行保存，系统将打开提示对话框，询问是否保存工作簿。

8.1.2　典型案例——新建"我的月预算表"工作簿并设置保存密码

本案例将启动 Excel 2007，通过模板新建一个工作簿，然后将其命名为"我的月预算表.xlsx"，保存到"我的文档"中并为其设置密码。通过本案例的练习，可以使读者熟悉并掌握 Excel 的启动与退出，以及在 Excel 中新建、保存工作簿的操作。

源文件位置：【\第 8 课\源文件\我的月预算表.xlsx】

操作思路：

（1）启动 Excel 2007，通过模板新建工作簿。

（2）为工作簿设置密码。

（3）保存工作簿后退出 Excel 2007。

操作步骤

新建工作簿并设置密码的具体操作如下：

（1）选择【开始】→【所有程序】→【Microsoft Office】→【Microsoft Office Excel 2007】命令，启动 Excel 2007。

（2）单击 Office 按钮，在弹出的菜单中选择【新建】命令，打开【新建工作簿】对话框。

（3）在左边的窗格中单击 已安装的模板 按钮，然后在中间的窗格中拖动垂直滚动条，单击【个人月预算】按钮，即可在右边的窗格中预览该工作簿，如图 8.5 所示。

说明： 在【新建工作簿】对话框左边的窗格中，**Microsoft Office Online** 栏中的模板（比如会议议程）要通过互联网下载才能使用。

（4）单击 创建 按钮，在 Excel 2007 窗口中得到一个新建的工作簿，如图 8.6 所示。

图 8.5 【新建工作簿】对话框

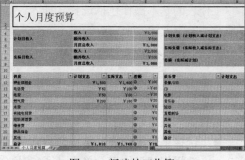

图 8.6 新建的工作簿

（5）单击快速访问工具栏中的【保存】按钮，打开【另存为】对话框，在【保存位置】下拉列表框中选择【我的文档】选项，在【文件名】文本框中输入"我的月预算表"，如图 8.7 所示。

（6）单击左下角的 工具(L) 按钮，然后选择 常规选项(G)... 选项，打开【常规选项】对话框，在这里可以为工作簿设置密码，如图 8.8 所示。单击 确定 按钮，返回到【另存为】对话框，单击 保存(S) 按钮，完成保存工作簿的操作。

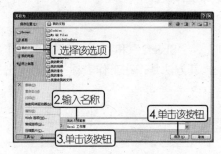

图 8.7 【另存为】对话框

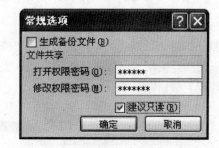

图 8.8 设置密码

（7）在 Excel 2007 的窗口中单击右上角的 ✕ 按钮，退出 Excel 2007。

案例小结

本案例主要练习了 Excel 2007 的启动和退出、根据模板新建工作簿以及保存带密码的工作簿，如果不涉及隐私，不用设置工作簿密码。这些是使用 Excel 最基础的操作，每个读者都应该熟练而灵活地掌握。

8.2 工作表的基本操作

工作表是 Excel 中最基本的概念，通常情况下所说的电子表格就是指工作表，用户所进行的数据编排都是在工作表中进行的。下面就介绍工作表的基本操作。

8.2.1 知识讲解

工作表的基本操作包括选择、插入、重命名、移动、复制和删除工作表等，这些操作都是通过工作表标签来完成的，下面分别进行讲解。

1. 选择工作表

一个工作簿通常包含多个工作表，在实际应用中，需要经常在不同工作表之间切换，选中某个工作表，工作表区中就显示相应工作表的内容。

选择工作表通常在工作表标签栏中完成，如图 8.9 所示。主要有以下几种方法。

● **选择单个工作表**：单击工作表标签可选择单个工作表。
● **选择相邻工作表**：单击 ◀ 或 ▶ 按钮可以按顺序选择上一个或下一个工作表。
● **选择第一个或最后一个工作表**：单击 ◀◀ 或 ▶▶ 按钮可选择第一个或最后一个工作表。

图 8.9 工作表标签栏

● **选择多个工作表**：选择所需的第一个工作表，按住【Shift】键不放单击要选择的最后一个工作表标签可选择连续的多个工作表；按住【Ctrl】键不放依次单击其他工作表标签可选择不连续的多个工作表。
● **选择全部工作表**：在任意一个工作表标签上单击鼠标右键，在弹出的快捷菜单中选择【选定全部工作表】命令可选择全部工作表。

2. 插入工作表

默认情况下，新建的工作簿包含有"Sheet1"、"Sheet2"和"Sheet3"3 个工作表。如果无法满足需求，可以在工作簿中插入工作表，其方法是：在工作表标签栏上单击【插入工作表】按钮 ，如图 8.10 所示。

图 8.10 插入工作表

3. 重命名工作表

使用 Excel 默认的工作表名称，很难快速地找到要使用的工作表。根据工作表的内容，对工作表重命名后，就可以直接从工作表名称了解其大致内容，其具体操作如下：

（1）在工作表标签上双击需要重命名的工作表名称。

（2）此时工作表标签名称呈可编辑状态，在其中输入新的工作表名称，再按【Enter】键即可完成工作表的重命名操作。

说明：也可以在要重命名的工作表名称上单击鼠标右键，从弹出的快捷菜单中选择【重命名】命令。

4. 移动/复制工作表

有两种情况需要移动和复制工作表：一是在工作簿内部需要交换工作表的位置，即在工作簿内部移动/复制工作表；二是在一个工作簿中需要另外一个工作簿中的工作表，即在不同工作簿之间移动/复制工作表。

1）在工作簿内部移动/复制工作表

在工作簿内部移动工作表十分简单，只需在工作表标签栏中拖动该工作表到目标位置即可，移动的同时按住【Ctrl】键，可复制该工作表到目标位置。

2）在不同工作簿之间移动工作表

在不同工作簿之间可以移动工作表，具体操作如下：

（1）打开需要操作的两个工作簿，在需要移动的工作表标签上单击鼠标右键。

（2）在弹出的快捷菜单中选择【移动或复制工作表】命令，如图 8.11 所示，打开【移动或复制工作表】对话框。

（3）在【工作簿】下拉列表框中选择需移动到的目标工作簿，并在下面的列表框中设置工作表在新工作簿中的位置，如图 8.12 所示。

（4）单击 [确定] 按钮，完成移动工作表的操作。

图 8.11　选择菜单命令　　　　　图 8.12　【移动或复制工作表】对话框

说明： 在【移动或复制工作表】对话框中选中 ☑建立副本(C) 复选框，即可在不同工作簿之间复制工作表。

5. 删除工作表

删除工作表的方法很简单，在需要删除的工作表标签上单击鼠标右键，在弹出的快捷菜单中选择【删除】命令即可，删除工作表的同时，其后面的工作表变为当前工作表。

注意： 当要删除的工作表中包含数据内容时，会弹出提示对话框，提示用户是否永久删除表格中的数据，单击 [删除] 按钮即可删除该工作表。

6. 保护工作表

在 Excel 2007 中，使用保护工作表功能可以将重要数据保护起来，防止他人查看或修改工作表的内容，具体操作如下：

（1）单击【审阅】选项卡中的【保护工作表】按钮，打开【保护工作表】对话框，如图 8.13 所示。

（2）在【允许此工作表的所有用户进行】列表框中选中相应的复选框，可以对用户的操作权限进行设置。在【取消工作表保护时使用的密码】文本框中可设置保护密码，单击 [确定] 按钮，打开【确认密码】对话框。

（3）在【重新输入密码】文本框中再次输入保护密码，单击 确定 按钮，完成保护工作表的操作，如图 8.14 所示。

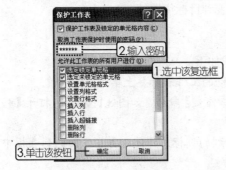 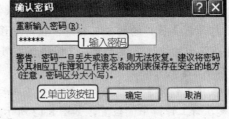

图 8.13 设置保护　　　　　　　　　　　图 8.14 确认密码

如果要取消对工作表的保护，其具体操作如下：

（1）单击【审阅】选项卡中的【撤销工作表保护】按钮，打开【撤销工作表保护】对话框。

（2）在【密码】文本框中输入密码后单击 确定 按钮，取消对工作表的保护。

8.2.2 典型案例——修改"销售报表"工作簿

案例目标

本案例将打开一个"销售报表"工作簿，根据工作表中的内容给所有工作表重命名，并删除多余的空工作表。

素材位置：【\第 8 课\素材\销售报表.xlsx】
源文件位置：【\第 8 课\源文件\销售报表.xlsx】
操作思路：

（1）打开工作簿并重命名工作表。

（2）删除多余工作表。

（3）保存工作表。

操作步骤

修改工作簿的具体操作如下：

（1）启动 Excel 2007，按【Ctrl+O】组合键打开【打开】对话框。在【查找范围】下拉列表框中选择工作簿所在的文件夹，然后选择"销售报表.xlsx"文件，单击 打开① 按钮，打开工作簿，如图 8.15 所示。

（2）在"Sheet1"工作表中可见当前显示的是按产品分的销售报表，在工作表标签栏上双击"Sheet1"，标签变为可编辑状态，输入"按产品分"，按【Enter】键完成重命名操作。

（3）使用同样的方法为"Sheet2"和"Sheet3"工作表重命名，效果如图 8.16 所示。

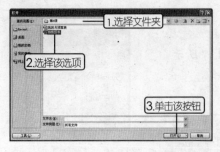

图 8.15　打开工作表

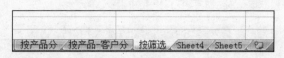

图 8.16　重命名工作表

（4）选择"Sheet4"工作表，然后按住【Shift】键选择"Sheet5"工作表，将这两个工作表选中，在二者中任意一个标签上单击鼠标右键，在弹出的快捷菜单中选择【删除】命令，删除"Sheet4"和"Sheet5"工作表。

（5）单击 按钮，在弹出的菜单中选择【另存为】命令，将修改后的"销售报表"工作簿保存到计算机中。

案例小结

本案例在"销售报表"工作簿中对各工作表进行了重命名和删除操作。其中重命名工作表和删除工作表有多种操作方法，读者在操作过程中可使用不同的方法进行练习。

8.3　单元格的基本操作

Excel 默认的单元格很多时候都不能满足需要，特别是输入数据时更容易发现表格需要一些调整，比如插入单元格、复制和移动单元格、删除单元格等。

8.3.1　知识讲解

单元格的主要操作包括选择、插入、合并、拆分、删除、清除、移动和复制等，下面分别进行讲解。

1. 选择单元格

如果要对某个单元格进行操作，首先要先选择该单元格，选择单元格分为以下几种情况。

- **选择一个单元格**：在单元格上单击鼠标即可选中该单元格，被选择的单元格边框显示为粗黑线。
- **选择单元格区域**：在选择范围内左上角的单元格中按下鼠标左键，拖动到选择范围的右下角的单元格后释放鼠标可选择单元格区域。
- **选择整行或整列**：在工作表上单击行号或列标即可。
- **选择不相邻的单元格或区域**：按住【Ctrl】键不放，单击需要选择的单元格，可选择多个不相邻的单元格；按住【Ctrl】键不放，拖动鼠标可选择多个不相邻的单元格区域。

2. 插入单元格

插入单元格的具体操作如下：

（1）在需要插入单元格的位置单击。

（2）在【开始】选项卡中单击【插入】按钮，选择 ⊞ 插入单元格(I)... 选项，打开【插入】对话框，如图8.17所示。

（3）在对话框中根据需要选中相应的单选按钮，单击 确定 按钮可在工作表中插入单元格。

图8.17 【插入】对话框

> **注意：** 在【开始】选项卡中单击【插入】按钮，选择 ⊞ 插入工作表行(R) 选项或者选择 ⊞ 插入工作表列(C) 选项，将直接在所选单元格的上方或左侧插入一行或一列单元格。

3. 合并和拆分单元格

在Excel中，可以将一个单元格区域合并为单个单元格，也可将单个单元格拆分为多个单元格。使用合并与拆分单元格的操作，可以制作出结构复杂的工作表。

● **合并单元格：** 选择单元格区域，单击【开始】选项卡中的 国合并后居中▾ 按钮，可将该单元格区域合并为一个单元格，如图8.18所示。

图8.18 合并单元格

● **拆分单元格：** Excel中只能对合并后的单元格进行拆分，选择合并后的单元格，单击【开始】选项卡中的 国合并后居中▾ 按钮右边的 ▾ 按钮，在弹出的下拉列表框中选择 ⊞ 取消单元格合并(U) 选项。

> **说明：** 如果要合并的单元格中不止一个单元格中有数据，合并时会打开一个对话框，提示选定区域中有多重数据，合并后的单元格中将只保留区域左上角单元格中的数据。

4. 复制和移动单元格

如果需要在其他单元格中输入与已有单元格中相同的数据，可以使用复制单元格的方法提高工作效率，其具体操作如下：

（1）选择需要复制的单元格或单元格区域。

（2）在所选单元格上单击鼠标右键，在弹出的快捷菜单中选择【复制】命令，该单元格四周出现一个动态虚线框。

> **说明：** 选择【剪切】命令，再执行第3步操作，可移动单元格。

（3）用鼠标右键单击需要复制到的单元格，在弹出的快捷菜单中选择【粘贴】命令，将数据复制到该单元格中。

> **说明：** 复制或者剪切单元格后，在原单元格处会产生一个动态虚线框，在其他单元格上双击，即可取消该动态虚线框。

5. 清除和删除单元格

清除单元格和删除单元格不同。清除单元格只删除单元格中的数据，而单元格本身还存在，删除单元格则会删除单元格及其中的全部数据。

要清除单元格中的内容，操作十分简单，选择需要清除的单元格，按【Delete】键即可。

删除单元格的具体操作如下：

（1）选择需要删除的单元格。

（2）单击【开始】选项卡中的【删除】按钮，在弹出的下拉列表框中选择 删除单元格(D)... 选项，即可将选中的单元格删除。

8.3.2　典型案例——制作"收据"工作表表格

案例目标

本案例将制作"收据"工作表，在制作时将进行选择单元格、合并单元格、插入单元格等操作，并输入表格中的文字，完成后的效果如图 8.19 所示。

素材位置：【\第 8 课\素材\收据.xlsx】

源文件位置：【\第 8 课\源文件\收据.xlsx】

操作思路：

（1）打开素材工作表。

（2）通过选项栏合并和拆分单元格。

（3）通过选项栏插入单元格。

图 8.19　收据工作表

操作步骤

制作工作表表格的具体操作如下：

（1）启动 Excel 2007，打开素材文件，如图 8.20 所示。

（2）选择 A3:E3 单元格区域，单击【开始】选项卡中的 合并后居中 按钮，将所选的单元格合并。

（3）选择 A4:A8 单元格区域，同样单击 合并后居中 按钮将其合并，再将其他几处单元格合并，如图 8.21 所示。

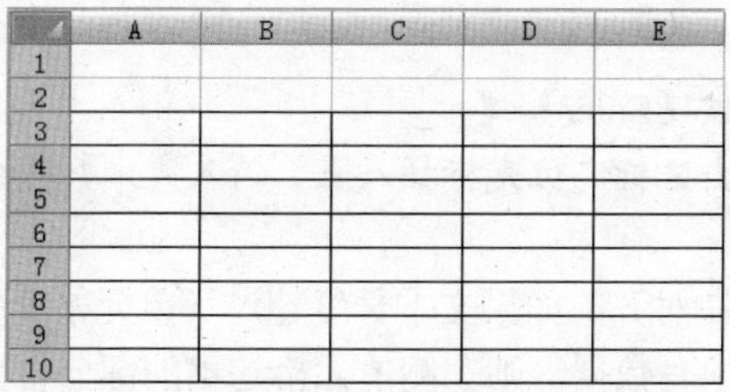

图 8.20　素材表格 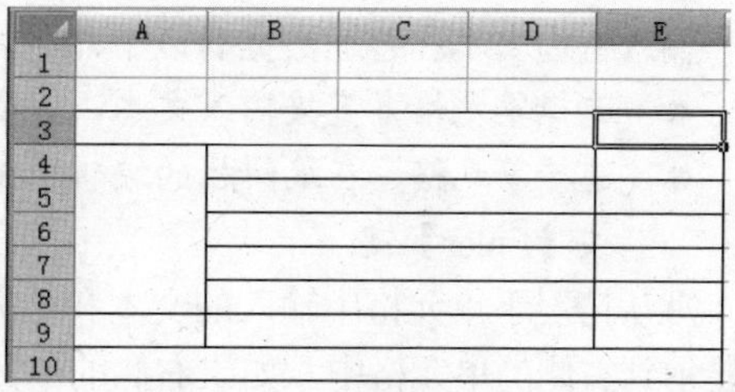　　　　　　　　　图 8.21　合并表格

（4）选择 E4 单元格，单击【开始】选项卡中的【插入】按钮，在弹出的下拉列表框中选择 插入单元格(I)... 选项，在打开的【插入】对话框中，选择 整列(C) 单选按钮，重复

4 次，得到插入的单元格，如图 8.22 所示。

（5）选择插入的单元格区域，单击【开始】选项卡中的【格式】按钮，从弹出的下拉列表框中选择 列宽(W)... 选项，在打开的【列宽】对话框中将【列宽】设置为 1.5，然后单击 确定 按钮，表格效果如图 8.23 所示。

图 8.22　【插入】对话框　　　　　图 8.23　插入单元格后的效果

（6）在表格中输入文字，得到最终效果，如图 8.19 所示。

案例小结

本案例制作了一份"收据"工作表，在制作过程中练习了单元格的选择、合并和插入等操作，这些作为制作表格最基本的操作，读者需要重点掌握。

8.4　单元格内容的输入与编辑

在 Excel 2007 中创建工作簿后，首先就需要在单元格中输入文本或数据等内容。

8.4.1　知识讲解

Excel 中可编辑的可能是文本、符号，也可能是各种数据，本节将讲解在单元格中输入和编辑普通文本、特殊符号、普通数据和特殊数据的方法。

1．输入普通文本和普通数据

在单元格中输入普通文本和普通数据的方法相同。表格中的表头、项目名称和备注等内容一般都用文本表示。

输入普通文本和普通数据有以下几种方法。

● 选择单元格，直接输入文本，完成后按【Enter】键。
● 选择单元格，在编辑栏的编辑框中单击鼠标定位光标插入点，输入文本，完成后按【Enter】键。

默认情况下单元格中输入的文本和数据靠左对齐，如果文本长度超过了单元格宽度，将显示到右侧的单元格中，如果右侧的单元格中有数据，则左侧单元格超出的部分将被隐藏，但仍存在于该单元格中。

如果输入数据的整数位数超过 11 位，在单元格中将自动以科学计数法的形式表示，如图 8.24 所示，若整数位数小于 11 位但单元格的宽度不够容纳其中的数字时，将以"####"的形式表示。

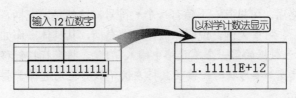

图 8.24 过长数据的显示

2．输入特殊符号

输入常用的标点符号，使用键盘就可以了，如果需要输入"★"、"◎"、"▇"和
"☿"等特殊符号，可通过【插入特殊符号】对话框插入，其具体操作如下：

（1）选择需输入特殊符号的单元格，
然后单击【加载项】选项卡中的【特殊符号】
按钮，打开【插入特殊符号】对话框，如图
8.25 示。

（2）可见所有的符号分类存放在对话
框中，单击其中一个分类选项卡，在展开的
符号列表框中即可选择需要的符号，在右下
角的预览框中可预览符号的样式效果。

（3）单击 确定 按钮可将选择的符号
插入到所选单元格中。

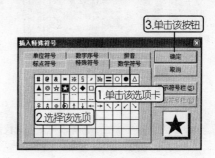

图 8.25 插入特殊符号

注意： 若单元格中已有数据，在插入符号之前，需双击该单元格，将光标插入点定位到需插入特殊符号的
位置才能插入符号，否则输入的特殊符号将覆盖原有数据。

3．输入特殊数据

特殊数据是指 Excel 中含有特定数字格式的数
据，如货币、日期和时间等，输入这种特殊数据的
具体操作如下：

（1）选择需输入特殊数据的单元格，单击【开
始】选项卡的【数字】栏中的 常规 按钮，在
打开的下拉列表框中选择需要输入的数据类型，如
图 8.26 所示。

（2）完成设置后，在选择的单元格中输入数
据后将会自动套用设置的格式。比如选择 % 百分比 选
项，在该单元格中输入 0.75，那么显示出来的将是
百分比 75.00%

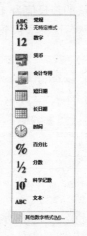

图 8.26 设置特殊数据格式

4．快速输入数据

如果要输入大量相同或具有一定规律的数据，可以使用 Excel 提供的快速输入数据的
功能。例如使用填充柄可以快速输入数据。

选中一个单元格后，可见其右下角有一个 ■ 符号，这就是填充柄。下面以使用填充柄在 10 个单元格中输入"1"为例，说明如何使用填充柄，其具体操作如下：

（1）在需要输入数据的第一个单元格中输入"1"，将鼠标指针移到该单元格右下角的填充柄 ■ 上，当其变为 ╋ 形状时，按住鼠标左键不放并拖动选择需要填充数据的单元格区域，如图 8.27 所示。

（2）释放鼠标，此时系统自动在选择的单元格区域中输入数据，效果如图 8.28 所示，同时在最后一个单元格的右下角出现一个智能标记 ▣。

图 8.27 选择单元格区域

图 8.28 快速输入相同数据

技巧：选择需输入相同数据的单元格或单元格区域，输入所需的数据后按【Ctrl+Enter】组合键可在所选的单元格中快速输入相同数据，这种方法适用在不连续的单元格中输入相同数据的情况。

（3）单击智能标记 ▣，在弹出的快捷菜单中选中 ◉ 填充序列(S) 单选按钮，此时原来快速输入的相同数据将自动更改为等差序列数据，如图 8.29 所示。

说明：在智能标记快捷菜单中，选中 ◉ 仅填充格式(F) 单选按钮，将只会复制单元格格式，其中的数据不会产生变化，选中 ◉ 不带格式填充(O) 单选按钮，则只会复制单元格中的数据，而格式不会产生变化。

系统默认的步长值为 1，如果需要自定义等差序列的步长值，可以在前两个单元格中输入数值，然后选择这两个单元格，拖动其填充柄选择单元格区域即可，如图 8.30 所示。

图 8.29 快速输入等差序列数据

图 8.30 输入自定义步长值的序列数据

注意：这种自定义步长值填充序列的结果和选择智能标记快捷菜单中的【以序列方式填充】命令一样。

5. 查找与替换数据

在 Excel 电子表格中，可以对单元格中的文本和数据进行查找和替换操作，其具体操作如下：

（1）单击【开始】选项卡中的【查找和选择】按钮，在弹出的下拉列表框中选择【查找】选项，打开【查找和替换】对话框，单击【查找】选项卡。单击 选项(T) >> 按钮展开【查找和替换】对话框的高级选项部分。

（2）在【查找内容】下拉列表框中输入需要查找的数据，在【搜索】下拉列表框中选择搜索方式，在【查找范围】下拉列表框中选择【值】选项，单击 查找下一个(F) 按钮，如图 8.31 所示，系统将查找到第一个满足条件的单元格。

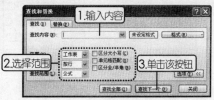

图 8.31　【查找和替换】对话框

（3）单击【替换】选项卡，在【替换内容】下拉列表框中输入替换的数据。单击 替换(R) 按钮可将查找到的单元格中的数据替换。单击 全部替换(A) 按钮，可一次性替换所有符合条件的单元格。

技巧： 单击【查找内容】下拉列表框右侧的 格式(M)... 按钮，在打开的【查找格式】对话框中可以设置需要替换的单元格格式；单击【替换为】下拉列表框右侧的 格式(M)... 按钮，在打开的【替换】对话框中可以设置替换后的单元格格式。

8.4.2　典型案例——在"强势股票表"中填入内容

案例目标

本案例将在"强势股票表"中输入序号和目前操作信号，主要练习快速输入数据和输入特殊数据的方法，完成后的效果如图 8.32 所示。

素材位置：【\第 8 课\素材\强势股票表.xlsx】

源文件位置：【\第 8 课\源文件\强势股票表.xlsx】

操作思路：

（1）利用填充柄快速输入股票的序号和"目前操作信号"。

（2）使用输入特殊数据的方法，在表格中输入涨幅百分比。

（3）保存表格。

	A	B	C	D	E
1			强 势 股 票		
2	列1	列2	列3	列4	列5
3	序号	股票代码	买入时间	涨幅	目前操作信号
4	1	962	2007.9.17	75%	黄色持有
5	2	600256	2007.9.18	45%	黄色持有
6	3	869	2007.9.19	24%	黄色持有
7	4	600389	2007.9.20	30%	黄色持有
8	5	600826	2007.9.21	40%	黄色持有
9	6	600216	2007.9.22	24%	黄色持有
10	7	600030	2007.9.23	22%	黄色持有
11	8	600497	2007.9.24	34%	黄色持有
12	9	600380	2007.9.25	20%	黄色持有
13	10	600231	2007.9.26	19%	黄色持有

图 8.32　"强势股票表"最终效果图

操作步骤

在"强势股票表"中填入内容的具体操作如下：

（1）打开"强势股票表.xlsx"，在 A4 单元格中输入"1"，在 A5 单元格中输入"2"，然后选择 A4:A5 单元格区域，如图 8.33 所示。

（2）使用鼠标拖动该单元格区域右下角的填充柄到 A13 单元格，释放鼠标，完成编号的快速输入，如图 8.34 所示。

（3）单击【开始】选项卡中的【居中】按钮 ，使编号居中对齐。

图 8.33　选择"A4:A5"单元格区域

图 8.34　快速输入编号

（4）在 D4:D13 单元格区域中输入相应的涨幅，比如要得到 1%，就输入 0.01，完成后选择该单元格区域，如图 8.35 所示。

（5）在【开始】选项卡中的【数字】组中单击 % 按钮，该列中的数字将全部以百分比显示，如图 8.36 所示。

图 8.35　选择单元格区域

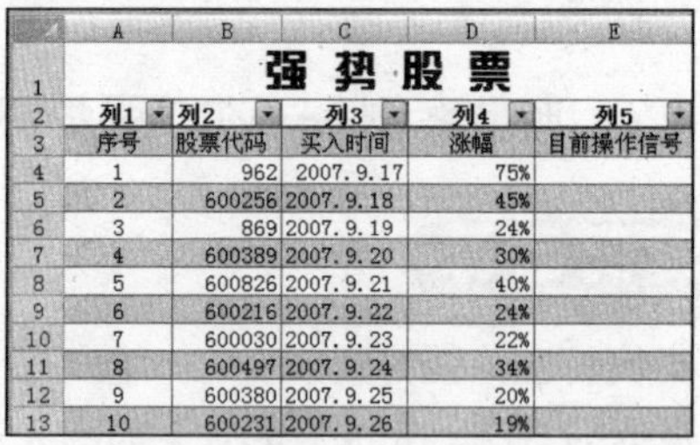

图 8.36　输入百分比

（6）在 E4 单元格中输入"黄色持有"，然后拖动填充柄至 E13 单元格，即可将该文字填充到选中区域的单元格中，最终效果如图 8.32 所示。

（7）单击 ![按钮] 按钮，在弹出的菜单中选择【另存为】命令，将修改后的"强势股票表"工作簿保存到计算机中。

案例小结

本案例主要练习了在"强势股票表"中快速输入普通数据和特殊数据的操作。在 Excel 中，使用填充柄输入数据的方法使用得很频繁。不仅是输入文字和数据，如果要连续输入很多相同的符号、更改单元格格式等都可以使用填充柄来完成。读者应注意，快速输入有规律的数据有多种方法，读者可根据实际情况或个人习惯使用不同的方法进行输入。

8.5　单元格格式设置

对工作表的单元格格式进行设置，可以使工作表中的数据更加清晰明了，工作表也更加美观。在 Excel 2007 中，可以自定义单元格格式，也可以自动套用格式。

8.5.1　知识讲解

单元格格式的设置包括单元格中文字或数字的字体、字号和对齐方式的设置、单元格边框、颜色和背景图案的设置以及单元格行高和列宽的设置等。

1. 设置文字或数字的格式

单元格中的数据通常分为文字和数字两种，因此需分别对其进行设置，下面分别讲解。

1）设置文字的格式

选择需要设置文字格式的单元格或单元格区域，在【开始】选项卡的【字体】组中设置单元格中文字的字体、字号、字形、颜色等，如图 8.37 所示。

2）设置数字格式

选择数字所在的单元格或单元格区域，在【开始】选项卡的【数字】组中设置数字的格式，如图 8.38 所示。

图 8.37　文字格式设置　　　　　图 8.38　数字格式设置

其中各部分的功能如下所述。

● **常规 按钮**：单击 ▼ 按钮，在弹出的下拉列表框中选择数字格式。
● **按钮**：单击该按钮，为所选单元格选择替补货币格式，如选择欧元替补美圆。
● **% 按钮**：单击该按钮，将所选单元格中的数据设为百分比样式。
● **, 按钮**：单击该按钮，显示所选单元格中的数据时使用千位分隔符，这会将单元格格式更改为不带货币符号的会计格式。
● **按钮**：单击该按钮，增加所选单元格中数据的小数位数。
● **按钮**：单击该按钮，减少所选单元格中数据的小数位数。

说明：按【Ctrl+1】组合键打开【设置单元格格式】对话框，在【数字】选项卡中也可进行数字格式的设置。

2. 设置对齐方式

在【开始】选项卡的【对齐方式】组中可以对单元格数据的对齐方式进行设置，如图 8.39 所示，其中各部分功能如下所述。

● **文本对齐方式**：单击其中的按钮，可使选择的数据在水平或垂直方向上对齐。
● **文本控制**：单击 自动换行 按钮，超过单元格列宽的文本会自动换行；单击 合并后居中 按钮，可将选择的多个单元格合并，并且使其中的数据居中对齐。

- 【方向】按钮 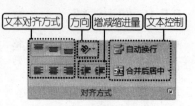：单击该按钮，从弹出的下拉列表框中选择文字的旋转方式，通常用于标记较窄的列。再次单击当前所选的文本方向，将文本重置为普通方向。

图 8.39　设置数据的对齐方式

- 【减少缩进量】按钮：单击该按钮，减少单元格边框与文字间的间距。

- 【增加缩进量】按钮：单击该按钮，增加单元格边框与文字间的间距。

3．设置单元格区域的边框

默认情况下，单元格并没有边框。给单元格添加边框和颜色，看起来会更美观、醒目、突出重点。设置单元格区域的边框和颜色的具体操作如下：

（1）选择需要设置边框和颜色的单元格区域。

（2）按【Ctrl+1】组合键打开【设置单元格格式】对话框，单击【边框】选项卡，设置表格的边框和边框的颜色，如图 8.40 所示。各部分功能如下所述。

- 【边框】栏：单击各边框的按钮可设置需要显示的边框。

- 【线条】栏：在该栏的【样式】列表框中选择需要的边框样式。

图 8.40　设置单元格边框

- 【预置】栏：单击预设的边框按钮，即可按该设置添加边框。

- 【颜色】下拉列表框：选择边框的颜色。

（3）单击 确定 按钮，完成设置，添加边框前后的效果如图 8.41 所示。

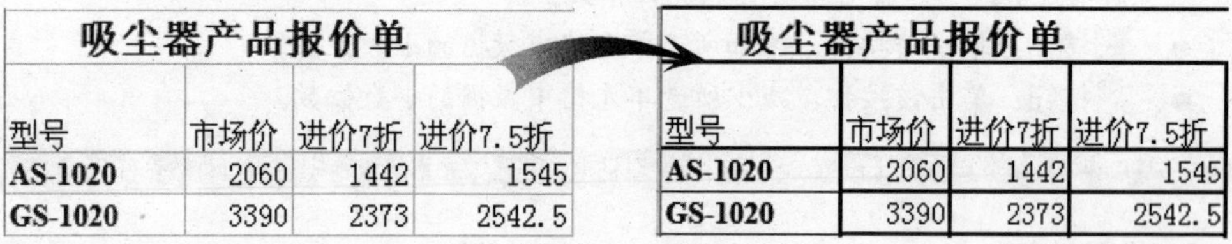

吸尘器产品报价单			
型号	市场价	进价7折	进价7.5折
AS-1020	2060	1442	1545
GS-1020	3390	2373	2542.5

吸尘器产品报价单			
型号	市场价	进价7折	进价7.5折
AS-1020	2060	1442	1545
GS-1020	3390	2373	2542.5

图 8.41　添加边框

4．设置单元格底纹

默认的 Excel 单元格是白色背景，给单元格添加底纹后，可使部分单元格更加醒目，重点突出，如表格的标题等。给单元格设置底纹的具体操作如下：

（1）选择需要设置边框和颜色的单元格区域。

（2）按【Ctrl+1】组合键打开【设置单元格格式】对话框，单击【填充】选项卡，如图 8.42 所示。

（3）在【背景色】栏的【颜色】列表框中可选择单元格的背景颜色，在【图案样式】下拉列表框中可选择图案的底纹样式，在【图案颜色】下拉列表框中选择底纹的颜色。

（4）在【示例】栏中可预览设置的效果，预览满意后，单击 确定 按钮完成设置。

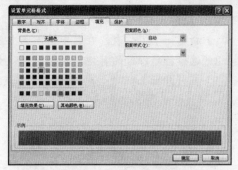

图 8.42　设置单元格底纹

技巧： 单击 填充效果(I)... 按钮，可以为表格设置渐变填充效果；单击 其他颜色(M)... 按钮，在弹出的对话框中有更多颜色可供选择。

5. 调整单元格的行高和列宽

当向单元格中输入一段较长的数据或者将字体设置得较大时，单元格通常无法显示全部内容，此时设置合适的单元格的行高或者列宽，其具体操作如下：

（1）选择需要调整行高（或列宽）的单元格。

（2）单击【开始】选项卡中的【格式】按钮，在弹出的下拉列表框中的【单元格大小】栏中进行设置，如图 8.43 所示。

- 行高(H)... 选项：选择该选项，打开【行高】对话框，在数字框中输入行高的参数即可。

- 自动调整行高(A) 选项：选择该选项，系统根据单元格文本或数据的大小自动调整行高。

- 列宽(W)... ：选择该选项，打开【列宽】对话框，在数字框中输入参数即可

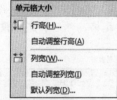

图 8.43　设置单元格大小

- 自动调整列宽(I)：选择该选项，系统根据单元格文本或数据的多少自动调整列宽。

- 默认宽(D)... ：选择该选项，单元格列宽保持默认宽度。

（3）设置完毕后，选中的单元格会自动调整，效果如图 8.44 所示。

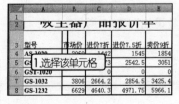 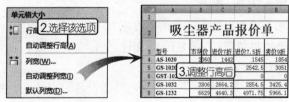

图 8.44　设置行高

6. 自动套用格式

自动套用格式是 Excel 2007 内置的表格方案，这些方案会对表格中的不同元素使用独立的格式。如果要想快速地设置整个表格的格式，使用自动套用格式功能是一个不错的办法。

自动套用格式的具体操作如下：

（1）新建一个工作表，在其中输入需要的内容。

（2）选择标题以外的其他单元格区域，如图 8.45 所示。

（3）在【开始】选项卡中单击【套用表格格式】按钮，在弹出的下拉列表框中选择一种表格样式，如图 8.46 所示。

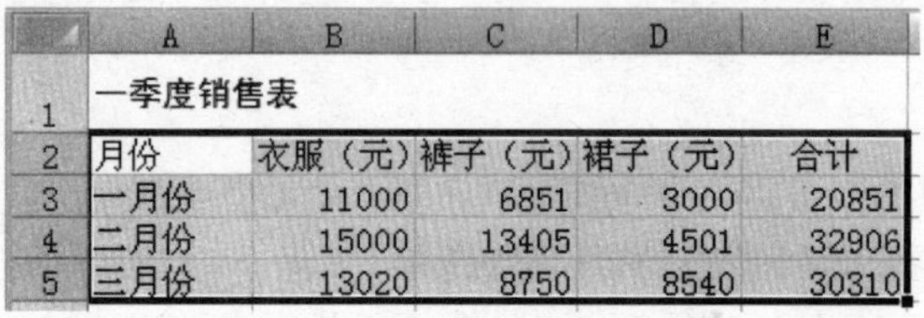

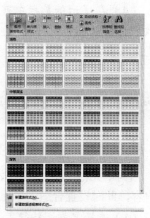

	A	B	C	D	E
1	一季度销售表				
2	月份	衣服（元）	裤子（元）	裙子（元）	合计
3	一月份	11000	6851	3000	20851
4	二月份	15000	13405	4501	32906
5	三月份	13020	8750	8540	30310

图 8.45　选择单元格区域

图 8.46　选择表格样式

（4）自动套用格式后的表格效果如图 8.47 所示。

（5）选择标题上的几个单元格，单击【开始】选项卡中的 合并后居中 按钮，合并选中的单元格，然后将文字设置成黑体、15 号，效果如图 8.48 所示。

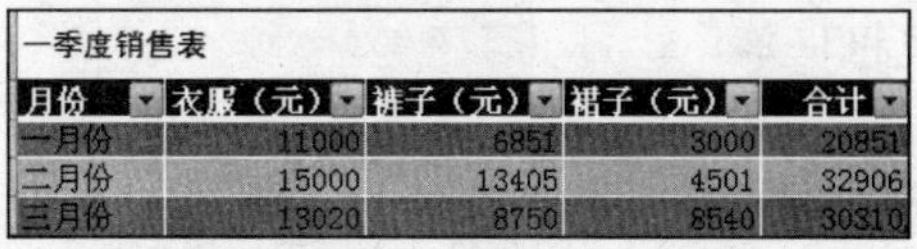

一季度销售表				
月份	衣服（元）	裤子（元）	裙子（元）	合计
一月份	11000	6851	3000	20851
二月份	15000	13405	4501	32906
三月份	13020	8750	8540	30310

图 8.47　自动套用格式后的效果

一季度销售表				
月份	衣服（元）	裤子（元）	裙子（元）	合计
一月份	11000	6851	3000	20851
二月份	15000	13405	4501	32906
三月份	13020	8750	8540	30310

图 8.48　修改标题后的效果

8.5.2　典型案例——美化"收据"工作表

案例目标

本案例将对前面制作的"收据"工作表进行美化，效果如图 8.49 所示。

源文件位置：【\第 8 课\源文件\收据-美化.xlsx】

操作思路：

（1）打开"收据"工作表，增加表名的字号，修改字体和颜色。

（2）设置表格中数据的对齐方式。

（3）为第一行单元格设置淡红色背景。

（4）更改所有边框的样式。

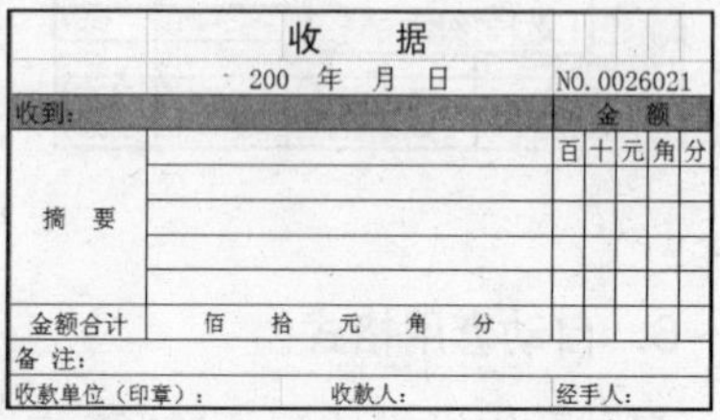

图 8.49　美化"收据"工作表的效果

操作步骤

美化工作表的具体操作如下：

（1）打开"收据"工作表，选择标题文字"收据"，在【开始】选项卡的【字体】组中将【字体】设置为黑体，【字号】设置为 14 号，单击 **A** 按钮，选择红色。

（2）选择"摘要"、"金额合计"、"金额"这些文字所在的单元格，单击【对齐方式】组中的【居中对齐】按钮 ，使文字在表格中居中对齐，效果如图 8.50 所示。

（3）选择"A3:I3"单元格区域，按【Ctrl+1】组合键，打开【设置单元格格式】对话框，单击【填充】选项卡，设置颜色为淡红色，如图 8.51 所示，设置完毕后，单击 确定 按钮。

（4）选择"A2:I11"单元格区域，单击 **A** 按钮，将所有文字设置成红色，完成工作表的美化操作，最终效果如图 8.49 所示。

图 8.50　设置底纹效果

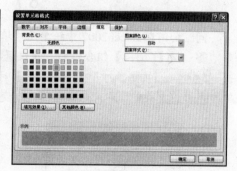

图 8.51　【填充】选项卡

案例小结

本案例练习了对"收据"工作表的美化操作，运用了设置字体、字号、对齐方式以及设置底纹填充等知识，在 Excel 2007 中，使用选项栏中的按钮几乎可以完成所有的操作。

8.6　上机练习

8.6.1　创建"电脑配置单"工作表

本练习将创建"电脑配置单"工作表，其最终效果如图 8.52 所示。

源文件位置：【\第 8 课\源文件\电脑配置单.xlsx】

操作思路：

● 启动 Excel 2007。

● 删除"Sheet2"和"Sheet3"工作表。

● 在单元格中输入文字和数据，并根据需要合并单元格。

图 8.52　电脑配置单统计表

● 设置单元格格式，【品名】栏、【型号】栏、【价格】栏、【质保】栏单元格区域的背景色依次为淡蓝色、淡绿色、黄色、淡紫色，标题栏的背景色为橙色。

● 保存为"电脑配置单.xlsx"。

8.6.2 创建"2008级11班成绩统计表"工作表

本练习将创建"2008级11班成绩统计表"工作表。

源文件位置：【\第8课\源文件\2008级11班成绩统计表.xlsx】

操作思路：

● 使用填充柄输入学号。

● 设置单元格中所有数据和文字居中对齐。

● 设置部分单元格的底纹颜色。

8.7 疑 难 解 答

问：如何在 Excel 2007 中给单元格填充渐变色？

答：按【Ctrl+1】组合键打开【设置单元格格式】对话框，单击【填充】选项卡，单击 填充效果(I)... 按钮，打开【填充效果】对话框，如图 8.53 所示，在其中即可设置渐变色，单击 确定 按钮，即可为表格填充渐变效果，如图 8.54 所示。

图 8.53 【填充效果】对话框

	A	B	C	D	E
1	2008级11班成绩统计表				
2	学号	姓名	语文	数学	英语
3	1	王进	90	95	84
4	2	李煜	63	78	97
5	3	王之宇	93	99	85
6	4	蒋志	80	88	96
7	5	邹鑫舟	95	79	68
8	6	黎婳怡	20	50	84
9	7	于谦	57	68	85
10	8	董毅	85	89	40
11	9	龚晓	77	81	75
12	10	蒋小涵	84	90	95
13	11	张蕴	90	100	86
14	12	徐铭铭	79	93	80
15	13	平均分			

图 8.54 2008级11班成绩统计表

问：如何将单元格或单元格区域的格式复制到另一个单元格或单元格区域中？

答：使用【开始】选项卡中的 格式刷 按钮可以复制单元格或单元格区域的格式，具体使用方法与 Word 2007 相似，当需要复制列或行的格式时，选择需要复制的列标或行号，单击 格式刷 按钮，然后单击要复制格式的目标列标或行号即可。

8.8 课 后 练 习

1. 选择题

（1）每个单元格的位置用它的行列标记表示，如 D3 表示第（　　）列第（　　）行的单元格。

　　A. 4，3　　　　　　　　　　B. 3，3

C. 4，4 　　　　　　　　D. 3，4

（2）在（　　）选项卡中可以设置单元格的对齐方式。

A. 开始　　　　　　　　B. 数据

C. 插入　　　　　　　　D. 页面布局

2. 问答题

（1）如何重命名工作表？

（2）怎样保护工作表？

（3）如何调整单元格的行高和列宽？

3. 上机题

制作"一季度销售表"工作表，完成后的最终效果如图 8.55 所示。

源文件位置：【\第 8 课\源文件\一季度销售表.xlsx】

提示：

（1）在【开始】选项卡中的【字体】栏中为工作表标题设置双下画线。

（2）将表格左右的边框隐藏。

（3）将第 1 行和第 3 行表格的背景色设置成淡紫色。

一季度销售表			
月份	衣服（元）	裤子（元）	裙子（元）	合计
一月份	11000	6851	3000	
二月份	15000	13405	4501	
三月份	13020	8750	8540	

图 8.55　一季度销售表

第 9 课

Excel 2007 高级知识

○ **本课要点**

　📖 公式与函数的应用
　📖 图表与数据的排序和筛选

○ **具体要求**

　📖 掌握公式与函数的使用方法
　📖 掌握图表的创建方法
　📖 掌握数据的排序与筛选方法

○ **本课导读**

Excel 2007 是当今最流行的电子表格处理软件，其真正的精髓是具有各种数据管理、统计和分析功能，可将表格中的数据进行计算、筛选和排序等操作，给从事统计、财务、会计、金融和贸易等行业的工作人员带来了极大的方便。另外，Excel 还提供了图表功能，可将表格中的数据转换为图表，使数据更加直观。

　📖 公式与函数：应用公式和函数可计算销售总额、成绩总分或平均分等。
　📖 图表：直观地表现数据，方便分析，可制作学生成绩分布表、销售表等。
　📖 数据的排序与筛选：查看和分析数据，可对成绩排序，查看分数高低等。

9.1 公式与函数的应用

Excel 2007 强大的数据计算功能体现在公式与函数的应用方面。在工作表中输入数据后，通过设置公式和函数，计算机会快速地进行精确、高速的计算，从而极大地提高工作效率。

9.1.1 知识讲解

要学习公式与函数的使用，首先就要了解输入、显示、复制、引用和删除公式以及函数的输入等操作，下面分别进行讲解。

1. 输入公式

公式是指使用运算符和函数，对工作表数据以及普通常量进行运算的方程式，比如进行加、减、乘、除运算。在单元格中输入公式之后，Excel 2007 会自动根据公式进行运算，并将结果显示在编辑栏中。

Excel 中的公式有一个特定的语法和次序，即最前面必须是等号"="，后面是参与计算的元素和运算符，元素可以是常量数值、单元格或单元格区域、名称或工作表函数等。如公式"=A1-A2"表示 A1 和 A2 单元格中数据的差值。输入公式的具体操作如下：

（1）打开第 8 课制作的"电脑配置单.xlsx"文件。

（2）选择 C17 单元格，在编辑栏中输入"="，然后单击 C3 单元格，输入"+"，再单击 C4 单元格，如此反复，将"价格栏"中的所有单元格都添加到编辑栏中，如图 9.1 所示。

技巧： 也可以直接在编辑栏或者要得到计算结果的单元格中完整地输入公式。

（3）按【Enter】键或单击编辑栏的输入框中的【输入】按钮✔，此时 C17 单元格中将自动显示计算的结果，如图 9.2 所示。

图 9.1 输入公式　　　　图 9.2 显示计算结果

技巧： 编辑公式的方法与修改数据相同，可以直接双击含有公式的单元格，然后在其中进行操作，也可以选择含有公式的单元格后在编辑栏中进行修改。

2. 显示并编辑公式

如图 9.2 所示，输入公式后，在计算结果的单元格中不会再显示公式，选择该单元格

时，在编辑栏的输入框中才可看到公式，也可以通过设置使单元格中显示公式，方法是：在【公式】选项卡中，单击 显示公式 按钮，将单元格中的公式显示出来，如图9.3所示，再次单击该按钮，又会在单元格中隐藏公式。

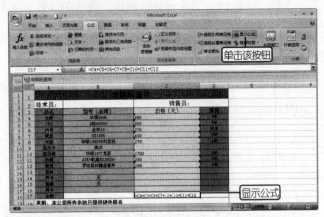

图9.3 显示公式

3. 移动或复制公式

单元格中的公式可以像数据一样移动和复制，这在一些数据算法相同的工作表的单元格中使用可避免重复输入相同公式的操作，从而大大提高工作效率。

1）移动公式

在单元格中输入公式后，可以将其移到其他单元格中，其具体操作如下：

（1）选择含有公式的单元格，将鼠标指针移到其边框上使其变为形状。

（2）按住鼠标左键不放并拖动到目标单元格上，释放鼠标后完成移动公式的操作，如图9.4所示。

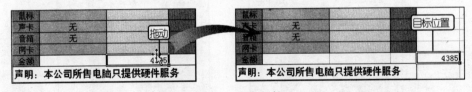

图9.4 移动公式

2）复制公式

利用【Ctrl】键和填充柄可快速进行公式的复制操作，下面分别进行介绍。

● 使用【Ctrl】键复制公式

以第8课制作的"一季度销售表.xlsx"为例，利用【Ctrl】键复制公式的具体操作如下：

（1）首先选择E3单元格，在编辑栏中输入一个公式，得到B3+C3+D3之和。

（2）选择含有公式的E3单元格，按住【Ctrl】键，将鼠标指针移到该单元格的边框上，使其变为形状，如图9.5所示。

（3）按住鼠标左键不放并拖动至E4单元格上，完成复制公式的操作，E4单元格将

自动显示二月份的总销售额，如图 9.6 所示。再次按住【Ctrl】键拖动，在 E5 中会显示三月份的总销售额。

	A	B	C	D	E
1	一季度销售表				
2	月份	衣服（元）	裤子（元）	裙子（元）	合计
3	一月份	11000	6851	3000	20851
4	二月份	15000	13405	4501	
5	三月份	13020	8750	8540	

图 9.5 选择需复制公式的单元格

	A	B	C	D	E
1	一季度销售表				
2	月份	衣服（元）	裤子（元）	裙子（元）	合计
3	一月份	11000	6851	3000	20851
4	二月份	15000	13405	4501	32906
5	三月份	13020	8750	8540	

图 9.6 复制公式

说明： 复制公式与移动公式的不同点是：复制公式只是复制公式的形式，公式中的单元格位置会随公式所在单元格的不同而不同，即后面将介绍的相对引用。

● 使用填充柄复制公式

使用填充柄的优点是可以同时对多个单元格复制公式，其具体操作如下：

（1）选择含有公式的 E3 单元格，将鼠标指针移到其右下角的填充柄上，当其变为 **十** 形状时，按住鼠标左键不放并拖动选择需复制公式的单元格区域，如拖动到 E5，如图 9.7 所示。

（2）释放鼠标完成操作，如图 9.8 所示

	A	B	C	D	E
1	一季度销售表				
2	月份	衣服（元）	裤子（元）	裙子（元）	合计
3	一月份	11000	6851	3000	20851
4	二月份	15000	13405	4501	
5	三月份	13020	8750	8540	

图 9.7 选择单元格区域

	A	B	C	D	E
1	一季度销售表				
2	月份	衣服（元）	裤子（元）	裙子（元）	合计
3	一月份	11000	6851	3000	20851
4	二月份	15000	13405	4501	32906
5	三月份	13020	8750	8540	30310

图 9.8 复制公式后的单元格

4．相对引用与绝对引用

Excel 中对公式的引用分为相对引用和绝对引用，下面分别进行讲解。

1）相对引用

相对引用指公式中的单元格地址是当前单元格与公式所在单元格的相对位置，当单元格的位置改变时，其引用的单元格的位置也会发生相应的变化。

如前面复制公式后的"一季度销售量.xlsx"，E3 单元格中的公式为"=B3+C3+D3"，复制到 E4 单元格后就变为了"=B4+C4+D4"，如图 9.9 所示。

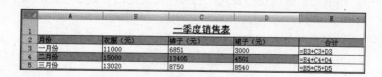

	A	B	C	D
1	一季度销售表			
2	月份	衣服（元）	裤子（元）	裙子（元）	合计
3	一月份	11000	6851	3000	=B3+C3+D3
4	二月份	15000	13405	4501	=B4+C4+D4
5	三月份	13020	8750	8540	=B5+C5+D5

图 9.9 复制相对引用的公式

2）绝对引用

与相对引用相反，绝对引用的单元格位置不会随公式所在单元格位置的改变而改变，

绝对引用的形式是在相对引用的单元格的列标和行号之前利用【F4】键分别添加"$"符号便可将相对引用转换为绝对引用。

如将 E3 单元格中的公式改为"=$B3+$C3+$D3"，重新复制公式后，效果将如图 9.10 所示。

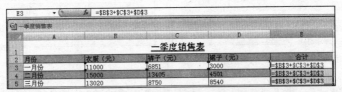

图 9.10　复制绝对引用的公式

> 说明：在同一个公式中同时使用相对引用与绝对引用，称为混合引用，如公式"=$B3+$C3+D3"。当复制使用混合引用的公式时，绝对引用的单元格地址不变，相对引用的单元格中的数据将发生变化。

5. 删除公式

选择含有公式的单元格，按【Delete】键即可删除公式，但这样会将计算结果和公式一起删除。如果需保留计算结果而仅仅删除公式，其具体操作如下：

（1）选择需删除公式的单元格，按【Ctrl+C】组合键。

（2）在【开始】选项卡中单击【粘贴】按钮，弹出如图 9.11 所示的下拉列表框，选择 粘贴值(V) 选项，此时编辑栏的输入框中便以数值的形式覆盖原来的公式，如图 9.12 所示。

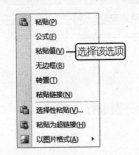

图 9.11　选择【粘贴值】选项　　　　　　　　　图 9.12　删除公式

6. 使用函数

如果只进行加减乘除肯定是不够的，Excel 2007 提供了大量的函数，大大地丰富和提高了公式的作用。函数是系统预设的公式，它可以将指定的参数按特定的顺序或结构进行计算。

一个完整的函数包括函数名和参数两部分：函数名表示函数的关系，如"sum"表示求和，"abs"表示求绝对值，参数是在函数中参与计算的数值。

> 注意：参数可以是数字、文本、逻辑值（ture 或 false）或单元格引用，给定的参数必须能产生有效的值。

函数可以在编辑栏的输入框中输入，也可使用【插入函数】对话框插入。以在第 8 课制作的"一季度销售表"中求一季度平均每月销售额为例，讲解使用函数的具体操作。

（1）打开"一季度销售表.xlsx"工作表，选择 B6 单元格，单击编辑栏中的【插入函数】按钮 *fx*，打开【插入函数】对话框。

（2）在【或选择类别】下拉列表框中选择【常用函数】选项，在【选择函数】列表框中选择【AVERAGE】选项，如图 9.13 所示。

（3）单击 确定 按钮，打开【函数参数】对话框，在【Number1】文本框中输入需要计算的单元格区域 B3:B5，也可单击 按钮直接在工作表中选择，如图 9.14 所示。

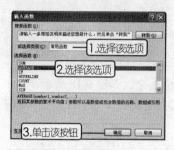

图 9.13 选择函数

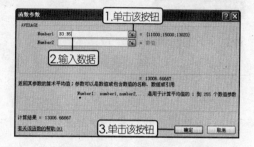

图 9.14 【函数参数】对话框

（4）单击 确定 按钮，B6 单元格中便自动生成一月至三月衣服的平均销售额，如图 9.15 所示。

说明： 在【函数参数】对话框中可设置多个参与计算的参数，如图 9.16 所示。

	A	B	C	D	E
1			一季度销售表		
2	月份	衣服（元）	裤子（元）	裙子（元）	合计
3	一月份	11000	6851	3000	
4	二月份	15000	13405	4501	
5	三月份	13020	8750	8540	
6	平均	13006.67			

图 9.15 应用函数后的效果

图 9.16 添加多个参数

技巧： 在 Excel 2007 中，单击【开始】选项卡中的 Σ 自动求和 ▾ 按钮，在弹出的下拉列表中选择 平均值(A) 选项，可以在不打开【插入函数】对话框的情况下直接插入求平均值的函数。

9.1.2 典型案例——计算"成绩统计表"中的个人总分和班级平均分

案例目标

本案例将练习对"成绩统计表"文件中每个学生的所有成绩计算总分，并根据科目计算班级平均分，计算结果如图 9.17 所示。

素材位置：【\第 9 课\素材\成绩统计表.xlsx】
源文件位置：【\第 9 课\源文件\成绩统计表.xlsx】

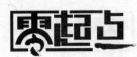

操作思路：

（1）使用求和公式计算一个学生的总分。

（2）使用填充柄采用相对引用的方法复制求和公式，计算其他学生的总分。

（3）使用函数计算语文成绩的班级平均分。

（4）使用填充柄计算其他两科班级平均分。

2008级11班成绩统计表					
学号	姓名	语文	数学	英语	合计
1	王进	90	95	84	269
2	李煜	63	78	97	238
3	王之宇	93	99	85	277
4	蒋志	80	88	96	264
5	邹鑫舟	95	79	68	242
6	黎娴怡	20	50	84	154
7	于谦	57	68	85	210
8	董毅	85	89	40	214
9	龚晓	77	81	75	233
10	蒋小涵	84	90	95	269
11	张蕴	90	100	86	276
12	徐铭铭	79	93	80	252
13	平均分	76.08333	84.16667	81.25	

图 9.17　计算结果

操作步骤

计算个人总分和平均分的具体操作如下：

（1）打开“成绩统计表.xlsx”，选择 F3 单元格，在编辑栏的输入框中输入“= C3 + D3 + E3”，完成后按【Enter】键，完成 1 号学生的成绩总分，如图 9.18 所示。

（2）将鼠标指针放到 F3 单元格的右下角，当鼠标指针变成✚时，拖动鼠标到 F14 单元格，得到其他同学的总分，如图 9.19 所示。

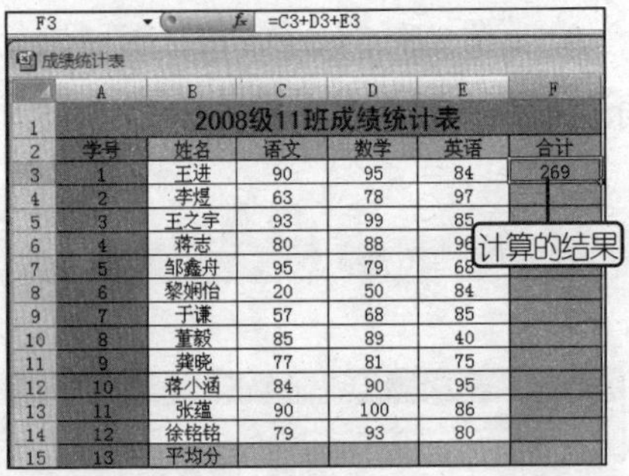

	A	B	C	D	E	F
1	2008级11班成绩统计表					
2	学号	姓名	语文	数学	英语	合计
3	1	王进	90	95	84	269
4	2	李煜	63	78	97	
5	3	王之宇	93	99	85	
6	4	蒋志	80	88	96	
7	5	邹鑫舟	95	79	68	
8	6	黎娴怡	20	50	84	
9	7	于谦	57	68	85	
10	8	董毅	85	89	40	
11	9	龚晓	77	81	75	
12	10	蒋小涵	84	90	95	
13	11	张蕴	90	100	86	
14	12	徐铭铭	79	93	80	
15	13	平均分				

图 9.18　计算 1 号学生的成绩总分

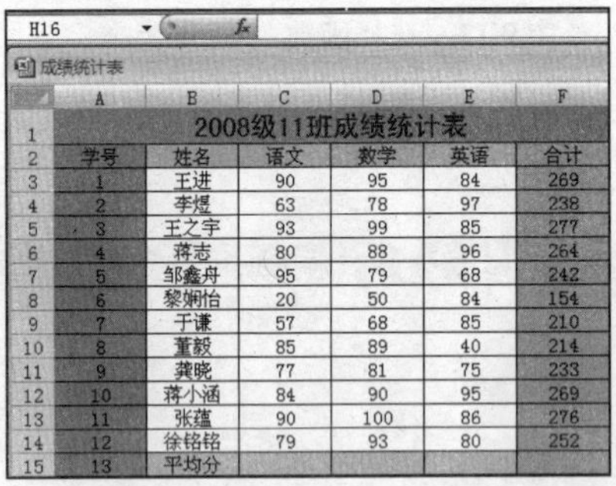

	A	B	C	D	E	F
1	2008级11班成绩统计表					
2	学号	姓名	语文	数学	英语	合计
3	1	王进	90	95	84	269
4	2	李煜	63	78	97	238
5	3	王之宇	93	99	85	277
6	4	蒋志	80	88	96	264
7	5	邹鑫舟	95	79	68	242
8	6	黎娴怡	20	50	84	154
9	7	于谦	57	68	85	210
10	8	董毅	85	89	40	214
11	9	龚晓	77	81	75	233
12	10	蒋小涵	84	90	95	269
13	11	张蕴	90	100	86	276
14	12	徐铭铭	79	93	80	252
15	13	平均分				

图 9.19　复制公式得到其他总分

（3）选择 C15 单元格，单击【开始】选项卡中的 Σ 自动求和 按钮，在弹出的下拉列表中选择 平均值(A) 选项。

（4）在 C15 单元格中系统自动输入“C3:C14”单元格区域，如图 9.20 所示，按【Enter】键，得到全班语文成绩的平均分，如图 9.21 所示。

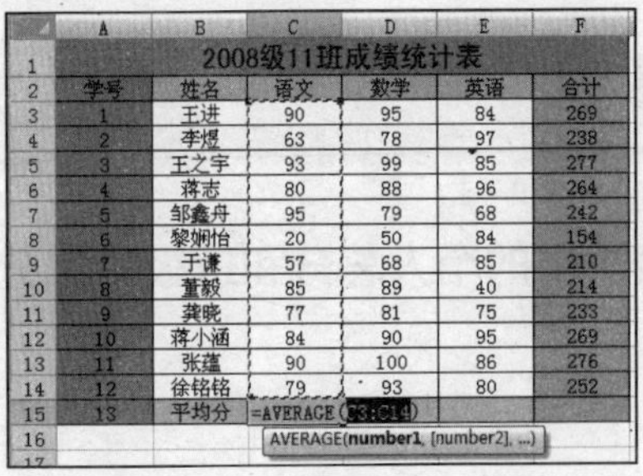

	A	B	C	D	E	F
1	2008级11班成绩统计表					
2	学号	姓名	语文	数学	英语	合计
3	1	王进	90	95	84	269
4	2	李煜	63	78	97	238
5	3	王之宇	93	99	85	277
6	4	蒋志	80	88	96	264
7	5	邹鑫舟	95	79	68	242
8	6	黎娴怡	20	50	84	154
9	7	于谦	57	68	85	210
10	8	董毅	85	89	40	214
11	9	龚晓	77	81	75	233
12	10	蒋小涵	84	90	95	269
13	11	张蕴	90	100	86	276
14	12	徐铭铭	79	93	80	252
15	13	平均分	=AVERAGE(C3:C14)			
16						

图 9.20　自动输入公式

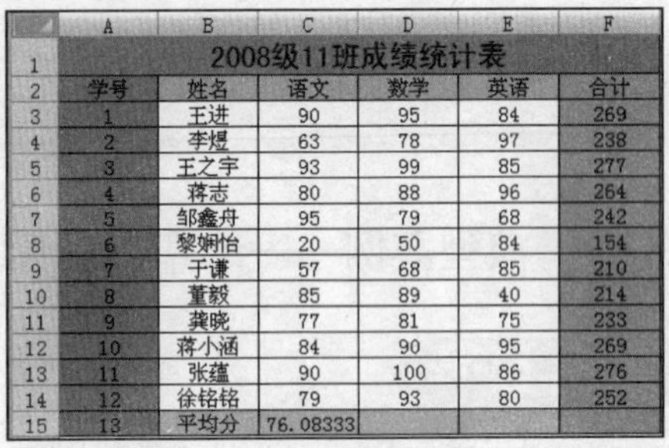

	A	B	C	D	E	F
1	2008级11班成绩统计表					
2	学号	姓名	语文	数学	英语	合计
3	1	王进	90	95	84	269
4	2	李煜	63	78	97	238
5	3	王之宇	93	99	85	277
6	4	蒋志	80	88	96	264
7	5	邹鑫舟	95	79	68	242
8	6	黎娴怡	20	50	84	154
9	7	于谦	57	68	85	210
10	8	董毅	85	89	40	214
11	9	龚晓	77	81	75	233
12	10	蒋小涵	84	90	95	269
13	11	张蕴	90	100	86	276
14	12	徐铭铭	79	93	80	252
15	13	平均分	76.08333			

图 9.21　计算语文学科的平均分

（5）选择 C15 单元格，将鼠标指针放到该单元格的右下角，当鼠标指针变成✚时，拖动鼠标到 E15 单元格，得到“数学”和“英语”学科的平均分，完成后的最终效果如图 9.17 所示。

案例小结

　　本案例主要练习了公式的输入、复制以及函数的使用。在【开始】选项卡中的 **Σ 自动求和·** 下拉列表中还有很多函数名供选择，如果不能找到自己需要的，可以选择 **其他函数(F)...** 选项进行选择。公式和函数在日常办公中应用很广泛，应重点掌握、熟练操作。

9.2　图表与数据的排序和筛选

　　使用 Excel 可以创建图表。使用图表可以更形象地表现工作表中数据的动态变化，在对数据进行分析或预测数据走势时，多使用图表可进行直观的查看。除此之外，利用 Excel 还可对工作表中的数据进行排序、筛选，以使数据结构更加清晰。

9.2.1　知识讲解

　　使用图表处理数据比较直观，而数据排序和筛选是日常工作中常用的操作，下面讲解图表的创建、修改与美化以及数据的排序和筛选操作。

1. 创建图表

　　创建图表的方法很简单，选中要创建图表的源数据单元格区域，单击【插入】选项卡，在【图表】组中单击图表类型按钮，在弹出的菜单中选择图表样式，如图 9.22 所示，即可在当前工作表旁边插入指定样式的图表，如图 9.23 所示。

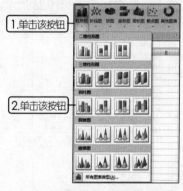

图 9.22　选择图表样式

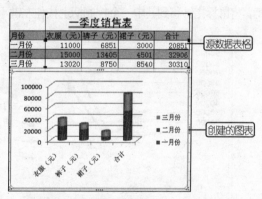

图 9.23　创建图表后的效果

技巧：如果要选择更多的图表样式，可单击【图表】组右下角的 按钮，在打开的【插入图表】对话框中进行选择。

2. 修改图表

　　如果对创建的图表效果不满意，可以根据个人需要对图表进行修改，如修改图表类型、位置、大小、数据和样式等。

1）修改图表类型

　　修改图表类型既可修改某个数据系列的图表类型，也可修改整个图表的图表类型，其

操作方法如下:

选择要修改的图表,然后在【插入】选项卡的【图表】组中,另外选择一种样式即可,如图 9.24 所示。

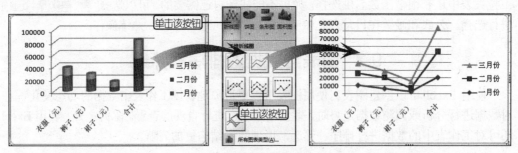

图 9.24　修改图表类型

技巧:还有一种方法可以修改图表类型,在图表工具的【设计】选项卡中单击【更改图表类型】按钮,打开【更改图表类型】对话框,另外选择一种样式即可。

2) 移动图表和修改图表大小

在图表中的空白区域上按住鼠标左键不放并拖动,可以移动图表的位置。如果要移动图表中的部分项目,如图表中的标题、绘图区和网格线等,也可以使用鼠标拖动的方法。

修改图表的大小与修改图片大小的方法相同,首先选择图表,此时图表四周出现 8 个控制柄,将鼠标指针移到其中一个控制柄上按住左键不放并拖动可修改图表的大小,如图 9.25 所示。

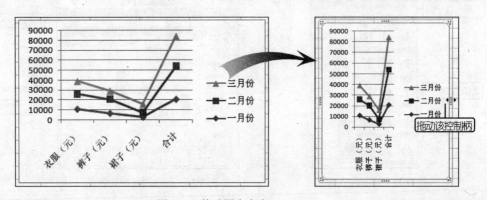

图 9.25　修改图表大小

技巧:选择图表后会出现一个矩形框,如果只改变图表的宽度或者高度,将鼠标指针放在矩形框的 4 条边的任意一条的中间,鼠标指针变成 ↔ 时,拖动鼠标即可;如果要按比例缩放图表,就将鼠标指针放在矩形框的任意一个角上,当鼠标指针变成 ↖ 时,拖动鼠标即可。

3) 修改图表中的数据

图表中的数据与单元格中的数据是动态链接状态,只需修改单元格中的数据,图表中的图形就会自动变化,也可以双击图表中的标题等文字,进行修改。

4）更改图表样式

选择需更改样式的图表，然后单击图表工具的【设计】选项卡的【图表样式】组中的按钮，从弹出的下拉列表框中选择一种样式即可，如图 9.26 所示。

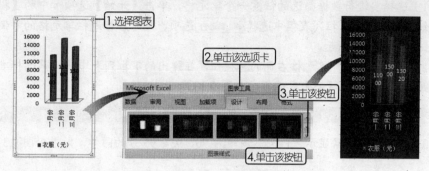

图 9.26　更改图表样式

3. 数据的排序

使用 Excel 的数据排序功能，可以使数据按数字顺序、日期顺序、拼音顺序、笔画顺序进行排序，甚至可以按用户自定义的顺序进行排列。下面以"成绩统计表"为例进行讲解，其具体操作如下：

（1）打开"成绩统计表.xlsx"（光盘：第 9 课\素材\成绩统计表.xlsx）文件，选择需进行数据排序的任意一个单元格。

（2）在【开始】选项卡中单击【排序和筛选】按钮，在弹出的下拉列表框中选择 升序(S) 选项，将总分按由高到低进行排列，如图 9.27 所示。

（3）表格中学生的考试总分将以由高到低的顺序进行排列，如图 9.28 所示。

图 9.27　选择【升序】选项　　　　　　　　图 9.28　按升序排序结果

注意：选择 自定义排序(U)... 选项，可以在打开的对话框中设置排序条件。

4. 数据的筛选

对于数据量较大的数据库，往往需要从大量的数据中按某些条件筛选出需要的数据，Excel 的数据筛选功能可以将不符合设置条件的数据记录暂时隐藏，只显示符合条件的数据记录，这在数据量较大的工作表中查询数据时十分有用。

1）自动筛选

使用自动筛选功能可以简单快速地筛选数据，下面以"成绩统计表"为例进行讲解，其具体操作如下：

（1）选择要进行数据筛选的任意一个单元格，单击【开始】选项卡中的【排序和筛选】按钮，从弹出的下拉列表框中选择 筛选(F) 选项，此时各标题栏单元格的右侧出现一个 ▼ 按钮，如图 9.29 所示。

（2）单击"语文"单元格右侧的 ▼ 按钮，在弹出的下拉列表中选择筛选标准，这里选中【90】、【93】、【95】复选框，如图 9.30 所示。

技巧： 单击 ▼ 按钮，在弹出的下拉列表中选择"升序排列"或"降序排列"时，可以对数据进行排序操作。

（3）工作表中将只显示"语文"成绩为 90、93、95 分的同学，效果如图 9.31 所示。

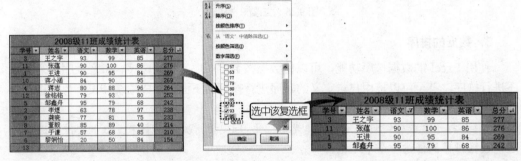

图 9.29　选择筛选标准　　　图 9.30　设置筛选条件　　　图 9.31　筛选结果

2）自定义筛选

使用自定义筛选功能可以对数据进行较为复杂的筛选，仍以"成绩统计表"为例进行讲解，其具体操作如下：

（1）选择需要进行数据筛选的任意一个单元格，单击【开始】选项卡中的【排序和筛选】按钮，从弹出的下拉列表框中选择 筛选(F) 选项，此时各标题栏单元格的右侧出现一个 ▼ 按钮。

（2）单击"数学"单元格右侧的 ▼ 按钮，从弹出的下拉列表框中将鼠标指针指向 数字筛选(F) 按钮，选择 大于或等于(O)... 选项，如图 9.32 所示。

（3）打开【自定义自动筛选方式】对话框，在右侧的数字框中输入"90"，单击 确定 按钮，如图 9.33 所示。

（4）工作表中将筛选出所有数学成绩大于或等于 90 的同学名单，如图 9.34 所示。

图 9.32　选择筛选方式

技巧： 在【自定义自动筛选方式】对话框中，还可以重新设置筛选方式，可以从右边数字框的下拉列表中选择数字。选中 ⊙ 与(A)或 ⊙ 或(O) 单选按钮，在其下方的下拉列表框中可以添加筛选条件。

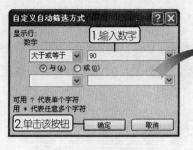

图 9.33　自定义筛选条件

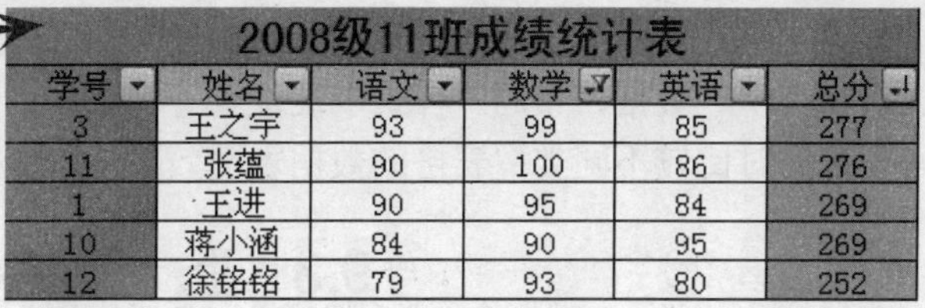

2008级11班成绩统计表					
学号	姓名	语文	数学	英语	总分
3	王之宇	93	99	85	277
11	张蕴	90	100	86	276
1	王进	90	95	84	269
10	蒋小涵	84	90	95	269
12	徐铭铭	79	93	80	252

图 9.34　筛选结果

9.2.2　典型案例——制作“2008 级 11 班成绩统计图表”

案例目标

本案例将练习在“2008 级 11 班成绩统计表”工作表中添加柱形图表，通过图表直观地显示该班 3 科成绩分数的分布情况，其最终效果如图 9.35 所示。

素材位置：【\第 9 课\素材\成绩统计表.xlsx】

源文件位置：【\第 9 课\源文件\成绩统计表-图表.xlsx】

操作思路：

（1）打开“成绩统计表”工作表。

（2）单击【插入】选项卡创建图表。

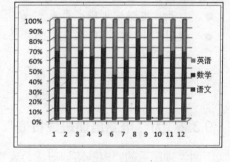

图 9.35　创建图表

操作步骤

制作成绩统计表图的具体操作如下：

（1）打开“成绩统计表”工作表，选择 C2:E14 单元格区域，如图 9.36 所示。

（2）单击【插入】选项卡，在【图表】组中单击【柱形图】按钮，在弹出的菜单中选择一种图表样式，如图 9.37 所示，即可在当前工作表旁边插入指定样式的图表。

	A	B	C	D	E	F
1	2008级11班成绩统计表					
2	学号	姓名	语文	数学	英语	合计
3	1	王进	90	95	84	
4	2	李煜	63	78	97	
5	3	王之宇	93	99	85	
6	4	蒋志	80	88	96	
7	5	邹鑫舟	95	79	68	
8	6	黎娴怡	20	50	84	
9	7	于谦	57	68	85	
10	8	董毅	85	89	40	
11	9	龚晓	77	81	75	
12	10	蒋小涵	84	90	95	
13	11	张蕴	90	100	86	
14	12	徐铭铭	79	93	80	
15	13	平均分				

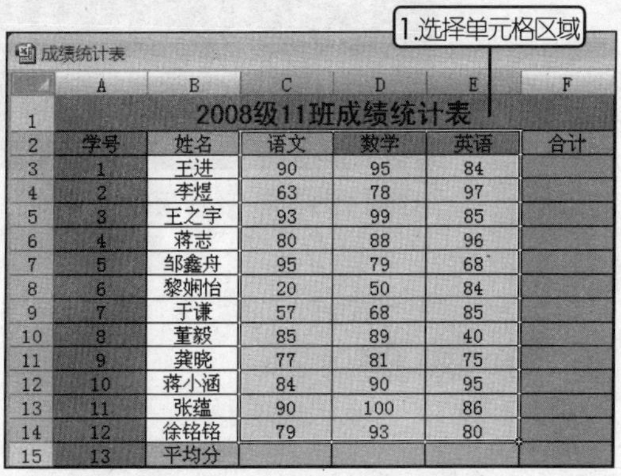

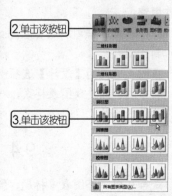

图 9.36　选择单元格区域

图 9.37　选择图表样式

案例小结

本案例主要练习了图表的创建方法。在图表工具的【设计】选项卡中，可对创建的图表进行类型、数据、布局、样式以及位置等的修改。读者可以尝试对创建的图表进行修改操作，同时比较不同类型表格的数据表现效果。

9.3 上机练习

9.3.1 在"电脑培训班成员表"中求平均年龄和排序

本次练习将为"电脑培训班成员表"中的数据进行计算、排序，最终效果如图9.38所示。

素材位置：【第9课\素材\电脑培训班成员表.xlsx】

源文件位置：【第 9 课\源文件\电脑培训班成员表.xlsx】

操作思路：

● 打开"电脑培训班成员表.xlsx"。

● 使用求平均值函数在表中的"平均"栏中计算年龄平均值。

● 对年龄进行降序排序。

电脑培训班成员表		
姓名	专业	年龄
邹鑫舟	办公应用	31
张蕴	平面设计	23
于谦	三维动画	19
徐铭铭	三维动画	19
王之宇	三维动画	21
王进	平面设计	18
李煜	平面设计	17
黎娴怡	平面设计	26
蒋志	网页制作	16
蒋小涵	网页制作	22
龚晓	办公应用	16
董毅	办公应用	25
平 均		21.08333

图9.38 计算平均数和排序

9.3.2 为"电脑培训班成员表"制作图表

下面为排序后的"电脑培训班成员表"制作图表，最终效果如图9.39所示。

素材位置：【第 9 课\源文件\电脑培训班成员表.xlsx】

源文件位置：【第 9 课\源文件\电脑培训班成员表-图表.xlsx】

操作思路：

● 打开"电脑培训班成员表.xlsx"，为其制作图表。

● 在图表工具的【设计】选项卡中设置图表布局，并更改图表样式，双击图表标题进行修改。

图9.39 电脑培训班成员年龄表

9.4 疑难解答

问：是否可以调整图表中标题、绘图区等的位置？

答：可以，调整图表的布局即可。方法是：在图表工具的【设计】选项卡的【图表布局】栏中，单击 ┬ 按钮，在弹出的下拉列表框中选择图表布局方式。

问：如何在表格中添加斜线，并且在斜线上下分别添加文字？

答：选择要添加斜线的单元格，在【设置单元格格式】对话框中单击【边框】选项卡，然后在【边框】栏中单击▨或者▧按钮，即可在所选单元格中添加斜线。在单元格中输入斜线上下需要的文字，然后分别选择文字，在【开始】选项卡的【字体】组中单击▣按钮，打开【设置单元格格式】对话框，在【特殊效果】栏中分别选中 ☑ 上标(E) 复选框和 ☑ 下标(B) 复选框即可。

问：筛选数据后，如何重新显示所有数据？

答：在工作表中的筛选数据标题栏中单击🔽按钮，在弹出的下拉列表框中选中【全选】复选框即可。

问：工作表中的图表能否隐藏？

答：可以。在有图表的工作表中按【Ctrl+6】组合键可隐藏图表，再次按【Ctrl+6】组合键则显示图表。

9.5　课 后 练 习

1.　选择题

(1) 产生图表的数据发生变化后，图表（　　　　）。

    A. 会发生相应的变化

    B. 会发生变化，但与数据无关

    C. 不会发生变化

    D. 必须进行编辑后才会发生变化

(2) 选择需输入相同数据的单元格或单元格区域，输入所需的数据后按（　　　　）组合键可在所选的全部单元格中快速输入相同数据。

    A.【Ctrl+Enter】　　　　B.【Alt+Enter】　　　　C.【Ctrl+Shift】

2.　问答题

(1) 如何在单元格中输入公式？

(2) 如何插入函数？

(3) 简述使用求和及求平均函数的操作步骤。

(4) 简述创建图表的操作步骤。

3.　上机题

使用求和函数 SUM 计算"各小组产品销售对比表"中各小组的年销售总和，结果如图 9.40 所示，然后为 A 组创建柱状图表，并调整图表的样式，效果如图 9.41 所示。

素材位置：【\第 9 课\素材\各小组产品销售对比表.xlsx】

源文件位置：【\第 9 课\源文件\各小组产品销售对比表和图表.xlsx】

提示：

(1) 打开"各小组产品销售对比表"工作表。

（2）使用 SUM 函数求各小组年销售总和。

（3）选择 A 组单元格区域。

（4）为该表格创建柱状图表。

（5）在图表工具的【设计】选项卡的【图表样式】栏中，选择一种黑底绿色柱状图。

各小组产品销售对比表		
月份 \ 小组 / A组（元）	B组（元）	C组（元）
1月	49800	51800	68700
2月	58421	56421	55871
3月	51240	61240	56840
4月	84122	84822	79522
5月	86520	76520	96220
6月	59455	57855	68755
7月	48576	49576	51576
8月	45545	55545	49845
9月	59685	48685	61680
10月	68545	98745	85145
11月	85455	99455	75455
12月	92410	82410	110024
合计	789774	823074	859633

图 9.40　给各小组计算年销售总和

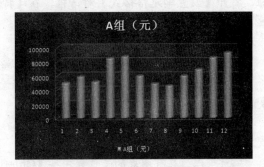

图 9.41　更换图表样式

第 **10** 课

PowerPoint 2007 基础知识

本课要点

- 认识 PowerPoint 2007
- 新建演示文稿
- 幻灯片操作

具体要求

- 认识 PowerPoint 2007 的操作界面
- 掌握新建空白演示文稿的方法
- 掌握在模板基础上新建演示文稿的方法
- 掌握幻灯片的基础编辑方法

本课导读

PowerPoint 2007 是一款功能强大的幻灯片制作软件，幻灯片集图片、文字、声音和动画于一体，可以生动、形象、准确地向观众展示产品、演示成果等，广泛应用于如教育、招商、招聘及应聘等各行各业。

- 新建演示文稿：通过模板、内容提示向导快速新建专业美观的演示文稿，如销售状况统计报告。
- 幻灯片操作：编辑幻灯片并设置版式、输入文本、插入图片以及设置背景等基本操作，如制作员工营销培训手册、教学课件等。

10.1 认识 PowerPoint 2007

PowerPoint 2007 是一款用于制作幻灯片演示文稿的软件，使用它可使您快速创建极具感染力的动态演示文稿，它广泛应用在教学、会议上等。

10.1.1 知识讲解

PowerPoint 2007 是 Microsoft Office 2007 的组件之一，下面首先介绍 PowerPoint 2007 的操作界面及各种视图模式。

1. PowerPoint 2007 的操作界面

启动 PowerPoint 2007 后，将打开如图 10.1 所示的操作界面。

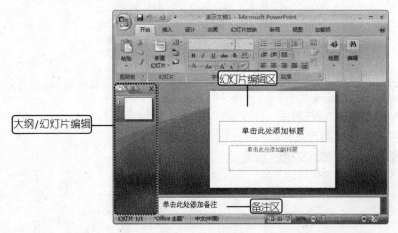

图 10.1　PowerPoint 2007 的操作界面

和其他 Office 组件一样，PowerPoint 窗口中也有 Office 按钮、快速访问工具栏、选项栏等，除此之外，PowerPoint 主窗口还可以分为大纲/幻灯片编辑区、幻灯片编辑区与备注区三部分。下面主要讲解 PowerPoint 2007 特有的部分。

- **幻灯片编辑区**：幻灯片编辑区是 PowerPoint 的核心部分，是编辑幻灯片内容的场所。通过幻灯片编辑区可以直接查看幻灯片的外观效果。
- **大纲/幻灯片编辑区**：大纲/幻灯片编辑区位于 PowerPoint 2007 窗口的左侧，包含【大纲】和【幻灯片】这两个选项卡。单击【大纲】选项卡，该列表区中将显示当前演示文稿的文本大纲；单击【幻灯片】选项卡，在该列表区中将显示当前演示文稿中所有幻灯片的缩略图，单击其中一张缩略图，可将该幻灯片在编辑区中放大显示。

注意：在【幻灯片】选项卡中可快速切换幻灯片，但无法编辑幻灯片内容；而在【大纲】选项卡中既可切换幻灯片又可对其中的文本进行编辑。

- **备注区**：备注区位于幻灯片编辑区的下方，在其中可输入必要的说明文字，如提供幻灯片展示内容的背景和细节等，使放映者能够更好地讲解幻灯片中展示的内容。

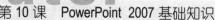

技巧：将鼠标指针移到备注区或者大纲/幻灯片编辑区的边框上，当指针变成双向箭头⇕形状时拖动鼠标，可扩大备注区或者大纲/编辑区的显示空间。

2. PowerPoint 2007 的视图模式

PowerPoint 2007 提供了 7 种演示文稿视图，如图 10.2 所示，单击【视图】选项卡的【演示文稿视图】组中的按钮，即可在各视图中相互切换。

图 10.2　【演示文稿视图】组

各视图模式的作用如下。

- **普通视图：**单击【普通视图】按钮，可切换到普通视图。普通视图是默认的视图模式，主要用于对幻灯片进行编辑。
- **幻灯片浏览视图：**单击【幻灯片浏览】按钮，可切换至幻灯片浏览视图。在该视图模式下只能浏览而不能编辑幻灯片中的具体内容。
- **备注页视图：**单击【备注页】按钮，切换到备注页视图，在该视图模式下，以整页方式查看和编辑备注页内容。
- **幻灯片放映视图：**单击【幻灯片放映】按钮或按【F5】键可切换到幻灯片放映视图，此时幻灯片将按设定的效果全屏放映。该视图模式主要用于预览演示文稿的放映情况，测试幻灯片的动画和声音等效果是否正常。在幻灯片放映过程中，按【Esc】键，可退出幻灯片放映视图。
- **幻灯片母版：**单击【幻灯片母版】按钮，切换到幻灯片母版视图，在这里可以更改母版幻灯片的设计和版式。
- **讲义母版：**单击【讲义母版】按钮，切换到讲义母版视图，在该视图模式下更改讲义的打印设计和版式。
- **备注母版：**单击【备注母版】按钮，切换到备注母版视图。

说明：常用的视图模式有普通视图、幻灯片浏览视图、备注页视图和幻灯片放映视图 4 种。

3. 设置默认视图

可以设置为默认视图的视图包括：幻灯片浏览视图、只使用大纲视图、备注视图和普通视图的变体。

设置默认视图的具体操作如下：

（1）单击 Office 按钮，在弹出的菜单中，单击 PowerPoint 选项(I) 按钮，如图 10.3 所示。

（2）打开【PowerPoint 选项】对话框，单击 高级 按钮。

（3）在【显示】栏的【用此视图打开全部文档】下拉列表框中，选择要设置为默认视图的视图，然后单击 确定 按钮。

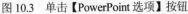

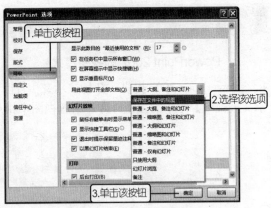

图 10.3　单击【PowerPoint 选项】按钮　　　　图 10.4　【PowerPoint 选项】对话框

10.1.2　典型案例——使用不同视图模式查看演示文稿

案例目标

本案例将使用不同的视图模式查看演示文稿，通过练习可以认识并理解不同视图模式的作用及切换方法。

素材位置：【\第 10 课\素材\种子.pptx】

操作思路：

（1）打开"种子.pptx"演示文稿。

（2）选择不同视图模式查看演示文稿。

操作步骤

使用不同视图模式查看演示文稿的具体操作如下：

（1）单击 Office 按钮，打开"种子.pptx"演示文稿，打开如图 10.5 所示的系统默认的普通视图模式。

（2）在大纲/幻灯片编辑区中单击其中一个幻灯片缩略图，在右侧的幻灯片编辑区中即可显示该幻灯片的效果，如图 10.6 所示。

图 10.5　普通视图模式　　　　　　　　　图 10.6　查看幻灯片效果

（3）单击大纲/幻灯片编辑区的【大纲】选项卡，在大纲编辑区中可对幻灯片进行查看和编辑。

（4）在选项栏中单击【视图】选项卡，然后在【演示文稿视图】组中单击 幻灯片浏览 按钮，切换到幻灯片浏览视图，可以查看演示文稿中的所有幻灯片效果，如图 10.7 所示。

技巧： 在幻灯片浏览视图中双击其中一个缩略图，可自动切换到普通视图下查看该幻灯片。

（5）单击【视图】选项卡中的 备注页 按钮，切换到备注页视图，如图 10.8 所示。

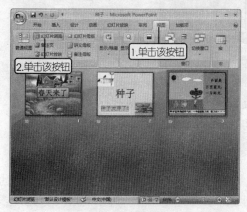

图 10.7 幻灯片浏览视图　　　　　　　　　图 10.8 查看备注页视图

（6）单击 幻灯片放映 按钮或者按【F5】键，切换到幻灯片放映视图，系统开始全屏放映幻灯片，单击鼠标右键，在弹出的快捷菜单中选择命令可控制幻灯片的放映，按【Esc】键退出放映模式。

案例小结

本案例主要练习 PowerPoint 2007 的几种视图模式的切换方法。在制作幻灯片的过程中，经常会切换各种视图模式进行查看，因此读者应重点掌握视图模式的切换方法，为后面的学习打下基础。

10.2 新建演示文稿

启动 PowerPoint 2007 后，系统会自动创建一个默认文件名为"演示文稿 1"的空演示文稿，用户可以在这个演示文稿中开始制作幻灯片，也可以根据需要自行新建演示文稿。

10.2.1 知识讲解

新建演示文稿分为新建空演示文稿、根据设计模板新建演示文稿以及根据内容提示向导新建演示文稿等，下面分别进行讲解。

1. 新建空演示文稿

新建空演示文稿的具体操作如下：

（1）单击 Office 按钮 ，在弹出的菜单中选择【新建】命令，打开【新建演示文稿】对话框。

（2）在【空白文档和最近使用的文档】窗格中单击【空白演示文稿】按钮，然后单

击 创建 按钮，即可创建一个空白演示文稿，如图 10.9 所示。

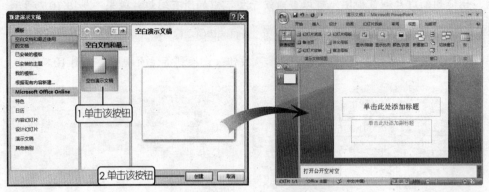

图 10.9　创建空白演示文稿

2. 根据模板新建演示文稿

PowerPoint 2007 中自带了许多设计模板，这些模板定义了演示文稿的色彩配置、背景对象、文本格式以及版式等属性。通过模板创建演示文稿后，能够使用户集中精力创建文稿的内容而不用设计文稿的版式。根据模板新建演示文稿的具体操作如下：

（1）单击 Office 按钮，在弹出的菜单中选择【新建】命令，打开【新建演示文稿】对话框。

（2）单击 已安装的模板 按钮，在【已安装的模板】窗格中单击需要的设计模板按钮，即可得到根据该模板新建的演示文稿，如图 10.10 所示。

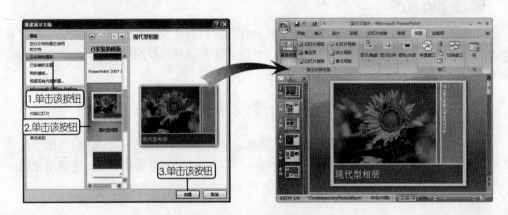

图 10.10　根据模板新建演示文稿

3. 根据已安装的主题新建演示文稿

根据已安装的主题新建演示文稿的具体操作如下：

（1）单击 Office 按钮，在弹出的菜单中选择【新建】命令，打开【新建演示文稿】对话框。

（2）单击 已安装的主题 按钮，在【已安装的主题】窗格中单击需要的主题样式按钮，即可得到根据该主题新建的演示文稿，如图 10.11 所示。

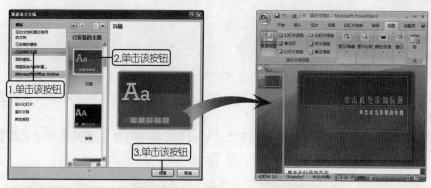

图 10.11 根据已安装的主题创建演示文稿

4. 根据相册新建演示文稿

如果要使用很多图片来制作演示文稿，可以采用插入相册的功能，这样可以快速地把需要的图片生成幻灯片，其具体操作如下：

（1）在 PowerPoint 2007 的【插入】选项卡中单击【相册】按钮，在弹出的下拉列表框中选择【新建相册】命令，打开【相册】对话框，如图 10.12 所示。

（2）单击 文件/磁盘(F)... 按钮，打开【插入新图片】对话框，从中选择需要插入的图片，单击 插入(S) 按钮，选中的图片被添加到相册列表中。

（3）单击 创建(C) 按钮，即可创建一个演示文稿，如图 10.13 所示。

图 10.12 选择【新建相册】选项

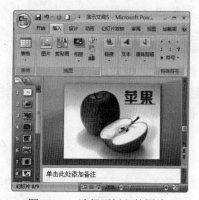

图 10.13 选择要插入的图片

10.2.2 典型案例——根据模板创建"宽屏演示文稿"

案例目标

本案例将练习使用模板新建一个"宽屏演示文稿"，主要练习根据模板创建演示文稿的具体操作和方法。

源文件位置：【\第 10 课\源文件\宽屏演示文稿.pptx】

操作思路：

（1）打开【新建演示文稿】对话框，单击 已安装的模板 按钮。

（2）选择"宽屏演示文稿"模板。

操作步骤

使用模板创建"宽屏演示文稿"的具体操作如下：

（1）启动 PowerPoint 2007，单击 Office 按钮，在弹出的菜单中选择【新建】命令，打开【新建演示文稿】对话框。

（2）单击 已安装的模板 按钮，在【已安装的模板】窗格中，单击【宽屏演示文稿】按钮。即可得到根据该模板新建的演示文稿，如图 10.15 所示。

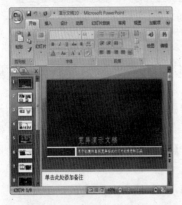

图 10.14 宽屏演示文稿

图 10.15 选择模板

案例小结

本案例根据模板新建了一个"宽屏演示文稿"，根据设计模板创建的演示文稿不但美观，而且是提高工作效率的好方法。根据模板创建了演示文稿后，只需根据提示替换自己的内容即可。

10.3 幻灯片操作

一个完整的演示文稿是由多张连续的幻灯片所组成的，对演示文稿的所有编辑操作也都是在每张幻灯片中进行的。因此，在学习制作幻灯片之前，首先需要掌握幻灯片的基本操作。

10.3.1 知识讲解

幻灯片的基本操作包括编辑幻灯片、应用版式、输入和编辑文本、插入图形对象、设置幻灯片背景等，下面分别进行讲解。

1. 编辑幻灯片

编辑幻灯片的基本操作包括选择、新建、移动、复制和删除幻灯片。

1) 选择幻灯片

选择幻灯片的操作较为简单，在普通视图的大纲/幻灯片编辑区中单击某张幻灯片即可将其选中，利用【Shift】或【Ctrl】键可以选择多张连续或不连续的幻灯片。

2) 新建幻灯片

当演示文稿中的幻灯片不足时，可在演示文稿中新建幻灯片。新建幻灯片有两种方式，一种是新建一张与上一张样式完全一样的幻灯片，一种是新建其他样式的幻灯片。

● 新建与上一张样式相同的幻灯片

其操作方法为：选择一张幻灯片，按【Enter】键或【Ctrl+M】组合键即可在该幻灯片后新建一张幻灯片，这样新建的幻灯片与上一张幻灯片的模板及样式相同，如图 10.16 所示。

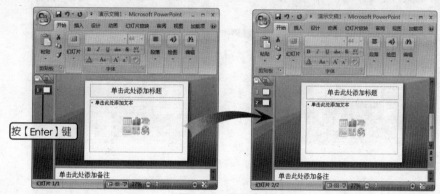

图 10.16　新建幻灯片

● 新建其他样式的幻灯片

在 PowerPoint 2007 中，单击【开始】选项卡中的【新建幻灯片】按钮，可以创建与前一张样式不同的幻灯片，其具体操作如下：

（1）在【开始】选项卡中单击【新建幻灯片】按钮。

（2）在弹出的下拉列表框中，单击其中需要的样式按钮，即可得到一个不一样的幻灯片，如图 10.17 所示。

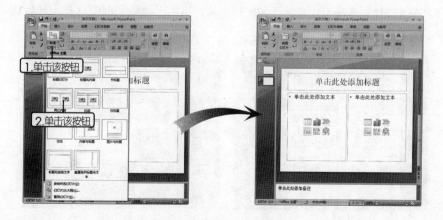

图 10.17　新建其他样式的幻灯片

3）移动/复制幻灯片

移动幻灯片的方法主要有以下两种。

- 在普通视图的大纲编辑区中，将鼠标指针移至需要移动的幻灯片图标 上，鼠标指针变成 状，按住鼠标左键不放并将其拖动到目标位置后释放鼠标即可移动该幻灯片。
- 在幻灯片浏览视图或普通视图的幻灯片窗格中选择幻灯片，然后在其上按住鼠标左键不放并拖动可移动幻灯片，如图 10.18 所示。

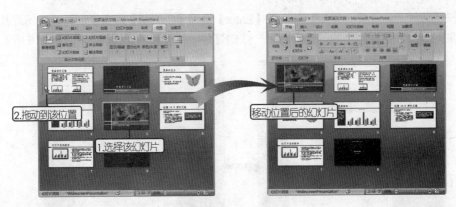

图 10.18　移动幻灯片

4）删除幻灯片

对于不需要的幻灯片，可将其删除。其方法为：在幻灯片浏览视图、普通视图的大纲/幻灯片编辑区中，选择要删除的幻灯片，按【Delete】键即可。

2．应用幻灯片版式

幻灯片版式是指幻灯片中文本、图像等元素的布局方式。使用幻灯片版式的具体操作如下：

（1）在普通视图模式下，选择要应用幻灯片版式的幻灯片。

（2）在【开始】选项卡中单击 按钮，从弹出的下拉列表框中选择一种版式，如图 10.19 所示。

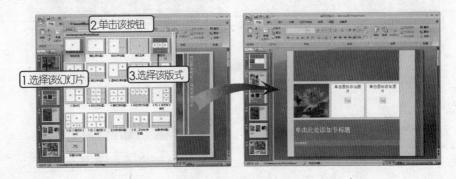

图 10.19　应用幻灯片版式

为幻灯片应用版式后，幻灯片中通常会出现带有虚线边框的占位符，它是幻灯片的重要组成部分。占位符主要分为文本占位符与项目占位符两种，如图 10.20 所示。其功能如下所述。

- **文本占位符**：文本占位符用于输入文本内容，它是一种带有虚线的边框。
- **项目占位符**：项目占位符用于插入图片、图表、图示、表格和媒体剪辑等对象。在项目占位符中有一个快捷工具箱，单击其中不同的按钮即可插入相应的对象。

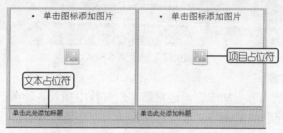

图 10.20　文本占位符和项目占位符

说明： 占位符可以看做是一个文本框，设置占位符格式的操作方法与在 Word 中设置文本框的方法相同。

3. 输入文本

在幻灯片中输入文本时，可以在幻灯片编辑区中输入和在大纲/幻灯片编辑区中输入两种方法，下面分别进行讲解。

1）在幻灯片编辑区中输入文本

在大纲/幻灯片编辑区中选择需输入文本内容的幻灯片，幻灯片编辑区中便显示出该张幻灯片，在需输入内容的文本占位符中单击，在出现的光标插入点处输入所需的文本内容。

注意： 通过移动文本占位符的位置可调整幻灯片中文本内容的位置。

2）在大纲/幻灯片编辑区中输入文本

在普通视图中，单击大纲/幻灯片编辑区中的【幻灯片】选项卡，在图标右边输入文本即可，在此输入的文本将自动显示到相应幻灯片的标题占位符中成为该张幻灯片的标题，如图 10.21 所示。

输入标题后，按【Ctrl+Enter】组合键在该幻灯片中建立下一级小标题，可输入下一级文本内容。输入完一个小标题后，按【Enter】键可建立同级别的另一个标题。

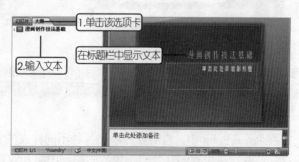

图 10.21　在大纲/幻灯片编辑区中输入文本

技巧： 将光标插入点定位于小标题中，按【Tab】键可使小标题降级，按【Shift+Tab】组合键可使小标题升级。

4．设置文本格式

PowerPoint 2007 中设置文本格式包括字体、字号、颜色以及段落格式等，只要选中要设置文本格式的文字，然后在【开始】选项卡中的【字体】栏和【段落】栏中单击相应的按钮即可，如图 10.22 所示。

图 10.22　设置文本格式

5．插入图形对象

为了使幻灯片的内容更加丰富，通常需在幻灯片中插入各种图形对象，如自选图形、图片、图表、艺术字和剪贴画等，这些对象的插入方法是相同的。

下面以在新建演示文稿中插入一幅花朵图片为例，介绍具体操作。

（1）单击 Office 按钮🔘，在弹出的菜单中选择【新建】命令，打开【新建演示文稿】对话框，单击【空白演示文稿】按钮，创建一个空白演示文稿。

（2）在【开始】选项卡中单击🔳按钮，新建一个幻灯片。

（3）单击【插入】选项卡，在【插图】组中单击【图片】按钮，如图 10.23 所示。

（4）打开【插入图片】对话框，选中一幅图片，单击 ⬚插入(S)⬚ 按钮，即可将其插入到幻灯片编辑区中，如图 10.24 所示。

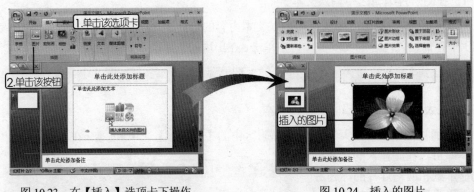

图 10.23　在【插入】选项卡下操作　　　　　图 10.24　插入的图片

> **技巧**：在幻灯片编辑区的项目占位符处有一个快捷工具箱，单击该处的【插入来自文件的图片】按钮，也可插入图片。同样，还可以插入剪贴画、表格等。

6．设置背景

在 PowerPoint 中，为幻灯片添加各种不同样式的背景后，幻灯片会更加美观。幻灯片的背景设置包括设置幻灯片的颜色、阴影、图案和纹理等。

1）使用背景样式设置幻灯片的背景

PowerPoint 2007 内置的背景样式有很多，单击某个样式即可将该样式应用到幻灯片上。不同的幻灯片主题，其内置的供选背景也不同，因此要先设置主题，其具体操作如下：

（1）在【设计】选项卡中单击【主题】组的 按钮，选择一种主题样式，如图 10.25 所示。

（2）单击【背景】栏中的 背景样式 按钮，在弹出的下拉列表框中选择某个背景样式，即可将该样式应用于所有幻灯片，如图 10.26 所示。

图 10.25　选择主题

图 10.26　选择背景样式

注意： 右键单击某个背景样式，在弹出的快捷菜单中选择【应用于所选幻灯片】命令，即可将该样式应用于当前幻灯片。

2）使用【设置背景格式】对话框设置背景

PowerPoint 2007 中除了内置了很多已经设置好的背景样式，还提供了【设置背景格式】对话框，供用户自行设置，在其中可以给幻灯片背景设置纯色填充、渐变填充，还可以设置图片和纹理填充。

下面以给当前幻灯片填充纹理背景为例，介绍其具体操作。

（1）在普通视图中，单击【设计】选项卡，然后在【背景】组中单击 按钮，如图 10.27 所示。

（2）打开【设置背景格式】对话框，选择 图片或纹理填充(P) 单选按钮后，在展开的选项中单击 按钮，在弹出的下拉列表框中选择一种纹理，如图 10.28 所示。

注意： 单击【插入自】栏下面的 文件(F)… 按钮，可以打开【插入图片】对话框，选择磁盘中保存的图片；单击 剪贴板(C) 按钮，可以将复制到剪贴板中的图像粘贴到幻灯片背景中；单击 剪贴画(R)… 按钮，可以插入剪贴画。

图 10.27　单击按钮

图 10.28　选择纹理

（3）设置纹理后，单击 图片 按钮，在展开的【图片】栏中可以为图片重新着色，也可以调整图片的亮度、对比度等，如图 10.29 所示。

（4）设置完毕后，单击 关闭 按钮，添加水珠纹理后的幻灯片背景如图 10.30 所示。

| 图 10.29　设置图片 | 图 10.30　幻灯片背景 |

说明： 如果要将背景应用到所有幻灯片中，在【设置背景格式】对话框中设置完毕后，单击 全部应用(L) 按钮即可。

10.3.2　典型案例——制作"语文研究课题评估汇报"幻灯片

案例目标

本案例将制作两张"语文研究课题评估汇报"幻灯片，第一张幻灯片是演示文稿的首页，第二张为汇报标题，完成后的最终效果如图 10.31 所示。

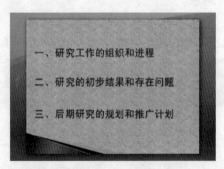

图 10.31　幻灯片最终效果图

源文件位置： 【\第 10 课\源文件\语文研究课题评估汇报.pptx】

操作思路：

（1）新建一个演示文稿。

（2）新建一张幻灯片，在其中输入文本并设置文本格式。

（3）给幻灯片设置主题。

（4）在幻灯片后新建一张幻灯片，输入内容。

（5）给幻灯片设置纹理背景。

操作步骤

制作"语文研究课题评估汇报"幻灯片的具体操作如下：

（1）启动 PowerPoint 2007，得到一个空白演示文稿，如图 10.32 所示。

（2）单击幻灯片编辑区中的标题文本占位符，输入演示文稿的标题，再单击副标题文本占位符，输入副标题。选择标题文字，在【开始】选项卡中设置字体为黑体，颜色为红色，如图 10.33 所示。

图 10.32　新建空白演示文稿

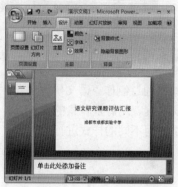

图 10.33　输入文本

（3）在【设计】选项卡中单击【主题】按钮，选择【聚合】主题样式，如图 10.34 所示。

（4）在普通视图的幻灯片/大纲编辑区中，按【Ctrl+Enter】组合键新建一张幻灯片，如图 10.35 所示。

图 10.34　选择主题样式

图 10.35　新建幻灯片

（5）将项目占位符删除，然后输入标题文字，再按住【Ctrl】键复制文本占位符，输入其他文字，如图 10.36 所示。

（6）在普通视图中，单击【设计】选项卡，然后在【背景】组中单击 按钮，打开【设置背景格式】对话框。

（7）选择 图片或纹理填充(P) 单选按钮后，在展开的选项中单击 按钮，在弹出的下拉列表框中选择一种纹理，如图 10.37 所示。

图 10.36　输入文字

图 10.37　设置背景

案例小结

　　本案例通过制作"语文研究课题评估汇报"练习了新建演示文稿和幻灯片、文本的输入和格式设置、幻灯片背景的设置等。幻灯片的背景设置有很多样式，读者在操作的过程中可尝试使用不同的样式进行练习。

10.4　上机练习

10.4.1　制作"情人节卡片设计"演示文稿

　　本次练习将制作"情人节卡片设计"演示文稿，最终效果如图 10.38 所示。主要练习使用设计模板制作演示文稿、新建幻灯片、插入图片以及输入和设置文本格式的操作。

图 10.38　"情人节卡片设计"演示文稿

　　源文件位置：【\第 10 课\素材\情人节卡片.jpg、情人节卡片 1.jpg、情人节卡片 2.jpg、情人节卡片 3.jpg】

　　源文件位置：【\第 10 课\源文件\情人节卡片设计.pptx】

　　操作思路：

- 使用设计模板"现代相册.pptx"新建一个演示文稿。
- 在第一张幻灯片中插入图片，输入文本并设置格式。
- 新建其他幻灯片，并分别插入图片，设置幻灯片切换效果。
- 保存"情人节卡片设计.pptx"演示文稿。

10.4.2　制作"公司手册"模板

本例将制作一份"公司手册"模板，其最终效果如图 10.39 所示。其中主要练习了设置幻灯片背景、添加文字并设置文本格式以及制作模板的具体操作。

图 10.39　"公司手册"模板

源文件位置：【\第 10 课\源文件\公司手册.potx】

操作思路：

- 新建空白演示文稿。
- 给幻灯片设置背景，并插入竖卷型形状。
- 输入文本，并设置文本格式。
- 将演示文稿另存为"公司手册.potx"模板。

10.5　疑　难　解　答

问：如果想将幻灯片中的文本设置为垂直方向，该如何操作呢？

答：将光标插入点定位于需要设置的文本中，单击【格式】组中的【更改文字方向】按钮▉▉▉，可将文本的方向设置为垂直方向。重新单击该按钮可使文本恢复水平排列方向。

问：如何快速将图片或媒体对象插入到幻灯片中？

答：用户一般都使用"插入"功能在幻灯片中插入图片或媒体。还有一种更快捷的方法，那就是同时打开要插入文件所在的窗口，然后将文件直接拖动到 PowerPoint 幻灯片中即可。如果同时拖动多个文件，则可以将拖动的多个文件全部插入到幻灯片中。

问：如何在插入文字后不改变占位符的大小？

答：在 Office 菜单中单击【PowerPoint 选项】按钮，打开【PowerPoint 选项】对话框，在【校对】界面中单击【自动更正选项】，在打开的【自动更正】对话框中清除【根据占位符自动调整标题文本】选项与【根据占位符自动调整正文文本】选项即可。

10.6 课后练习

1. 选择题

（1）单击幻灯片/大纲编辑区中的 □ 按钮表示（　　　），单击 ▤ 按钮表示（　　　）。

    A. 将列出组成当前演示文稿的所有幻灯片的缩略图

    B. 将显示当前演示文稿的文本大纲

    C. 关闭幻灯片/大纲编辑区

（2）视图是指 PowerPoint 演示文稿在计算机屏幕上的显示方式，PowerPoint 2007 为用户提供了多种视图方式，分别单击操作界面右下角的 ▦▦▱ 按钮，可将文稿切换至（　　　）、（　　　）和（　　　）中。

    A. 普通视图　　　　　　B. 幻灯片浏览视图　　　　　　C. 幻灯片放映视图

2. 问答题

（1）在 PowerPoint 2007 中创建演示文稿的方法有几种？简述其创建方法及特点。

（2）如何设置幻灯片背景？可以用哪些方法进行设置？试举例说明。

3. 上机题

制作一张"产品技术参数表"幻灯片，完成后的效果如图 10.40 所示。

源文件位置：【\第 10 课\源文件\产品技术参数表.pptx】

提示：

（1）使用"沉稳"主题新建演示文稿，删除副标题，输入标题。

（2）在【插入】选项卡中单击【表格】按钮，插入表格，输入内容后，使所有文字居中显示。

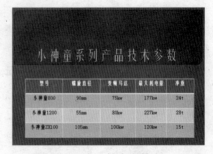

图 10.40　产品技术参数表

第11课

PowerPoint 2007 高级知识

本课要点

- 幻灯片母版的使用
- 多媒体元素的使用
- 设置幻灯片动画
- 放映幻灯片
- 打印演示文稿

具体要求

- 了解设计幻灯片母版的方法
- 掌握在幻灯片中插入视频、声音等多媒体元素的方法
- 掌握设置幻灯片动画的方法
- 掌握放映幻灯片的方法
- 熟悉打印演示文稿的方法

本课导读

前面学习了 PowerPoint 2007 的基本操作，本课将深入学习 PowerPoint 2007 的高级应用，包括幻灯片母版的设计方法与应用、在幻灯片中插入影片或声音等多媒体元素的方法、为幻灯片设置动画效果的方法、控制幻灯片放映的方法以及演示文稿的打印等。

- 幻灯片母版：利用幻灯片母版可以在演示文稿中制作具有统一标志、背景以及文本格式的幻灯片。
- 多媒体元素：在幻灯片中插入声音或视频等多媒体元素，可使幻灯片的内容更加丰富生动。
- 设置动画：使幻灯片在放映时更加生动。
- 放映幻灯片：将制作好的幻灯片进行展示，达到宣传的目的。

11.1 幻灯片母版的使用

在介绍演示文稿视图时，提到了幻灯片母版视图。幻灯片母版的作用是统一和存储幻灯片的模板信息，包括文本格式、背景图案以及动画方案等。

11.1.1 知识讲解

如果要为演示文稿中的每一张幻灯片添加相同的背景或内容，就必须为演示文稿设计一个母版。

1. 设计幻灯片母版

在设计幻灯片母版之前应先进入幻灯片母版视图，然后才能对母版进行编辑。其具体操作如下：

（1）在【视图】选项卡中单击 幻灯片母版 按钮，进入幻灯片母版视图，同时在窗口中显示【幻灯片母版】选项卡，并展开相关的选项设置，如图 11.1 所示。

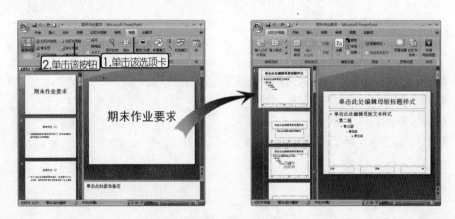

图 11.1　进入幻灯片母版视图

> 说明：幻灯片母版还分为"讲义母版"和"备注母版"两种，分别用于设置讲义及备注内容的格式。在【视图】选项卡中单击【讲义母版】按钮或者【备注母版】按钮即可切换到讲义母版或备注母版视图。

（2）在标题占位符中单击鼠标，出现光标插入点，在【开始】选项卡的【字体】组和【段落】组中设置字体的格式。使用同样的方法在正文占位符中选择需设置格式的标题级别，并将其设置为所需的格式。

（3）在【幻灯片母版】选项卡中单击 背景样式 按钮，在弹出的下拉列表框中选择 设置背景格式(B)... 选项，打开【设置背景格式】对话框，在【填充】栏中选择所需的填充色或填充纹理，如图 11.2 所示。

（4）设置完成后，单击【关闭母版视图】按钮，关闭幻灯片母版视图，可见演示文稿中的所有幻灯片都使用了设置的母版格式，如图 11.3 所示。

> 说明：PowerPoint 2007 中提供了很多设计模板，将这些模板应用于幻灯片中后，可以进入幻灯片母版视图并在模板的基础上进行修改，从而快速制作出专业美观的母版。

图 11.2 设置背景格式

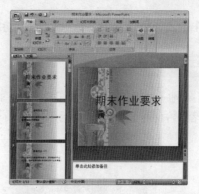

图 11.3 背景被用到每张幻灯片中

2. 在母版中添加页眉页脚

页眉可由文本或图形组成，出现在一个幻灯片的顶端；页脚出现在一个幻灯片的底端。页眉和页脚经常包括页码、章节标题、日期和作者姓名。添加后的页眉和页脚将出现在每张幻灯片中，其具体操作如下：

技巧： 默认情况下，幻灯片不包含页眉，但是您可以将页脚占位符移动到页眉位置。

（1）单击【视图】选项卡中的 幻灯片母版 按钮，打开幻灯片母版视图。

（2）单击【插入】选项卡中的 页眉和页脚 按钮，打开【页眉和页脚】对话框，如图 11.4 所示。

（3）选中 日期和时间(D) 复选框，可为幻灯片添加日期和时间；选中 自动更新(U) 单选按钮，可以自动更新添加的日期和时间；选中 固定(X) 单选按钮将激活下面的文本框，在文本框中可以输入要显示的日期和时间。

注意： 如果选中 固定(X) 单选按钮并在其下的文本框中输入显示的日期和时间后，以后打开的演示文稿中都将显示该日期和时间。

图 11.4 【页眉和页脚】对话框

（4）选中 幻灯片编号(N) 复选框可以在幻灯片的页脚位置处添加编号，当增加或删除幻灯片时，编号将会自动更新；如果选中 标题幻灯片中不显示(S) 复选框，则第一张幻灯片中将不显示编号。

（5）选中 页脚(F) 复选框，将激活其下的文本框，在该文本框中输入的内容将在幻灯片的底部显示。

（6）设置完成后，单击 全部应用(Y) 按钮可使设置应用于所有幻灯片；单击 应用(A) 按钮则只应用于当前幻灯片。

技巧： 在【幻灯片母版】选项卡中，选中 标题 和 页脚 复选框时，可直接在页眉、页脚区添加或修改内容。

11.1.2 典型案例——设置"动漫对青少年的影响"母版

案例目标

本案例将为如图 11.5 所示的"动漫对青少年的影响"演示文稿创建一个母版，使每张幻灯片都具有相同的背景、演示文稿名称和页脚，最终效果如图 11.6 所示。

图 11.5 原始演示文稿

图 11.6 应用了母版的演示文稿

素材位置： 【\第 11 课\素材\动漫对青少年的影响.pptx、卡丁车.jpg】
源文件位置： 【\第 11 课\源文件\动漫对青少年的影响.pptx】
操作思路：

（1）进入幻灯片母版编辑窗口。

（2）插入一幅图片，使其成为幻灯片背景图案。

（3）在幻灯片中插入文本框并输入文字，设置样式后放于适当位置。

操作步骤

设置"动漫对青少年的影响"母版的具体操作如下：

（1）打开"动漫对青少年的影响.pptx"文件，单击【视图】选项卡中的 幻灯片母版 按钮，进入幻灯片母版视图。

（2）在【幻灯片母版】选项卡的【背景】栏中单击 按钮，打开【设置背景格式】对话框，选中 图片或纹理填充(P) 单选按钮，然后单击 文件(F)… 按钮，在打开的对话框中选择"卡丁车.jpg"背景图片，然后缩小文本占位符的宽度，效果如图 11.7 所示

（3）单击绘图工具的【格式】选项卡中的 文本框 按钮，在幻灯片母版编辑视图中绘制一个文本框，输入"动漫对青少年的影响"，在绘图工具的【格式】选项卡的【形状样式】组中单击 按钮，从弹出的下拉列表框中选择一种样式，如图 11.8 所示。文字设置

完毕后，将其拖曳到幻灯片左边中部。

图 11.7　插入背景图片

图 11.8　选择样式

（4）内容设置完成后，单击【关闭母版视图】按钮，每张幻灯片便进行相应改动，最终效果如图 11.6 所示。

案例小结

本案例创建了"动漫对青少年的影响"幻灯片的母版，应用了母版后，该演示文稿中的所有幻灯片都将具有母版中相同的内容，使演示文稿的内容更加统一。

11.2　多媒体元素的使用

为了让幻灯片更加形象生动，可以在其中插入声音或视频等多媒体元素。

11.2.1　知识讲解

PowerPoint 2007 为用户提供了 6 种可以插入到幻灯片中的多媒体元素，分别为剪辑管理器中的影片、剪辑管理器中的声音、文件中的声音、文件中的影片、CD 乐曲和录制的声音文件。一般插入较多的是剪辑管理器和文件中的声音或影片，下面分别介绍其插入方法。

1. 支持的多媒体格式

要在演示文稿中插入声音，首先要了解 PowerPoint 2007 支持哪些多媒体格式，其支持的音频格式如表 11.1 所示。

表 11.1　PowerPoint 2007 支持的音频格式

文件格式	扩展名	更多信息
AU 音频文件	au	这种文件格式常用于为 UNIX 计算机或网站创建声音文件
MIDI 文件	mid 或 midi	用于在乐器、合成器和计算机之间交换音乐信息的标准格式
MP3 音频文件	mp3	使用 MPEG Audio Layer 3 编码器进行压缩的声音文件
Windows 音频文件	wav	这种音频文件格式将声音作为波形存储。一分钟长的声音所占用的存储空间可能仅为 644 KB，也可能高达 27 MB
Windows Media Audio 文件	wma	Microsoft 开发的一种数字音频编码方案，用于发布录制的音乐

PowerPoint 2007 支持的影片文件格式如表 11.2 所示。

表 11.2　PowerPoint 2007 支持的影片格式

文件格式	扩展名	更多信息
Windows Media 文件	asf	这种文件格式存储经过同步的多媒体数据，并可用于在网络上以流的形式传输音频和视频内容、图像及脚本命令
Windows 视频文件	avi	这是最常用的格式之一，因为很多不同的压缩的音频或视频内容都可以保存在 avi 文件中
影片文件	mpg 或 mpeg	这种文件格式是为与 Video-CD 和 CD-i 媒体一起使用而专门设计的
Windows Media Video 文件	wmv	这是一种压缩率很大的格式，它需要的计算机硬盘存储空间最小

注意： 尽管你的声音或影片文件的扩展名可能与上面列出的某个扩展名相同，但如果未安装正确的版本，或者该文件未使用您的 Microsoft Windows 版本能够识别的格式进行编码，则可能无法正确播放该文件。编码是将数据转换为由 1 或 0 组成的数字流的过程。

2. 插入剪辑管理器中的影片或声音

在 PowerPoint 2007 中，可以通过【插入】选项卡中的选项来插入剪辑管理器中的影片或声音。以插入剪辑管理器中的声音为例，其具体操作如下：

（1）单击【插入】选项卡中的【声音】按钮，在下拉列表框中选择 剪辑管理器中的声音(S)... 选项，如图 11.9 所示，在窗口右侧打开【剪贴画】任务窗格。

（2）在【结果类型】下拉列表框中显示了 Office 2007 剪辑管理器中的影片（或声音）文件，如图 11.10 所示。单击所需的文件后，会打开一个对话框，单击 自动(A) 按钮，会在开始播放幻灯片时自动播放声音，单击 在单击时(C) 按钮，那么在播放幻灯片时，单击鼠标才会播放音乐。

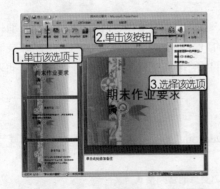

图 11.9　选择选项

图 11.10　选择音乐

注意： 单击【插入】选项卡中的【影片】按钮，在下拉列表框中选择 剪辑管理器中的影片(M)... 选项，可插入剪辑管理器中的影片。

3. 插入文件中的影片或声音

除了可以插入剪辑管理器中的影片或声音外，还可以插入文件中的影片或声音，插入

的方法与插入外部图片相似。以插入声音为例，其具体操作为：单击【插入】选项卡中的【声音】按钮，在弹出的下拉列表框中选择 📢 文件中的声音(F)... 选项，在打开的【插入声音】对话框中选择需插入的声音文件，再单击 确定 按钮即可。

4．声音的基本设置

插入声音后，单击声音图标，会显示声音工具的【选项】选项卡，在该选项卡中可以对声音进行设置，包括调整音量、设置音乐图标显示与否、声音文件的播放方式等，如图11.11 所示。

图 11.11　声音工具的【选项】选项卡

其中部分常用选项的含义如下。

- 【预览】按钮：单击该按钮，播放插入的音乐。
- 【幻灯片放映音量】按钮：单击该按钮，在弹出的下拉列表框中选择声音音量的大小，有【低】、【中】、【高】、【静音】这几个选项供选择。
- ☑ 放映时隐藏 复选框：选中该复选框，在放映幻灯片时，会隐藏声音图标。
- ☑ 循环播放，直到停止 复选框：选中该复选框，一遍播放完后，会重复播放该音乐，一直到停止播放幻灯片。
- 📢 播放声音：自动(A) ▼ 下拉列表框：单击其下拉按钮 ▼，可见有几个选项。默认选择的是 自动(A) 选项，插入的声音只会在播放当前幻灯片时才会自动播放，切换幻灯片后，声音就会消失；在下拉列表框中选择 在单击时(C) 选项，那么在单击时才会播放声音；选择 跨幻灯片播放 选项，声音就可以在其他幻灯片中播放。

11.2.2　典型案例——给"九寨风光"插入背景音乐

案例目标

本案例将给制作好的情人节贺卡添加背景音乐。

素材位置：【\第 11 课\素材\神奇的九寨.pptx、安妮的仙境.mp3】
源文件位置：【\第 11 课\源文件\神奇的九寨.pptx】
操作思路：
（1）打开需要插入声音的演示文稿。
（2）单击【插入】选项卡中的【声音】按钮将声音插入到演示文稿中。

操作步骤

给"九寨风光"插入背景音乐的具体操作如下：
（1）打开已经制作好的"神奇的九寨.pptx"演示文稿。

（2）单击【插入】选项卡中的【声音】按钮，在弹出的下拉列表中选择 文件中的声音(F)... 选项，在打开的【插入声音】对话框中选择需插入的声音文件。

（3）单击 确定 按钮，这时将打开询问对话框询问什么时候开始播放音乐，如图 11.12 所示。这里单击 自动(A) 按钮，表示在放映幻灯片时自动播放该声音文件。

（4）此时代表声音文件的 图标出现在幻灯片中，使用鼠标将其放置于幻灯片左下角。

（5）单击声音工具的【选项】选项卡，在  下拉列表框中选择 跨幻灯片播放 选项，并且选中 ☑ 放映时隐藏 复选框，完成声音的插入，最终效果如图 11.13 所示。

图 11.12　询问对话框　　　　　　　图 11.13　最终效果

案例小结

本案例练习了在幻灯片中插入声音和设置声音的方法，除了在演示文稿中插入声音，还可以插入影片，有兴趣的读者可自行练习。另外，为了不影响幻灯片的观赏，一般将声音图标放在幻灯片的角上，并设置成播放幻灯片时隐藏图标。

11.3　设置幻灯片动画

为了使幻灯片在放映时更加生动，可以为幻灯片添加一些动画效果。PowerPoint 2007 内置了很多动画效果，还可以自定义动画。

11.3.1　知识讲解

可以在幻灯片之间进行切换时设置内置幻灯片效果，也可以自定义幻灯片效果。下面分别进行讲解。

1. 切换幻灯片

切换幻灯片是指在放映幻灯片的过程中，幻灯片进入屏幕或离开屏幕时显示的一种视觉效果。设置幻灯片的切换效果可以增强演示文稿的生动性与艺术性，其具体操作如下：

（1）在大纲/幻灯片编辑区中选中要设置切换效果的幻灯片，单击【动画】选项卡，在【切换到此幻灯片】组中，可见有很多内置的幻灯片切换效果，单击 按钮，在下拉列表框中会显示所有切换效果，如图 11.14 所示。

（2）在 切换声音: 下拉列表框中，可设置幻灯片切换时的声音；在 切换速度: 下拉列表框中可选择切换速度，包括【慢速】、【中速】和【快速】3种；在【换片方式】栏中选中 ☑单击鼠标时 复选框，表示在放映幻灯片时，只有单击鼠标时幻灯片才会进行切换。

（3）设置完成后，单击 全部应用 按钮可将设置的效果应用于所有幻灯片中；单击【预览】按钮即可在幻灯片编辑区中显示设置的切换效果。

图 11.14　切换幻灯片效果

> **技巧：** 选中 ☑ 在此之后自动设置动画效果: 00:01 复选框，在其后的数值框中可设置幻灯片切换的间隔时间，这样可以让幻灯片自动进行播放。

2. 自定义动画

自己指定动画效果，可以使幻灯片和幻灯片中各项目的动画效果更加丰富生动，有个性。自定义动画的具体操作如下：

（1）选择需设置自定义动画效果的幻灯片，在【动画】选项卡中单击 自定义动画 按钮，在幻灯片编辑区的右侧打开【自定义动画】任务窗格。

（2）在幻灯片编辑区中选择需要设置动画效果的文本或对象等项目，单击【自定义动画】任务窗格中的 ☆ 添加效果 ▼ 按钮，在弹出的【添加效果】下拉列表中包含了4种设置，如图 11.15 所示，选择某种设置即可为项目添加相应的动画效果。

（3）如果对某个文本或对象添加的动画不满意，可以在动画列表框中选择需要修改的动画效果，此时会发现 ☆ 添加效果 ▼ 按钮变成 ☆ 更改 ▼ 按钮。单击该按钮，重新选择所需的动画效果即可进行修改。单击 ✕ 删除 按钮可以将选择的动画效果删除。

（4）在【修改】栏中可以设置动画的开始时间、方向及速度等属性，如图 11.16 所示。其中【开始】下拉列表框中的选项用于设置选择对象的动画效果的开始时间，【方向】下拉列表框中的选项用于设置某一对象进入屏幕的方向，【速度】下拉列表框用于设置所选择对象动画效果的速度。

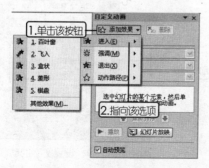

图 11.15　自定义动画

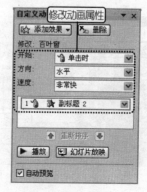

图 11.16　修改栏

（5）设置完成后，单击任务窗格下部的相应按钮查看设置的动画效果。

11.3.2 典型案例——设置"神奇的九寨"幻灯片的动画效果

案例目标

本案例将设置"神奇的九寨"幻灯片的动画效果，将幻灯片的第一页文字设置为【菱形】进入方式，另外还设置了【放大/缩小】强调方式、退出方式是【百叶窗】效果。设置完毕后，会出现相应的数字标记，代表各自的放映顺序。效果如图 11.17所示。

素材位置：【\第 11 课\源文件\神奇的九寨.pptx】

源文件位置：【\第 11 课\源文件\神奇的九寨-动画.pptx】

操作思路：

（1）选择需设置动画的幻灯片。

（2）在【自定义动画】任务窗格中依次对幻灯片中的各对象进行动画设置。

图 11.17　设置动画

操作步骤

设置幻灯片动画效果的具体操作如下：

（1）打开"神奇的九寨.pptx"文件，在【动画】选项卡中单击 自定义动画 按钮，在幻灯片编辑区的右侧打开【自定义动画】任务窗格。

（2）选择第一张幻灯片中的文字，在【自定义动画】任务窗格中单击 添加效果 按钮，在弹出的列表中选择【进入】选项下的【菱形】选项，如图 11.18所示。

（3）然后在【自定义动画】任务窗格中单击 添加效果 按钮，在弹出的菜单中选择【强调】选项中的【放大/缩小】命令为其设置缩放效果。再选择文字，用同样的方法选择【退出】选项中的【百叶窗】效果，如图 11.19所示。

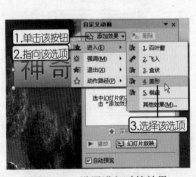

图 11.18　设置进入时的效果

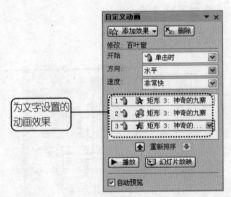

图 11.19　设置文字的动画

（4）设置完成后，幻灯片中的各对象上都出现了相应的数字，代表各自的放映顺序，单击 播放 按钮，播放该幻灯片查看效果，效果如图 11.17所示。

注意：若需调整对象的播放顺序，可在【自定义动画】任务窗格的列表框中拖动选项进行更改。

案例小结

本案例为制作的"神奇的九寨"设置了动画效果，在设置动画效果时，为幻灯片中某个对象设置多个动画效果，可使动画效果更加精彩，在放映幻灯片时将以设置的先后顺序来播放这些动画效果。

11.4　放映幻灯片

制作幻灯片的最终目的是将其放映出来。在放映之前，需要对幻灯片的放映方式、放映时的控制等进行相应的设置，并可以根据需要录制旁白。

11.4.1　知识讲解

用户除了可以设置幻灯片的动画效果之外，还可以对幻灯片放映进行整体控制，包括设置幻灯片的放映方式、自定义放映等。

1. 设置放映方式

根据不同的放映场合和放映目的，幻灯片可以有不同的放映方式。单击【幻灯片放映】选项卡，然后单击【设置幻灯片放映】按钮，如图 11.20 所示，打开【设置放映方式】对话框，如图 11.21 所示。

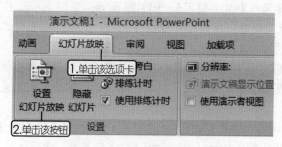

图 11.20　【幻灯片放映】选项卡

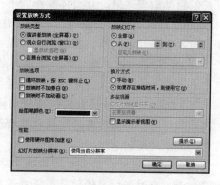

图 11.21　【设置放映方式】对话框

在该对话框的【放映类型】栏中包括 3 种类型，其具体含义如下。

● **⊙演讲者放映(全屏幕)单选按钮**：系统默认的放映方式，便于演讲者演讲。在该方式下可以手动切换幻灯片和动画，也可以在【幻灯片放映】选项卡中单击 ⊙排练计时 按钮来设置排练时间。

● **⊙观众自行浏览(窗口)单选按钮**：该种方式常用于观众自行浏览演示文稿，将使幻灯片在标准窗口中进行放映，其中包含自定义菜单和命令。

● **⊙在展台浏览(全屏幕)单选按钮**：选中该单选按钮，在不需要专人控制的情况下，将使用全屏模式循环放映幻灯片。在这种方式下，除了保留鼠标光标用于选择屏幕

对象外，其他的功能将全部失效，观众可以切换幻灯片，但不能更改演示文稿。
如果 5 分钟没有收到任何指令后会重新开始放映。

注意：选中 ⊙观众自行浏览（窗口）单选按钮，不能靠单击鼠标进行放映，只能自动放映或利用滚动条进行放映。

2．放映幻灯片

设置好放映方式后便可以开始放映幻灯片了，在【幻灯片放映】选项卡中的【开始放映幻灯片】栏中有如图 11.22 所示的几种放映方式，下面分别对其进行讲解。

图 11.22　放映幻灯片的方式

- 单击【从头开始】按钮，将从第一张幻灯片开始放映。
- 单击【从当前幻灯片开始】按钮，从当前幻灯片开始放映。
- 单击【自定义幻灯片放映】按钮，创建或播放自定义幻灯片放映，选择该方式，仅播放选择的幻灯片。

技巧：按【F5】键，可以以【从头开始】方式播放幻灯片。

3．自动放映

通过排练计时功能可以为每张幻灯片的动画效果定义具体的时间，这样就可以实现幻灯片的自动放映效果。其具体操作如下：

（1）选择需进行排练计时的幻灯片，然后单击【幻灯片放映】选项卡中的 ⊙排练计时 按钮，进入全屏放映状态，在屏幕中出现【预演】工具栏，如图 11.23 所示。

（2）系统开始自动为第一个动画效果计时。用户也可以在【幻灯片放映时间】文本框中直接输入需要播放的时间，这时【预演】工具栏中的【暂停】按钮 Ⅱ 被按下。

（3）单击【下一项】按钮 ➡ 将切换到下一个动画效果，系统又将从零开始重新为该动画效果计时。当为所有的动画效果都设置了所需的播放时间后，在【预演】工具栏的最右侧将显示所用的总时间。

（4）设置好所有动画效果的播放时间后，单击【预演】工具栏中的 ✕ 按钮或按【Esc】键将打开一个对话框，询问是否保存设置的新的排练时间，如图 11.24 所示。

图 11.23　【预演】工具栏

图 11.24　询问对话框

（5）单击 是(Y) 按钮将保存设置的时间，此时将自动切换至幻灯片浏览视图，并且每张幻灯片的下面都显示出该幻灯片在排练时所用的放映时间，如图 11.25 所示。以后放映幻灯片时将采用预演计时来进行播放。

图 11.25　显示排练时间

4．设置动作按钮

用户还可以为幻灯片设置一些动作按钮，在放映幻灯片时单击动作按钮，即可进行相应的幻灯片切换操作，设置动作按钮的具体操作如下：

（1）选择需插入动作按钮的幻灯片，单击【插入】选项卡中的【形状】按钮，在弹出的下拉列表框下端可见有一组动作按钮，单击要插入的动作按钮，如图 11.26 所示。

（2）在幻灯片中需要添加该动作按钮的地方拖动鼠标，插入该动作按钮，同时打开【动作设置】对话框，如图 11.27 所示。

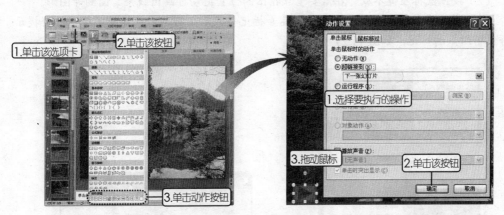

图 11.26　选择动作按钮　　　　图 11.27　【动作设置】对话框

（3）在该对话框的【单击鼠标】和【鼠标移过】两个选项卡中分别设置单击鼠标和鼠标经过时的动作，设置完成后，单击 确定 按钮。

5．放映时的控制

在幻灯片的放映过程中，如果需要对某一张幻灯片进行更多的说明和讲解，可以采用其他控制方法，例如隐藏部分幻灯片、暂停放映等。

1）放映时隐藏部分幻灯片

在放映幻灯片的过程中，可以放映部分幻灯片，而将其他的幻灯片隐藏。方法是：选择需要隐藏的幻灯片，然后在【幻灯片放映】选项卡中单击【隐藏幻灯片】按钮，即可在选中的幻灯片上制作一个标记，放映时就不会播放该幻灯片，再次单击该按钮，就可以取

消隐藏设置。

2）暂停放映

在放映幻灯片的过程中，如果需要对某些内容进行详细介绍，可以暂停幻灯片的放映。在需要暂停的幻灯片上单击鼠标右键，在弹出的快捷菜单中选择【暂停】命令即可暂停该幻灯片的放映。要再次放映该幻灯片，在弹出的快捷菜单中选择【继续执行】命令即可。

> **技巧：** 在放映幻灯片时，按【S】键或小键盘中的【+】键也可以暂停幻灯片的放映；再次按【S】键或【+】键，可以继续放映。

3）在幻灯片上做标记

对于特别重要，需要在播放时讲解的幻灯片，可以对该部分内容做标记，其具体操作如下：

（1）在放映幻灯片时单击鼠标右键，在弹出的快捷菜单中选择【指针选项】→【圆珠笔】命令，如图 11.28 所示。

> **说明：** 选择【毡尖笔】、【荧光笔】、【墨迹颜色】等命令，都可以在幻灯片中添加标记。

（2）按住鼠标左键不放，在需要重点指出的位置拖动可画出线条、圆圈等图形。

（3）在给重点部分绘制了线条或圆圈等标记符号后，当幻灯片播放完后系统会提示是否保留所做的标记，如图 11.29 所示。

图 11.28　选择命令

图 11.29　提示对话框

（4）单击 保留(K) 按钮即可将标记保留在幻灯片中，单击 放弃(D) 按钮则不会保留所做的标记。

11.4.2　典型案例——设置"展示空间设计"演示文稿的放映方式

案例目标

本案例将要求所有幻灯片都以"演讲者放映"的方式循环放映，并由演讲者手动对幻灯片进行切换，使读者学会设置幻灯片的放映方式。

素材位置：【\第 11 课\素材\展示空间设计.pptx】

源文件位置：【\第 11 课\源文件\展示空间设计.pptx】

操作思路：

（1）打开需要设置放映方式的演示文稿。

（2）在【设置放映方式】对话框中设置演示文稿的放映方式。

操作步骤

设置演示文稿放映方式的具体操作如下：

（1）打开"展示空间设计.pptx"文件，单击【幻灯片放映】选项卡中的【设置幻灯片放映】按钮，打开【设置放映方式】对话框，如图 11.30 所示。

（2）在【放映类型】栏中选中 ◉演讲者放映（全屏幕）(P) 单选按钮，在【放映选项】栏中选中 ☑循环放映，按 ESC 键终止(L) 复选框。

（3）在【放映幻灯片】栏中选中 ◉全部(A) 单选按钮，在【换片方式】栏中选中 ◉手动(M) 单选按钮。

（4）设置完成后，单击 ▭确定▭ 按钮。

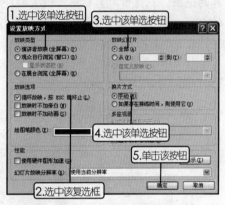

图 11.30　设置放映方式

案例小结

本案例练习了设置幻灯片放映方式的方法，在放映幻灯片的时候可以根据具体情况对放映方式进行设置。例如，在演讲的时候可以使用"演讲者放映"方式，而在商场、展览会上对某个产品做展示宣传的时候，则应使用"在展台浏览"方式。

11.5　打印演示文稿

演示文稿除了可以以幻灯片的方式放映外，还可以将其打印出来，作为讲义使用。

11.5.1　知识讲解

在打印演示文稿之前，为了保证打印质量，需要对相关的页面进行设置。

1．演示文稿页面设置

与其他文件一样，要打印演示文稿，也需要调整页面以适合纸张大小。进行页面设置的具体操作如下：

（1）打开需要打印的演示文稿，在【设计】选项卡中单击【页面设置】按钮，打开【页面设置】对话框，如图 11.31 所示。

（2）在【幻灯片大小】下拉列表框中选择所需的纸张大小，在【方向】栏的【幻灯片】栏和【备注、

图 11.31　【页面设置】对话框

讲义和大纲】栏中可设置幻灯片、备注、讲义和大纲打印在纸上时的放置方向，完成设置后单击 确定 按钮。

2．打印演示文稿

按打印需要设置好演示文稿后，就可对其进行打印了，其具体操作如下：

（1）打开需要打印的演示文稿，单击 Office 按钮，从弹出的菜单中选择【打印】命令，如图 11.32 所示，打开【打印】对话框。

（2）在【名称】下拉列表框中可选择打印机；在【打印范围】栏中可设置打印幻灯片的范围；在【份数】栏中可设置打印的份数；在【打印内容】下拉列表框中可设置打印的内容；在【颜色/灰度】栏中可设置打印的方式，包括【颜色】、【灰度】和【纯黑白】3 个选项，如图 11.33 所示。

（3）设置完成后，单击 预览(E) 按钮预览打印效果，预览无误后单击 确定 按钮进行打印。

图 11.32　选择菜单命令

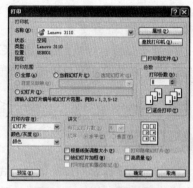
图 11.33　【打印】对话框

11.5.2　典型案例——将"展示空间设计"演示文稿打印成讲义

案例目标

本案例将练习演示文稿的打印，要求把"展示空间设计"演示文稿打印为讲义，数量为 40 份，并将打印方向设置为横向，每页的幻灯片数量为 9 张。

素材位置：【\第 11 课\素材\展示空间设计.pptx】

操作思路：

（1）打开需打印的演示文稿，对其进行页面设置和打印设置。

（2）打印演示文稿。

操作步骤

将演示文稿打印成讲义的具体操作如下：

（1）打开"展示空间设计.pptx"演示文稿，在【设计】选项卡中单击【页面设置】按钮，打开【页面设置】对话框。

（2）在【幻灯片大小】下拉列表框中选择【A4 纸张】选项，在【方向】栏的【备注、讲义和大纲】栏中选中⊙横向(L)单选按钮，如图 11.34 所示，然后单击 确定 按钮关闭对话框。

（3）单击 Office 按钮，在弹出的菜单中选择【打印】命令，打开【打印】对话框。在对话框的【打印内容】下拉列表框中选择【讲义】选项，在【讲义】栏的【每页幻灯片数】下拉列表框中选择【9】选项，在【打印份数】数值框中输入【40】，如图 11.35 所示。

（4）设置完成后，单击 预览(E) 按钮预览打印效果，确认无误后单击 打印(P)... 按钮开始打印。

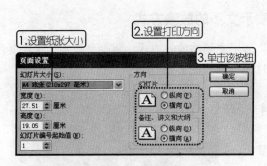

图 11.34　进行页面设置

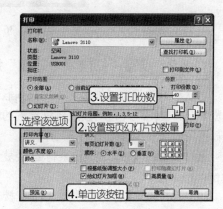

图 11.35　进行打印设置

案例小结

本案例主要练习了如何打印演示文稿，包括打印内容、打印份数及页面大小和方向等的设置，在打印时可以根据具体情况选择不同的打印方式。在实际工作和学习中，很少将演示文稿打印出来，读者只需了解打印演示文稿的方法即可。

11.6　上机练习

11.6.1　为"幼儿看图识动物"演示文稿设置动画

本次练习将为"幼儿看图识动物.pptx"演示文稿中各对象设置自定义动画，主要练习幻灯片动画设置的方法，设置完成的效果如图 11.36 所示。

素材位置：【\第 11 课\素材\幼儿看图识动物.pptx】

源文件位置：【\第 11 课\源文件\幼儿看图识动物.pptx】

操作思路：

● 打开"幼儿看图识动物.pptx"幻灯片。

● 在【动画】选项卡中设置以【垂直梳理】效果切换小猫图片。

● 在【自定义动画】任务窗格中设置幻灯片中各文字对象的动画效果。

● 分别选择其他幻灯片中的文字对象，在【自定义动画】任务窗格中设置动画效果。

进入：随机效果
退出：棋盘效果

垂直梳理切换效果

进入：飞入效果
退出：淡出时回旋效果

图 11.36　设置动画方案

11.6.2　设置"红楼梦十二钗"演示文稿的放映方式

本次练习将设置"红楼梦十二钗.pptx"演示文稿的放映方式，将类型设置为【在展台浏览】，并使幻灯片自动按照排练设置的时间进行播放。播放效果如图 11.37 所示。

素材位置：【\第 11 课\素材\红楼梦十二钗.pptx】

源文件位置：【\第 11 课\源文件\红楼梦十二钗.pptx】

操作思路：

着色效果

● 打开"红楼梦十二钗.pptx"幻灯片。

● 在【设置放映方式】对话框中设置放映方式。

● 为幻灯片进行排练计时。

图 11.37　播放效果

11.7　疑　难　解　答

问： 在演示文稿中插入声音后，无论将声音图标放在哪里似乎都影响观看幻灯片的效果，怎么办？

答： 将声音图标隐藏起来即可。方法为：双击声音图标，显示声音工具的【选项】选项卡，在该选项卡中选中 ☑ 放映时隐藏 复选框，那么在放映幻灯片时，会隐藏声音图标。

问： 除了在幻灯片中插入声音外，还可以用什么方法给幻灯片添加声音？

答： 还可以使用录音的方法为幻灯片添加效果，即单击【幻灯片放映】中的 🔊 录制旁白 按钮，打开【录制旁白】对话框，单击 确定 按钮，将在放映幻灯片的过程中进行录音。

问： 在设置幻灯片动画方案时，看到的样式很少，还有更多的样式吗？

答： 有，在【添加效果】对话框的【进入】选项的列表中，选择【其他效果】选项，在打开的对话框中即可选择更多的动画样式。

问：为幻灯片设置背景后，如何取消背景呢？

答：添加幻灯片背景后，选中要取消背景的幻灯片，在【背景样式】下拉列表框中选择 重置幻灯片背景(R) 选项即可。也可以打开【设置背景格式】对话框，单击对话框下方的 重置背景(B) 按钮来取消已经设置的幻灯片背景

11.8 课 后 练 习

1. 选择题

（1）PowerPoint 2007 中提供了（　　　）两种母版类型。

　　A. 幻灯片母版　　B. 讲义母版　　　　C. 标记母版　　　　D. 备注母版

（2）在设置幻灯片的放映方式时，PowerPoint 2007 提供了（　　）3 种放映方式。

　　A. 混合放映　　　B. 观众自行浏览　　C. 在展台浏览　　　D. 演讲者放映

（3）在 PowerPoint 2007 中打印演示文稿时，不能以（　　　）方式进行打印。

　　A. 颜色　　　　　B. 灰度　　　　　　C. 纯黑白　　　　　D. 半灰度

（4）在放映幻灯片时，按（　　　）键可从第一页开始放映。

　　A. F5　　　　　　B. Enter　　　　　　C. F2　　　　　　　D. Esc

2. 问答题

（1）幻灯片母版的作用是什么？怎样创建幻灯片母版？

（2）怎样给幻灯片设置动画效果？

（3）如何在幻灯片上做标记？

3. 上机题

制作"员工收益计划"幻灯片，包括了填充背景、输入标题文字、文本对象设置动画等操作，如图 11.38 所示。

源文件位置：【\第 11 课\源文件\员工收益计划.pptx】

提示：应用 PowerPoint 2007 中自带的"小测验短片"模板创建本幻灯片，然后给背景填充黑色背景，输入文字，再为文字设置动画效果。

图 11.38　员工收益计划

第12课
Access 2007 的使用

本课要点

- 数据库的创建
- 表的创建和使用
- 查询、窗体与报表

具体要求

- 了解数据库的组成
- 掌握创建数据库的方法
- 掌握创建表的方法
- 认识表的视图
- 熟悉表中数据的编辑方法
- 了解查询的方式
- 掌握查询、窗体和报表的创建
- 了解打印报表的方法

本课导读

本课结合计算机办公人员的实际需要，讲解了 Access 2007 在办公中较常使用的功能，其中包括数据库的构成及创建方法，数据表的创建、使用以及查询，窗体和报表的创建等知识，让读者在最短的时间内掌握 Access 2007 的基本使用方法。

- 数据库：在 Access 中创建数据库，可进行保存、修改、查询和统计等操作。
- 表：表是数据库中存储数据的主要对象，可用于存储文本、数字、日期、时间、货币类型等多种数据类型。
- 查询：利用查询可以以不同的方法来查看、编辑以及分析数据。
- 窗体：窗体是一种用于在数据库中输入或显示数据内容的数据库对象。
- 报表：报表是 Access 的重要组成部分，它是一种可视的表格类型，通过报表可以控制每个对象的显示方式和大小，并且还可以根据需要显示相应的内容。

12.1　数据库的创建

　　Access 2007 是一种包含了表、窗体、查询、报表、页、宏和模块等对象集合的关系型数据库管理系统，通过这些对象可对数据进行保存、修改、查询和统计等操作，并能设计输入界面以及生成输出报告。

12.1.1　知识讲解

　　在 Access 2007 中，创建数据库可以通过两种方式，即创建空数据库和根据模板创建数据库，下面分别进行讲解。

1．创建空数据库

　　启动 Access 2007 后，单击 Office 按钮，然后选择【新建】命令，在窗口右侧将出现【空白数据库】任务窗格，如图 12.1 所示。单击其中的【文件名】文本框右侧的浏览按钮，为新建数据库文件选择存放路径，然后在【文件名】文本框中输入新建数据库的文件名，单击 创建(C) 按钮，即可新建一个空数据库，并打开如图 12.2 所示的操作界面。

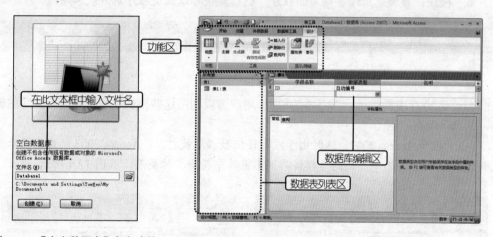

图 12.1　【空白数据库】任务窗格　　　　　图 12.2　Access 2007 操作界面

　　Access 2007 的操作界面可分为系统功能区、导航窗格、数据库编辑窗格三部分。其中功能区提供了各种数据库操作功能的按钮，导航窗格用于显示当前数据库文件中包含的所有数据表，用户可通过单击其中的表名称来打开对应的数据表，而数据库编辑窗格则是对数据表进行具体操作的区域，它在不同的视图方式下将具有不同的作用及操作方法，下面简要讲解一下创建一个数据表的常规操作方法。

　　单击功能区左侧的【视图】按钮，在弹出的下拉菜单中选择【设计视图】命令，这时数据库编辑区将切换到【设计】视图方式，该方式用于编辑数据表结构，增减数据表字段以及调整字段类型等。

　　如果要向数据表中输入记录、修改记录数据或是从数据表中删除记录，则应选择【数据表视图】。另外，还有【数据透视表视图】、【数据透视图视图】等视图方式可以更直观地显示数据库记录。

一个数据库中可以包含多种类型的数据库对象，这些对象都将出现在导航窗格中（将根据显示类型的不同被分类显示），下面对数据库中可创建的各种对象分别进行介绍。

- **表**：Access 中的表包括字段和记录，与 Excel 中的工作表作用类似，主要用于存放数据。字段中可存放一种类型的数据，记录由相互关联的数据项构成，每个数据项都用于存储特定字段的信息。
- **查询**：查询就是在数据库中查找符合条件的记录数据，可以一次更新或删除多条记录。除此之外，使用 Access 2007 制作的查询还可作为窗体和报表的记录源。
- **窗体**：窗体是输入、查看、添加或更新数据的数据库对象。通过窗体可以打开数据库中的其他窗体和报表，还可以在窗体和窗体的数据来源之间创建链接。
- **报表**：报表以用户常见的版面显示数据库中的数据，便于数据的分析及查看。在报表中可以用文本框显示名称及数值，用标签显示标题，还可用图表形式显示数据信息。
- **宏**：利用宏可将重复的操作简单化，一般包含能实现特定功能的一个或多个操作。利用宏可以自动完成某些常用的操作。
- **模块**：模块是用语言编写的程序，创建模块可以改变程序的外观和用途。

注意：要创建某个对象，可单击系统功能区中的【创建】选项卡，然后根据需要单击该选项卡中的某个类型的创建按钮，即可创建相应的对象（如：单击【报表】按钮，可创建一个新的报表对象）。

2．根据模板创建数据库

Access 2007 中提供了一些基本的模板，用户可以利用这些模板来快速完成数据库的创建，其具体操作如下：

（1）启动 Access 2007，这时由于没有任何数据库被打开，Access 2007 的界面显示情况如图 12.3 所示。选中左侧的【模板类别】窗格中某个具体类别，如图 12.4 所示。

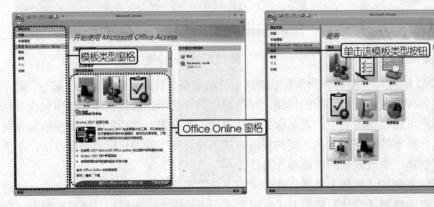

图 12.3　未载入数据库时的 Access 2007　　　　图 12.4　选择模板类型

（2）在 Access 2007 窗口中间部分的【Office Online】功能窗格中将显示已选择模板类别中包含的具体模板样式，单击其中某个具体模板名称以便将其选中，这时在 Access 2007 窗口右侧的窗格中显示该模板的样式外观，如图 12.5 所示。

（3）在【文件名】文本框中输入新创建的数据库文件名称（如需自定义保存路径，可单击该文本框右侧的 📁 按钮），然后单击 下载(D) 按钮，如果在第一步中选择的是【本地模板】类别，则此处应单击 创建(C) 按钮。

（4）待模板下载完成后，一个基于 Access 2007 既有模板的数据库便创建成功了，如图 12.6 所示，接下来就可按照与普通数据库相同的方式对其进行编辑和修改了。

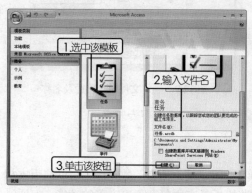

图 12.5 从模板创建数据库

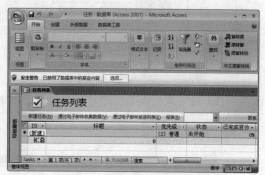

图 12.6 基于模板的数据库显示效果

12.1.2 典型案例——根据模板创建"资产跟踪"数据库

案例目标

本案例将根据模板创建"资产跟踪"数据库，主要练习怎样使用模板快速方便地创建数据库，创建后的数据库如图 12.7 所示。

源文件位置：【\第 12 课\源文件\资产跟踪.accdb】

操作思路：

（1）启动 Access 2007，单击 Office 按钮 📁，然后选择【新建】命令。

（2）选择【商务】模板类别，并利用"资产"模板创建"资产跟踪"数据库。

图 12.7 创建的"资产跟踪"数据库

操作步骤

创建"资产跟踪"数据库的具体操作如下：

（1）启动 Access 2007，单击 Office 按钮 📁，然后在弹出的下拉菜单中选择【新建】命令。

（2）在【模板类别】窗格中选中【商务】选项，然后在【Office Online】窗格中选中【资产】模板项，如图 12.8 所示，单击 Access 2007 窗口右侧【文件名】文本框旁的 📁 按钮，选择数据库文件的保存路径，然后在【文件名】文本框中输入"资产跟踪"，最后单击 下载(D) 按钮，如图 12.9 所示。

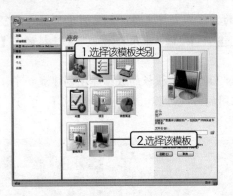

图 12.8　选择【模板】样式

图 12.9　确定文件保存路径及名称

（3）待下载完成后，创建基于"资产"模板的数据库工作即告完成。

案例小结

本案例讲解了怎样根据 Access 中自带的模板创建"资产跟踪"数据库，与以往版本相比，Access 2007 提供了更完善的模板方案，这些模板具有更复杂、更完善的功能，但通过其创建数据库的操作却变得更简单了。

12.2　表的创建和使用

Access 数据库中的表从外观上看类似于 Excel 中的工作表，也是以网格线分隔的单元格构成的，其中可以存储文本、数字、日期、时间和货币类型等多种数据类型的数据，但在每个字段中只能存放同一种类型的数据。

12.2.1　知识讲解

表是数据库中存储数据的主要对象，因此学习表的基本操作非常重要。当新建一个空白数据库后，就可根据提示新建对应的表。下面详细讲解表的创建与使用。

1．利用设计视图创建表

利用设计视图可以方便地构件表结构：为各字段设置名称、类型和说明等属性，然后再到数据表视图中输入各条记录，输入的记录将自动采用设置的格式，具体操作如下：

（1）在 Access 2007 窗口的系统功能区中单击【创建】选项卡，在对应的子区域中单击【表设计】按钮，打开设计视图，如图 12.10 所示。

（2）在【字段名称】栏中可设置表中的每一个字段，输入字段的名称后按【Enter】键，如图 12.11 所示。

（3）此时在【数据类型】栏中默认其类型为【文本】，单击其右侧的█▼按钮，在弹出的下拉列表框中可设置数据类型，如图 12.12 所示，在【说明】栏中可输入关于该字段的相关说明。

（4）在数据表设计窗口下面的【常规】选项卡中可以设置该字段的大小、是否必填字段、默认值等参数，如图 12.13 所示。

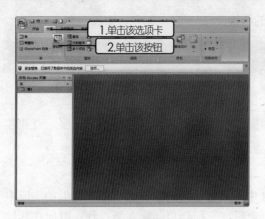

图 12.10　创建数据表

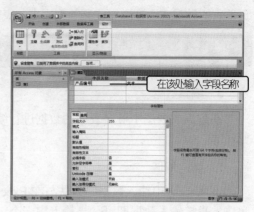

图 12.11　添加字段名称

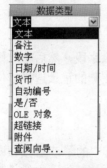

图 12.12　字段的可选数据类型

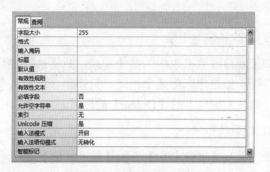

图 12.13　【常规】选项卡

（5）单击【查阅】选项卡，在其中可以设置该字段的控件类型，如图 12.14 所示。不同类型的字段具有不同的控件选项，如文本框、列表框和组合框等。

（6）选择要设为主键的字段，单击系统功能区中的【主键】按钮将其设为主键。被设为主键的字段前面会出现 标记。

图 12.14　【查阅】选项卡

（7）单击 Office 按钮 ，选择【保存】命令对创建的表进行保存。

2. 数据表视图

创建完表后，需要将数据库编辑窗口切换到数据表视图下，才能向数据表中输入记录或者对记录进行修改。视图中所有数据都以行和列的方式显示，每一行表示表中存储的一个记录，每一列表示一个字段，如图 12.15 所示。在数据表视图中不仅可以添加、编辑或查看表中的数据，还可以筛选或排序记录、

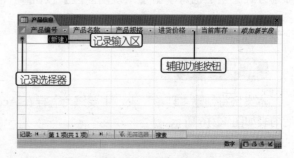

图 12.15　数据表视图

更改表的外观或通过添加或删除列来更改表的结构。

> **注意：** 首次进入该表的数据表视图，此时表中只显示一条空白记录。当在相应的字段中输入任意记录后，
> 系统将自动在下面增加一条空白记录，显示为"新建"。

3．编辑数据

在数据表视图中可对表中的数据进行编辑，包括数据的输入、修改、排序、查找和筛选等。

1）输入数据

在 Access 中输入数据的方法与在 Excel 中输入数据相同，在需要输入数据的字段中单击，直接输入数据即可。当输入完一个记录后，光标会自动跳入下一行，以便在其他记录中输入数据，但需要注意输入数据必须与当前字段的类型相匹配，否则将无法完成输入。

2）修改和删除记录

如果要修改数据表中的某个记录，只需选中要修改的记录字段，然后输入修改后的内容即可。如果想删除某个记录，只需用鼠标单击某条记录左侧的记录选择器位置将其选中，然后按键盘上的【Delete】键即可。

3）记录的排序

单击某列【字段名称】旁的【辅助功能】按钮 ，选择其中的 或 按钮即可以该字段为基准对记录进行排序；如果要取消排序结果，可单击系统功能区中的【开始】选项卡中的 按钮来清除所有排序。

4）记录的查找和筛选

打开一个表，单击系统功能区中的【开始】选项卡，然后单击其中的【查找】按钮（也可按【Ctrl+F】组合键），打开【查找和替换】对话框。在【查找内容】下拉列表框中输入要查找的内容，设置好查找范围后单击 按钮，系统便会自动把满足条件的记录显示出来。

筛选记录是指在数据表中筛选出具有相同性质的记录。先选择要筛选的字段，再单击系统功能区中的【筛选器】按钮，在弹出的快捷菜单的【筛选器】子菜单中可以选择筛选方式。当然也可单击【系统功能区】按钮 直接选择筛选方式。

12.2.2　典型案例——在设计视图中创建"订单"表

案例目标

本案例将创建"订单"表，主要练习怎样在 Access 2007 的设计视图中创建表，创建后的表如图 12.16 所示。

订单						
ID ▾	客户ID ▾	订购日期 ▾	采购单编号 ▾	配送地址 ▾	联系电话 ▾
*	（新建）					

图 12.16　创建的订单表

源文件位置：【\第 12 课\源文件\原始订单.accdb】

操作思路：

（1）在 Access 2007 中新建一个空白数据库。

（2）创建一个表，并在设计视图中编辑字段结构。

操作步骤

利用向导创建订单表的具体操作如下：

（1）启动 Access 2007，单击 Office 按钮 ，选择【新建】命令，然后单击【Office Online】窗格中的【空白数据库】按钮创建一个空白数据库，为其选择保存路径并为数据库文件命名，如图 12.17 所示。

（2）创建好数据库后，将打开数据库编辑窗口，一个新的表将自动被系统创建，单击系统功能区中的【视图】按钮，选择【设计视图】命令，在【另存为】对话框中输入新表的表名"订单"，然后单击 确定 按钮，如图 12.18 所示。

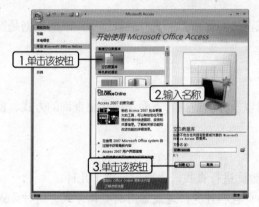

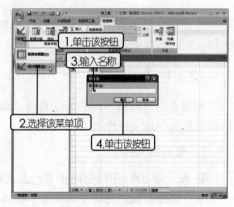

图 12.17　创建空白数据库　　　　　　图 12.18　保存表并打开设计视图

（3）打开【设计】视图后，可以看到该表中已默认包含了名为"ID"的字段。在字段名"ID"的下方单元格中定位插入点，输入新字段名"客户 ID"，并在其后的【数据类型】下拉列表框中选择【数字】类型，如图 12.19 所示。

（4）参考上一步，继续添加"订购日期"、"采购单编号"、"配送地址"、"联系电话"字段，各字段对应的数据类型分别为"日期/时间"、"文本"、"文本"、"文本"，如图 12.20 所示。

图 12.19 添加新字段并设置数据类型

图 12.20 添加其他新字段

（5）单击 Office 按钮，选择【保存】命令对表进行保存。

案例小结

本案例讲解了怎样在设计视图中创建"订单"表，在创建表的时候可以先输入各字段的名称，然后再统一对各字段的数据类型进行设置，这样有利于提高工作效率。

12.3 查询、窗体与报表

查询是在数据表中进行数据查找的方式，在 Access 数据库中，查询所生成的数据是窗体和报表的数据来源。

12.3.1 知识讲解

利用查询可以以不同的方法查看、编辑以及分析数据。下面详细介绍查询的方式、窗体和报表的创建及操作等。

1. 查询的方式

在 Access 2007 中可以用很多种方式对数据进行查找，主要包括以下几种。

● **选择查询**：选择查询侧重于数据的查找和计算，是最常用的查询方式。这种方式将按照指定的原则，从一个或多个表中获取数据，并按所需的排列方式显示。

● **参数查询**：参数查询将会在执行时显示相应的对话框以提示用户输入信息。

● **生成表查询**：生成表查询主要用于从动态集生成新表，它会将从表中删除的记录保存到历史表中，从而创建出从特定时间点显示数据的报表。

● **交叉表查询**：交叉表查询可以计算并重新组织数据的结构，这样用户可以更为方便地对数据进行分析。

● **追加查询**：追加查询主要用于将表中的记录添加到另一个表的末尾。

● **删除查询**：删除查询主要用于删除表中的一组记录，可以在追加查询后将记录从等待更新的表中全部删除。

● **更新查询**：更新查询主要用于更新表中的一组记录，这种查询可以实现用一步操

作快速改变一组记录。

2．查询的创建

创建查询的方法主要有两种，一种是使用向导创建查询，一种是利用【查询设计】功能创建查询。使用向导创建查询可以选择使用【简单查询向导】、【交叉表查询向导】、【查找重复项查询向导】和【查找不匹配项查询向导】等 4 种方式创建查询。在设计视图中创建查询的时候，则可以在打开的查询窗口中设置查询的方式。

3．窗体的创建

窗体是一种用于在数据库中输入和显示数据的数据库对象，可以将窗体用做切换面板来打开数据库中的其他窗体和报表，也可以将其作为自定义对话框接受来自用户的输入及根据输入执行操作。创建窗体也有两种方法，即在设计视图中创建和使用向导创建，创建窗体的方法与创建表基本相同，这里不再详细介绍。

4．窗体的操作

窗体中的文本框、标签之类的对象，主要用于显示和选择数据，通常被称为"控件"。窗体中大部分控件都能访问记录源中的字段，利用窗体可以查看记录源中的任何记录，也可以在记录源中插入和编辑记录。窗体的操作包括显示记录、插入记录、修改记录等。

1）显示记录

在记录选择器中单击 ◀ 或 ▶ 按钮可以向前或向后查看各条记录，而单击 ◀◀ 或 ▶▶ 按钮则可以直接跳转至第一个记录或最后一个记录。在记录选择器的文本框中输入记录的编号，再按【Enter】键即可直接查找到指定编号的记录。

2）插入和修改记录

单击记录选择器中的 ▶* 按钮可在表的末尾插入新的记录，并显示在窗体中，供用户输入信息。如果要修改某个记录，可以按【Tab】键或【Enter】键把光标移到一个文本框控件上，这时该控件中的所有内容将自动被选中，此时即可输入新的内容。

3）复制和删除记录

如果要新建与现有记录类似的记录，可对现有记录进行复制，然后再进行修改。其方法为：用鼠标右键单击窗体左侧的 ▶ 按钮，在弹出的快捷菜单中选择【复制】命令，如图 12.21 所示，然后切换到目标记录，仍然在窗体左侧单击鼠标右键，在弹出的快捷菜单中选择【粘贴】命令即可复制记录。

图 12.21　复制记录

5．报表的创建

报表是 Access 的重要组成部分，它是一种可视性的表格类型，通过它可以控制每个对象的显示方式和大小，还可以根据需要显示相应的内容。创建报表常用的方法是使用向导创建报表和利用【报表设计】功能创建报表。由于使用向导创建报表能够简便、快速地完成报表的创建，所以一般都使用向导来创建报表的框架，然后在视图中对其进行修改。

6．打印报表

制作好报表后，通常都需要将其打印出来。其方法为：先打开需要打印的报表，在报表的打印预览视图中预览报表的打印效果，确认无误后单击【开始】选项卡中的【打印】按钮，打开【打印】对话框，在其中设置打印范围及打印份数等参数，完成后单击 确定 按钮进行打印。

注意： 在报表的打印预览视图中不能看到全部的信息，也不能对信息进行更改。

12.3.2　典型案例——制作"订单"报表

案例目标

本案例将创建一个名为"订单"的报表，主要练习怎样利用向导方便地创建报表，创建的报表如图 12.22 所示。

素材位置：【\第 12 课\素材\订单.accdb】
源文件位置：【\第 12 课\源文件\订单.accdb】
操作思路：

（1）打开已经创建了表的数据库。
（2）利用向导创建产品订单报表。

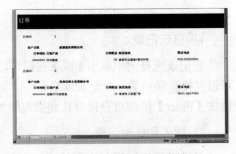

图 12.22　创建的订单报表效果

操作步骤

下面讲解如何利用向导创建报表，其具体操作如下：

（1）单击 Office 按钮 ，选择【打开】命令打开素材数据库文件"订单.accdb"。
（2）单击系统功能区中的【创建】选项卡，然后单击其中的【报表向导】按钮，打开【报表向导】对话框，如图 12.23 所示。
（3）在【报表向导】对话框的【表/查询】下拉列表框中选择【表:订单】选项，在下方左侧【可用字段】列表框中依次选中要在报表中显示的字段，并单击 > 按钮，将其添加到右侧的【选定字段】列表框中，如图 12.24 所示。
（4）在【报表向导】对话框的【表/查询】下拉列表框中选择【表:客户记录】选项，在下方左侧【可用字段】列表框中选中【客户名称】字段，并单击 > 按钮，将其添加到右侧的【选定字段】列表框中，然后单击 下一步(N) > 按钮，如图 12.25 所示。
（5）选择左侧列表框中的【通过订单】选项，再单击 下一步(N) > 按钮，如图 12.26 所示。

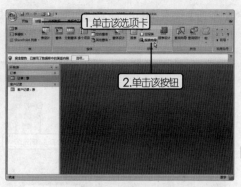

图 12.23 打开【报表向导】

图 12.24 添加【订单】表的选定字段

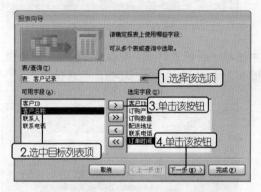

图 12.25 添加【客户记录】表的选定字段

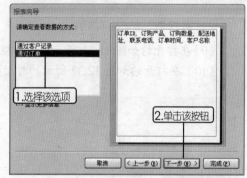

图 12.26 选择数据查看方式

（6）在【是否添加分级级别】列表框中选择【订单ID】选项，然后单击中间的 > 按钮，添加分组级别显示，如图 12.27 所示，以同样方式为"客户名称"添加分组级别，最后单击 下一步(N) > 按钮，如图 12.28 所示。

图 12.27 添加分组级别

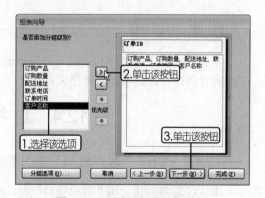

图 12.28 再次添加分组级别

（7）在打开的如图 12.29 所示的对话框中设置报表的排序方式，在【1】下拉列表框中选择【订单时间】选项，然后单击 升序 按钮，最后单击 下一步(N) > 按钮。

（8）在打开的如图 12.30 所示的对话框的【布局】设置部分选中 ⊙大纲(O) 单选按钮，在"方向"设置部分选中 ⊙横向(L) 单选按钮，然后单击 下一步(N) > 按钮。

图 12.29　确定排序次序　　　　　　　　图 12.30　设置报表布局方式

（9）在打开的如图 12.31 所示的对话框中选择一种报表样式，然后单击 下一步(N) > 按钮。

（10）在打开的如图 12.32 所示的对话框中直接单击 完成(F) 按钮，创建该报表。

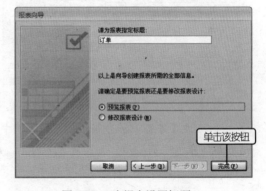

图 12.31　设置报表所用的样式　　　　　　图 12.32　为报表设置标题

案例小结

本案例主要讲解怎样利用向导创建报表，需要注意的是，在创建报表前必须已经创建了表或者查询，否则不能创建报表。

12.4　上机练习

12.4.1　创建"客户资料"表并创建查询

本次练习将创建公司"客户资料"表，并通过该表创建查询，主要练习在 Access 2007 中创建表和查询的方法，其中创建的客户资料表如图 12.33 所示。

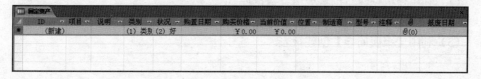

图 12.33　创建的"客户资料"表

源文件位置：【\第 12 课\源文件\客户资料.accdb】

操作思路：

- 启动 Access 2007，在【设计】视图中创建"客户资料"表，表结构参考本例素材文档。
- 使用【查询向导】功能根据创建的"客户资料"表创建查询。

12.4.2　创建基于模板的"固定资产"表

本次练习将创建基于模板的"固定资产"表，主要练习在 Access 2007 中创建基于模板的表的操作方法，"固定资产"表如图 12.34 所示。

ID	项目	说明	类别	状况	购置日期	购买价格	当前价值	位置	制造商	型号	注释		报废日期
(新建)			(1) 类别	(2) 好		￥0.00	￥0.00					ⓤ(0)	

图 12.34　创建的"固定资产"表

源文件位置：【\第 12 课\源文件\固定资产.accdb】

操作思路：

- 启动 Access 2007，新建一个名为"固定资产"的空白数据库，在系统功能区的【创建】选项卡中单击【表模板】按钮，选择【资产】命令，创建基于"资产"模板的表。
- 保存该表，命名为"固定资产"。

12.5　疑 难 解 答

问：在 Access 2007 中，可以导入其他数据库中的表吗？

答：可以。单击【外部数据】选项卡，在【导入】栏中根据要导入的外部数据的类型单击对应的导入类型按钮，然后在打开的【获取外部数据】对话框中选择要导入的数据库文件，进行相应设置后，单击 确定 按钮即可。

问：为什么设置字段为数字类型后，表中有数字出现呢？

答：这是因为在设计视图中设计表时为该字段设置了默认值。在设计视图中选择设置的字段，在【字段属性】中将【默认值】文本框中的数据删除即不会再出现这种情况。

12.6 课后练习

1．选择题

（1）Access 2007 的操作界面可分为（　　　）、（　　　）和（　　　）3 部分。

    A. 系统功能区　　　B. 导航窗格　　　　C. 数据库编辑窗格　　　D. 任务窗格

（2）（　　　）以用户常见的版面显示数据库中的数据，便于数据的分析及查看。

    A. 宏　　　　　　　B. 报表　　　　　　C. 窗体　　　　　　　　D. 页

（3）使用（　　　）可以计算并重新组织数据的结构，这样可以更加方便地分析数据。

    A. 交叉表查询　　　B. 参数查询　　　　C. 更新查询　　　　　　D. 追加查询

2．问答题

（1）创建数据库有哪几种方法？

（2）什么是查询？有何功能？在 Access 中主要有哪些查询方式？

（3）简述怎样使用向导创建报表？

3．上机题

（1）利用模板创建"销售渠道"数据库。

（2）根据本课创建的订单表，创建它的查询。

（3）利用【报表向导】创建报表。

第13课

Outlook 2007 的使用

本课导读

Outlook 的主要作用是用于电子邮件或其他日志的信息管理。本课主要讲解 Outlook 2007 的基础知识和基本操作，包括账户的添加、邮件的发送和接收、联系人的创建和使用、约会和会议的设置、日记和便笺的使用等知识。通过对本课的学习，读者可以掌握 Outlook 的基本用法，并利用 Outlook 管理信息。

- 电子邮件：通过添加新的账户收发电子邮件，并对电子邮件进行处理。
- 联系人：利用该功能可将某个联系人的相关信息集中在一起，便于查看。
- 日历：通过设置约会和会议，合理地安排一天或几天的工作日程。
- 日记和便笺：通过创建日记和便笺，可以很方便地查看在某一段时间里做过的事情。

13.1 电子邮件

Outlook 2007 作为一个电子邮件信息管理软件，它提供了电子邮件的发送、接收和转发等功能，方便用户及时有效地使用和管理电子邮件。接下来我们来学习如何运用这些功能来有效地使用和管理电子邮件。

13.1.1 知识讲解

Outlook 2007 除了具备发送和接收电子邮件的基本功能，它还有对电子邮件进行全面处理的功能。我们在用 Outlook 2007 收发电子邮件前，必须先建立一个电子邮件账户。

1. 添加账户

在 Outlook 2007 中添加新账户的具体操作如下：

（1）选择【工具】→【账户设置】命令，打开【电子邮件账户】对话框，如图 13.1 所示。

（2）在【电子邮件】选项卡中，单击 新建(N)… 按钮，打开【选择电子邮件服务】对话框。

（3）选择新建邮件账户的服务器类型，一般来说，用户申请的免费邮箱的服务器类型都是 POP3，所以这里选中 Microsoft Exchange、POP3、IMAP 或 HTTP(M) 单选按钮，单击 下一步(N) > 按钮，如图 13.2 所示。

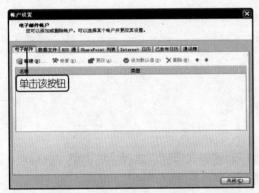

图 13.1　设置电子邮件账户

图 13.2　选择服务器类型

（4）打开【自动账户设置】对话框，在相应的服务器设置栏中填写相关账户信息，如图 13.3 所示，然后单击 下一步(N) > 按钮。

> **注意：** 如果用户不知道自己所使用的邮件服务器的具体信息，可到申请邮箱的网站上查询。比如查询新浪邮箱的邮件服务器，可以在新浪网的邮箱设置页面中，单击 邮箱帮助 超链接，然后单击【免费邮箱 pop3 和 smtp 服务器是什么？】超连接，即可查询到新浪邮件服务器的具体信息。

（5）打开【联机搜索您的服务器设置】对话框，电脑将自动进行服务器的配置，如图 13.4 所示。

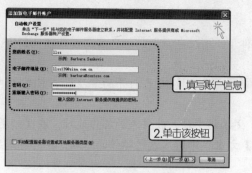

图 13.3　设置邮件账户信息

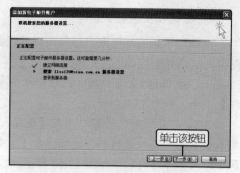

图 13.4　配置服务器设置

（6）如果电脑在自动配置服务器第 2 步"搜索*服务器设置"失败时，可单击【下一步】按钮，电脑将对服务器进行非加密设置，如图 13.5 所示。

（7）POP3 电子邮件账户配置成功，单击 完成 按钮，如图 13.6 所示。

图 13.5　配置服务器设置

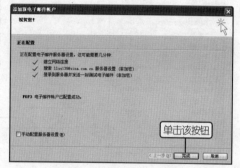

图 13.6　邮件账户设置成功

（8）返回电子邮件账户，在【电子邮件】选项卡中显示新账户添加成功，如图 13.7 所示。

（9）系统收到 Outlook 2007 发出的测试邮件，表明用户可以使用电子邮件的各项功能进行邮件的收发与管理了，如图 13.8 所示。

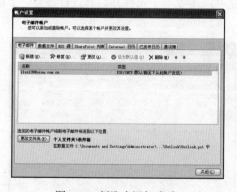

图 13.7　新账户添加成功

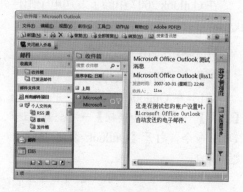

图 13.8　收到测试邮件

2．新建和发送电子邮件

在添加了新的邮件账户后就可以发送邮件了，不过在发送邮件之前需要新建一封电子邮件，其具体操作如下：

（1）在 Outlook 窗口的工具栏中单击 新建(N) 下拉按钮，在打开的下拉菜单中选择【邮件】命令，如图 13.9 所示。

（2）打开新邮件的窗口，在【收件人】文本框中输入收件人的邮件地址；在【抄送】文本框中输入要抄送的邮件地址；在【主题】文本框中输入发送邮件的标题；在邮件编辑区中输入邮件的内容，如图 13.10 所示。

（3）邮件内容输入完成后，单击工具栏上的【发送】按钮，即可发送新建的邮件。

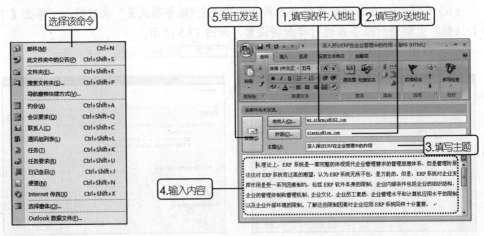

图 13.9 选择【邮件】命令　　　　图 13.10 建立新邮件

说明： 邮件的收件人和抄送地址可以不止一个，根据需要可以发送给多个人。注意每个收件人的电子邮箱地址之间必须用英文状态的"；"或"，"分隔开，否则系统不予识别。

3．接收和答复电子邮件

在 Outlook 2007 中除了发送电子邮件外，还可以接收电子邮件并对其进行答复。下面我们将对其进行详解。

1）接收并阅读电子邮件

接收电子邮件的具体操作步骤如下：

（1）在 Outlook 2007 窗口中，选择【工具】→【发送和接收】→【全部发送/接收】命令，打开【Outlook 发送/接收进度】窗口。

（2）在该窗口中可以看到正在接收的新邮件进度，如图 13.11 所示。

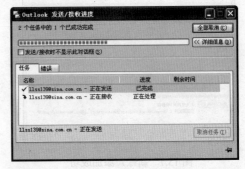

图 13.11 【Outlook 发送/接收进度】对话框

（3）接收完成后，系统将自动关闭进度窗口，在【收件箱】窗格中单击想要阅读的邮件主题，邮件内容则会显示在右边的窗

格中，如图 13.12 所示。

> **说明：** 系统接收到的邮件将一直保存在收件箱中，双击收件箱中想要查看的主题，就可以查看邮件的具体内容。

2）答复电子邮件

在阅读完邮件的内容后，可以对该邮件进行答复，其具体操作如下：

（1）在收件箱中选择要答复的邮件，单击工具栏中的 [答复(R)] 按钮。

（2）可以看到，在打开的答复窗口的【收件人】文本框中将自动显示发件人的邮件地址，在【主题】文本框中原邮件主题前自动加上"答复"字样。在邮件编辑区中自动空出两行用于填写答复内容，同时在原邮件内容和答复区域用横线分隔开，以示区分，如图 13.13 所示。

> **说明：** 由于在邮件编辑区中包含了原邮件的内容，在进行邮件的答复之前，可以先将邮件编辑区中原邮件内容删除，然后再输入答复的内容。

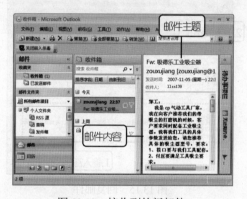

图 13.12　接收到的新邮件

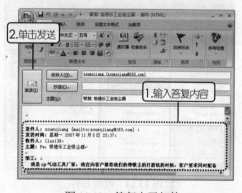

图 13.13　答复电子邮件

> **注意：**【收件人】和【主题】栏中的内容都可以重新输入，如果是答复接收邮件的相关内容，则可以采用自动生成的内容。

（3）输入要答复的内容后，单击【发送】按钮即可发送所答复的邮件。

13.1.2　典型案例——接收朋友的邮件并答复

案例目标

本案例将利用 Outlook 2007 接收朋友的邮件并答复，来练习怎样接收和答复邮件。

操作思路：

（1）在 Outlook 2007 中添加一个新账户。

（2）利用新账户接收和答复邮件。

操作步骤

利用 Outlook 2007 接收朋友的邮件并答复，其具体操作如下：

（1）启动 Outlook 2007，然后选择【工具】→【电子邮件账户】命令，打开【电子邮件账户】对话框，添加一个新账户。

（2）在 Outlook 2007 窗口中，选择【工具】→【发送和接收】→【全部发送/接收】命令。

（3）在打开的【Outlook 发送/接收进度】对话框中，可以看到正在接收的新邮件，接收完成后自动关闭该对话框。

（4）接收到的新邮件内容显示在邮件窗口中，在【收件箱】窗格中显示接收到的新邮件主题，如图 13.14 所示，双击主题则可以查看该邮件的详细内容。

（5）在工具栏中单击 答复(R) 按钮，打开如图 13.15 所示的窗口，在该窗口中输入答复的内容，单击 发送(S) 按钮，即可发送所答复的邮件。

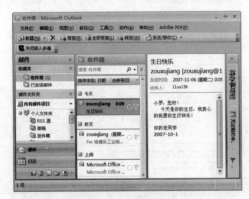

图 13.14　收取邮件

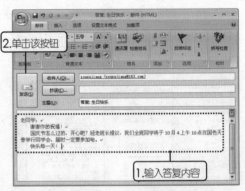

图 13.15　回复邮件

案例小结

本案例讲解了利用 Outlook 2007 接收和答复电子邮件的方法，在接收邮件之前需要添加一个自己的账户，然后才能接收邮件并对邮件进行处理。答复邮件的时候，在工具栏中单击 答复(R) 按钮，可以答复【发件人】和【抄送】文本框中的全部收件人。单击 转发(W) 按钮，则可以将收到的邮件转发给其他人。

13.2 联 系 人

Outlook 2007 提供了更为完备的【联系人】功能，可以更加方便地记录并显示联系人的相关信息，如姓名、电话号码、联系地址、邮政编码和电子邮件等。

13.2.1　知识讲解

【联系人】功能可将某个联系人的相关信息集中在一起，存储到联系人数据库中。存储的联系人可以用名片、地址卡、详细地址卡、电话列表等形式来显示联系人的基本信息，

方便用户随时掌握联系人的情况。

1. 创建联系人

要使用【联系人】功能，首先必须创建联系人。对于经常要联系的人，可在"联系人"文件夹中为其创建一个项目，分类管理。其具体操作如下：

（1）在 Outlook 窗口中单击 邮件 按钮，在工具栏中单击 新建(N) ▾ 下拉按钮，从打开的下拉菜单中选择【联系人】命令，打开【未命名-联系人】窗口。

（2）在打开的窗口中输入联系人的相关信息，如图 13.16 所示

（3）所有信息输入完成后，在工具栏中单击 保存并新建 按钮，新创建的联系人信息将会自动保存在数据库中，并在【联系人】视图中显示，如图 13.17 所示。

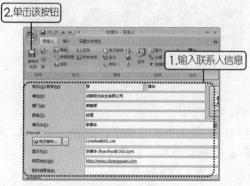

图 13.16　输入相关信息

图 13.17　创建的联系人信息

2. 使用联系人

联系人创建好后，可直接在邮件的地址栏中运用通讯簿功能选取联系人，方便快捷地添加收件人地址，避免因收件人地址错误而导致发件失败或误发，具体操作如下：

（1）在 Outlook 中创建一个新邮件，在新邮件窗口中，单击 收件人(O)... 按钮，打开联系人通讯簿，在联系人区域中双击要联系的人，如图 13.18 所示。

（2）单击 确定 按钮，系统自动将所选的联系人添加到收件人地址栏中，如图 13.19 所示，用户可按照前面所讲的方法编辑此封邮件并发送。

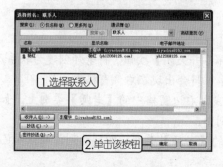

图 13.18　选择联系人

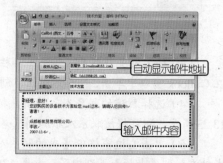

图 13.19　输入邮件内容

注意：如果用户需要将此邮件抄送给相关人员，可以按照上面的方法添加联系人。

13.2.2　典型案例——将老师创建为联系人

案例目标

本案例练习创建联系人的方法，创建后的联系人信息将显示在视窗中，如图13.20所示。

操作思路：

（1）在【未命名-联系人】窗口中输入老师的信息。

（2）保存输入的信息，联系人信息出现在【联系人】视图中，然后添加到"老师"类别中。

图13.20　将老师创建为联系人

操作步骤

根据操作思路，下面创建联系人，其具体操作如下：

（1）在Outlook窗口中单击 [邮件] 按钮，然后单击工具栏中的 [新建(N)▾] 按钮，从打开的下拉菜单中选择【联系人】命令，打开【未命名-联系人】窗口，如图13.21所示。

（2）在该窗口中输入同学的所有相关信息，如图13.22所示。

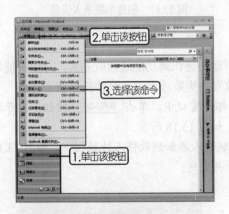

图13.21　新建联系人窗口

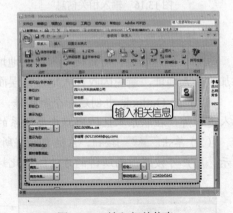

图13.22　输入相关信息

（3）输入相关信息后，单击工具栏中的【保存并关闭】按钮，将老师创建为联系人。在Outlook窗口中单击 [联系人] 按钮，创建的联系人将会出现在右侧窗格中。

（4）选择新建的联系人，使用鼠标将其拖曳到右边窗格中的【老师】类别上，如图13.23所示，即可将该联系人添加到【老师】类别中。

（5）单击左边窗格中【我的联系人】栏中的【老师】类别，即可看到该联系人已经成功添加到【老师】类别中了，如图13.20所示。

说明： Outlook 2007中还可以按颜色分类，在联系人名上单击鼠标右键，从打开的快捷菜单中选择"类别"命令，即可在打开的子菜单中看见很多颜色类别，选择其中之一即可，如图13.24所示。

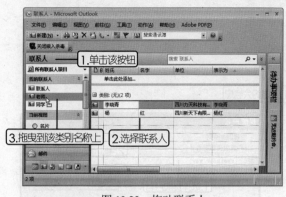

图 13.23　拖动联系人

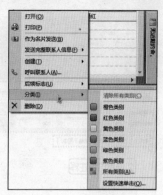

图 13.24　按颜色分类

案例小结

本案例讲解了怎样将一位老师创建为联系人，通过案例练习了联系人的创建和分类方法。为便于管理，应创建联系人并将其添加到相应的列表中，如"同学"。

13.3　日　历

使用 Outlook 2007 提供的【日历】功能，可以合理地安排工作日程，例如安排会议、安排约会等。

13.3.1　知识讲解

日历主要有会议和约会这两种项目，不同的日历项目具有不同的特点和用途，下面分别讲解怎样设置约会和会议。

1．设置约会

在 Outlook 中设置约会可以提醒自己准时参加约会，其具体操作如下：

（1）在 Outlook 2007 的窗口中单击 日历 按钮，再单击工具栏上的 新建(N) 按钮，在打开的下拉菜单中选择【约会】命令，如图 13.25 所示，打开【约会】窗口，如图 13.26 所示。

（2）在窗口的【主题】文本框中输入约会的主题，在【地点】文本框中输入约会的地点，在【开始时间】和【结束时间】下拉列表框中选择约会开始和结束的日期与时间。

（3）在 15 分钟 下拉列表框中选择提醒的时间，并单击该下拉列表中的 声音... 按钮，打开【提醒声音】对话框，在其中选择提醒的声音，如图 13.27 所示，单击 确定 按钮返回【约会】窗口。

图 13.25　选择【约会】命令

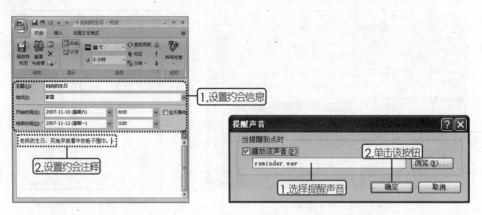

图 13.26　设置【约会】信息　　　　　图 13.27　设置提醒声音

（4）在窗口下面的文本框中可以输入有关这个约会的注释。

（5）设置完成后，单击【保存并关闭】按钮即可。

2. 设置会议

【日历】中的设置会议功能，可以很方便地给全部要参加会议的人员发送邮件，同时也可以设置提醒自己参加会议的时间，设置会议提醒的具体操作如下：

（1）在 Outlook 窗口中单击 日历 按钮，然后单击工具栏上的 新建(N) ▾ 按钮，在打开的下拉菜单中选择【会议要求】命令。

（2）打开【会议】窗口，如图 13.28 所示，在窗口的【收件人】文本框中输入收件人的邮件地址，在【主题】文本框中输入会议的主题，在【地点】文本框中输入会议的地点，在【开始时间】和【结束时间】下拉列表框中选择会议开始和结束的日期与时间。

图 13.28　【会议】窗口

（3）在 15 分钟 下拉列表框中选择提醒的时间，并单击该下拉列表中的 声音... 按钮，打开【提醒声音】对话框，在其中选择提醒的声音，该对话框和设置约会的提醒声音对话框一样。在其中选择提醒会议的声音，单击 确定 按钮返回【会议】窗口。

（4）在窗口下面的文本框中可以输入有关会议的注释。

（5）设置完成后，单击 发送(S) 按钮即可。

> **注意：** 会议时间的状态分为无消息、忙、暂定和外出 4 种，它们在日历中显示的颜色不一样。"忙"的时间用深蓝色标识，"外出"用紫色标识，"无消息"用白色标识，"暂定"用蓝白相间标识。

13.3.2　典型案例——设置约会提醒

案例目标

本案例将利用 Outlook 提供的【日历】功能设置约会提醒，主要练习怎样使用约会提醒中的提醒功能，并设置提醒声音。

操作思路：

（1）在 Outlook 2007 中设置约会提醒。

（2）在【提醒声音】对话框中设置提醒的声音。

操作步骤

设置约会提醒的具体操作如下：

（1）在 Outlook 窗口中单击 日历 按钮，然后单击工具栏上的 新建(N) 按钮，在打开的下拉菜单中选择【约会】命令，打开【约会】窗口。

（2）在窗口的【主题】文本框中输入约会的主题，在【地点】文本框中输入约会的地点，在【开始时间】和【结束时间】下拉列表框中选择约会开始和结束的日期与时间，如图 13.29 所示。

（3）在 15分钟 下拉列表框中选择提醒的时间，并单击该下拉列表中的 声音... 按钮，打开【提醒声音】对话框，在其中选择提醒的声音，如图 13.30 所示。单击 确定 按钮返回【约会】窗口。

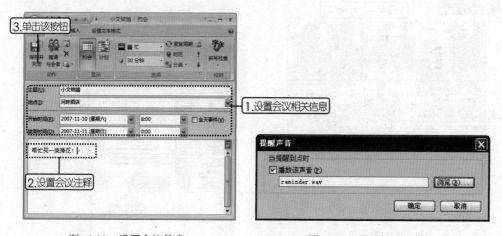

图 13.29　设置会议信息　　　　图 13.30　设置提醒声音

（4）在窗口下面的文本框中可以输入有关约会的注释。

（5）设置完成后，单击【保存并关闭】按钮即可。

案例小结

本案例主要讲解了怎样设置约会提醒，在【提醒声音】对话框中单击 浏览(B)... 按钮，可在打开的【提醒声音文件】对话框中设置自己喜欢的声音作为提醒声音。

13.4 日记和便笺

使用 Outlook 2007 提供的【日记】和【便笺】功能，用户就可以在 Outlook 2007 中写日记了，还可以使用【便笺】功能将工作中需要注意或有疑问的地方记录下来。

13.4.1 知识讲解

通过创建日记和便笺，可以很方便地查看在一段时间里做过的事情。下面讲解创建日记和便笺的具体方法。

1. 创建日记

创建日记的具体操作如下：

（1）在 Outlook 2007 窗口的工具栏中，单击 新建(N) 按钮，在打开的快捷菜单中选择【日记条目】命令，打开【日记条目】对话框。

（2）设置日记条目的【主题】、【条目类型】、【开始时间】、【持续时间】和【日记内容】等，如图 13.31 所示。

（3）设置完毕后，单击工具栏上的【保存并关闭】按钮，保存该日记条目。

（4）在 Outlook 2007 窗口中，单击【前往】选项卡，从打开的下拉菜单中选择【日记】命令，在打开的对话框中单击 否(N) 按钮，即可在 Outlook 窗口中看到创建的日记，如图 13.32 所示。

（5）双击该日记图标，可以打开该日记并查看内容。

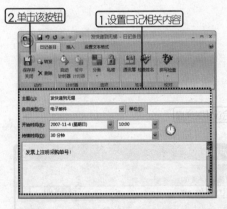

图 13.31 设置日记条目的相关内容

图 13.32 创建的日记

2. 创建便笺

创建便笺的方法与创建日记相似，其具体操作如下：

（1）在 Outlook 窗口中单击 按钮，然后单击工具栏中的 新建(N) 按钮，在打开的下拉菜单中选择【便笺】命令。

（2）打开一个浮动【便笺】窗口，在该窗口中输入便笺的内容，如图 13.33 所示。

（3）便笺内容输入完毕后，单击 按钮关闭窗口。此时在【便笺】窗口中出现创建的便笺，如图 13.34 所示。

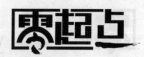

图 13.33　输入便笺的内容

图 13.34　【便笺】窗口

13.4.2　典型案例——创建工作日记

案例目标

本案例将创建工作日记，将练习使用 Outlook 2007 创建日记的方法，创建完成的工作日记如图 13.35 所示。

操作思路：

（1）在 Outlook 2007 中创建日记条目。

（2）在【日记】窗口中查看工作日记。

操作步骤

创建工作日记的具体操作如下：

（1）在 Outlook 2007 窗口的工具栏中单击 新建(N) 按钮，在打开的快捷菜单中选择【日记条目】命令，打开【日记条目】对话框。

（2）在【日记条目】对话框的【主题】文本框中输入主题内容，在【条目类型】下拉列表框中选择【传真】选项，在【开始时间】和【持续时间】下拉列表框中设置时间，在下面的文本框中输入日记内容，如图 13.36 所示。

图 13.35　创建完成的日记

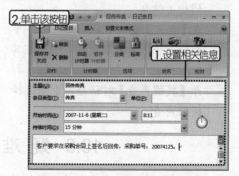

图 13.36　设置日记条目相关内容

（3）设置完成后，单击工具栏中的【保存并关闭】按钮，保存该日记条目。

（4）双击 Outlook 窗口中创建的日记，即可查看该日记。

案例小结

本案例练习了创建工作日记的方法，将工作中自己的心得体会或者遇到的问题记录在日记中，有助于提高自己的工作能力。在【日记】窗口中除了可以查看日记外，双击创建的日记，还可以对日记内容进行修改。

13.5 上机练习

13.5.1 在 Outlook 中添加账户并发送邮件

本次练习将在 Outlook 中添加账户并发送邮件，主要练习在 Outlook 中添加账户的方法以及利用添加的账户创建和发送邮件。

操作思路：

- 选择【工具】→【账户设置】命令，然后根据向导添加账户。
- 在 Outlook 窗口中单击工具栏中的 [新建(N) ▾] 按钮，在打开的下拉菜单中选择【邮件】命令，在打开的【未命名的邮件】窗口中创建邮件。
- 单击【发送】按钮发送电子邮件。

13.5.2 设置会议提醒

本次练习将设置会议提醒，主要练习在 Outlook 中设置会议并为会议建立提醒。给会议设置了提醒后，将在日历中显示出来，如图 13.37 所示。

操作思路：

- 在 Outlook 2007 窗口中单击 [日历] 按钮，然后单击工具栏中的 [新建(N) ▾] 按钮，在打开的下拉菜单中选择【会议要求】命令。
- 在打开的【会议】窗口中设置约会的相关信息。
- 在【会议】窗口中的 [提醒 15 分钟] 下拉列表中选择提醒时间，然后在其下拉列表中单击 [声音...] 按钮，打开【提醒声音】对话框，重新选择提醒声音。

图 13.37　设置会议提醒

13.6 疑 难 解 答

问： 在 Outlook 2007 中可以将一封邮件同时发送给多个用户吗？具体怎样操作？

答： 可以。在【收件人】文本框中直接输入多个用户的邮箱地址，每个地址之间用逗号隔开，这样就能够将一封邮件同时发送给多个用户。

问：如果想发送一个文件给收件人，该怎样操作呢？

答：在写邮件窗口中单击【插入文件】按钮 ，在打开的【插入文件】对话框中选择需要发送的文件，然后单击 插入(S) 按钮，在窗口的【附加】文本框中将显示插入的文件，然后按照发送邮件的方法发送即可。

问：在 Outlook 中可以打印邮件中的内容吗？

答：可以。在收件箱中选择需要打印的电子邮件，单击工具栏中的【打印】按钮 即可将该邮件内容打印出来。

13.7　课后练习

1．选择题

（1）在使用 Outlook 2007 发送电子邮件前，必须先建立一个（　　），这样才能进行邮件的发送及收取。

A．电子邮件账户　B．邮件地址　　　C．约会　　　　　D．联系人

（2）利用 Outlook 2007 的【日历】功能，可以执行哪些操作？（　　）

A．设置会议　　　B．设置约会　　　C．发送邮件　　D．创建联系人

（3）在回复邮件的时候，单击工具栏中的 全部答复(L) 按钮可以回复（　　）文本框中的全部收件人，单击 转发(W) 按钮则可以将收到的邮件转发给其他人。

A．收件人和抄送　B．抄送和发件人　C．收件人　　　D．附件和发件人

2．问答题

（1）简述怎样创建和发送电子邮件？

（2）怎样设置约会，并给约会建立提醒声音？

（3）怎样创建日记和便笺？

3．上机题

（1）在 Outlook 2007 中添加账户，并练习使用该账户发送和接收邮件。

（2）在 Outlook 2007 中创建联系人，并将其归纳入【供应商】类别。

（3）利用【日历】功能为设置约会，并为约会建立提醒。

第 **14** 课
网上冲浪

本课要点

- Internet 基础
- 搜索网络资源
- 下载网络资源

具体要求

- 认识 IE 浏览器的组成
- 掌握浏览网页的方法
- 掌握保存网上资料的方法
- 了解收藏网页的方法
- 掌握在网上搜索资源的方法
- 熟悉并掌握下载资源的方法

本课导读

网络缩短了地域的距离，实现了资源共享，对人们的生活和工作都有较大帮助。本课讲解了网页的基本操作，包括浏览网页、搜索资料和下载资源等，读者应认真学习本课的内容，熟练掌握网页的操作方法。

- 浏览器：通往 Internet 的桥梁。要查看网页信息，必须通过浏览器。
- 浏览网页：通过浏览网页可以查看很多信息，如新闻、教育、购物等。
- 搜索和下载网络资源：通过在 Internet 中搜索和下载网络资源，可以实现资源共享。

14.1　Internet 基础

Internet 又称为"因特网"，是全球最大的、开放的、由众多网络互联而成的计算机网络，它使用 TCP/IP 协议进行数据传输，可将世界各地的物理网络或计算机连接在一起，实现地区间、国际间的信息共享。

14.1.1　知识讲解

登录到 Internet，可以在世界范围内进行新闻浏览、网络通信、资源下载以及网上贸易等操作，避免了因为地域和时间带来的诸多不便。

必须借助浏览器才能在网上进行上述操作。目前比较流行的网络浏览器有 IE 浏览器、腾讯 TT、Maxthon 浏览器。目前大多数用户上网使用的都是 IE 浏览器，本课就讲解 IE 浏览器的运用。

1. 启动 IE 浏览器

IE 浏览器是 Microsoft 公司开发的浏览器，是 Internet Explorer 浏览器的简称。Windows Vista 操作系统中集成了 IE 7.0，安装 Windows Vista 操作系统后无须再安装 IE 浏览器。

要使用 IE 浏览器浏览网页，首先就要启动该浏览器，方法有以下两种。

● 单击任务栏通知区域中的 IE 浏览器图标 <img> 。
● 执行【开始】→【Internet Explorer】命令，打开 IE 浏览器窗口。

2. IE 浏览器的工作界面

IE 浏览器的工作界面由标题栏、工具栏、地址栏、搜索框、网页浏览区和状态栏等部分组成，如图 14.1 所示，与其他软件的窗口类似。

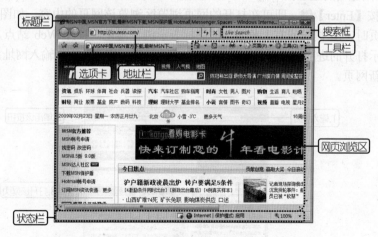

图 14.1　IE 浏览器的工作界面

各组成部分的作用分别如下。

● **标题栏**：标题栏左侧显示当前打开网页的名称，右端为一些窗口控制按钮，分别是【最小化】按钮 <img> 、【最大化/还原】按钮 <img>/<img> 和【关闭】按钮 <img> 。
● **地址栏**：该栏主要用于输入要浏览的网页地址。当打开某个网页时，该网页的地址也会自动显示在地址栏中。

> 说明：用户要访问的站点拥有自己唯一的地址，一个完整的网址，如 http://www.baidu.com/，其中：http 代表超文本传输协议，即 Hyper Text Transfer- Protocol 的缩写；WWW 是指 World Wide Web，大多数的站点都以 http://www 作为开头；com 是域名，国际域名是以 com、net 或 org 等结尾、国内域名以 cn 结尾。

- **搜索框**：用于搜索包含指定信息的网页，在搜索框中输入关键词后，按下回车键，即可在当前选项卡中显示搜索结果。
- **选项卡**：在 Internet Explorer 7.0 窗口中，可以建立多个选项卡以同时浏览网页，单击选项卡标签可切换到对应的选项卡，在选项卡中打开网页后，选项卡标签中会同时显示网页的标题。
- **工具栏**：工具栏中列出了常用的按钮，通过这些按钮可以对网页进行操作，用户可以根据需要定义工具栏上的按钮种类和个数。
- **网页浏览区**：网页浏览区是用户获取信息的主要区域，用于显示打开的网页内容。当网页中的内容较多在屏幕上显示不完时，将会在右侧和下方出现滚动条，拖动滚动条可以显示网页中的其他内容。
- **状态栏**：状态栏中将显示浏览器当前操作状态的相关信息。比如使用鼠标指针指向某超链接时，状态栏中会显示该链接的网址。

3. 浏览网页

浏览网页有很多种方法，用户可以根据需要选择适合自己的方法。

1）通过地址栏浏览网页

在 IE 浏览器的地址栏中输入网址，如输入"腾讯网"的网址 www.qq.com，然后单击 按钮或按【Enter】键，即可在打开的网页浏览区浏览该网页的内容，如图 14.2 所示。在打开网页时，IE 浏览器右上角闪动的图标表示浏览器正在打开 Web 站点，同时状态栏中也会显示打开的进度。打开网页后， 按钮会变成 按钮，重新输入网址后，单击该按钮可以刷新网页。

图 14.2　腾讯首页

> 技巧：输入网址时，很多情况下都无须把网址输入完整。例如，输入"qq"，按【Ctrl+Enter】组合键，浏览器会自动将网址补充完整，同理，要打开"网易"，输入"163"，按【Ctrl+Enter】组合键即可。

2）通过超链接浏览网页

每个网站的首页都有很多个超链接，每个超链接都包含对应的网页内容。单击网页中具有超链接的文字或图像，便可打开或跳转到链接指向的位置。如单击图 14.3 所示的图像超链接，即可打开如图 14.4 所示的目标链接网页。

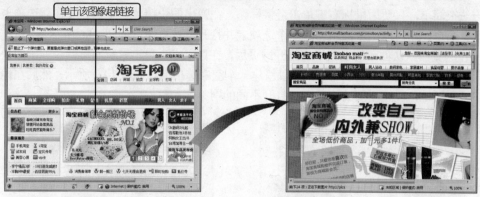

图 14.3　单击图像超链接　　　　　　　　　图 14.4　打开的目标链接网页

超链接包括文字链接和图片链接两种，将鼠标指针放在文字或图片上，如果鼠标指针变为 形状，则该文字或图片即为超链接，单击鼠标，即可打开对应的网页。

> **注意：**打开文字链接和图片链接的操作方法完全相同。网页设计者为了区分普通文本和超链接文本，一般都会将作为超链接的文字设置成鼠标指向其时变色。

3）通过工具栏浏览网页

通过 IE 浏览器工具栏中的 、 和 按钮可以快速对网页进行相关的浏览操作，快速地在相应的网页之间切换，其中各按钮的具体功能分别如下。

- 按钮：单击该按钮可以返回到前一个访问过的网页。
- 按钮：该按钮的作用与 按钮相反，即转到当前网页之后访问的网页。当单击了 按钮后， 按钮才变为可用。单击该按钮右侧的 按钮，在弹出的下拉列表中也可以选择需要访问的网页名称，如图 14.5 所示。

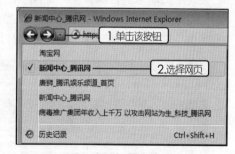

图 14.5　选择访问过的网页

- 按钮：单击该按钮可打开在浏览器中预先设置的主页。
- 按钮：单击该按钮，可以停止对当前网页的加载。
- 按钮：单击该按钮，可以重新开始下载或更新网页信息。

> **注意：**刚启动 IE 浏览器时， 按钮呈不可用状态，当在同一 IE 浏览器窗口中访问了不同的网页之后，该按钮便会呈现可用状态。

4）使用选项卡浏览网页

选项卡是 Internet Explorer 7.0 的新增功能，可以让用户在一个浏览器窗口中同时打开多个页面以浏览不同的网页。启动 Internet Explorer 浏览器后，浏览器会自动建立一个选项卡并在选项卡中打开网页。用户在选项卡中浏览页面时，可以在新选项卡中打开链接页面。其方法很简单，只要用鼠标右键单击链接标题，在弹出的快捷菜单中选择【在新选项卡中打开】命令，即可在浏览器中新建一个选项卡并打开链接页面，如图 14.6 所示。

在浏览器默认创建的选项卡中打开网页后，在选项卡上单击鼠标右键，在弹出的快捷菜单中选择【新建选项卡】命令，可以新建一个空白选项卡，如图 14.7 所示，然后在地址栏中输入网址，以在不同的选项卡中打开不同的网站。

图 14.6 新建选项卡

图 14.7 新建空白选项卡

在浏览器窗口中建立多个选项卡并打开不同的网页后，可以调整各个选项卡的排列次序。其调整方法很简单，只要将鼠标指针移动到选项卡标签上，然后按下鼠标左键，向前或向后拖动到其他选项卡之前或之后即可。在拖动过程中，选项卡标签上方与下方将显示箭头表示拖动后的目标位置，如图 14.8 所示。

用户也可以在窗口中排列显示出当前所有选项卡的缩略图，只要单击选项卡标签左侧的 ⊞ 按钮即可，如图 14.9 所示。在窗口中单击某个选项卡缩略图，即可切换到该选项卡。

图 14.8 拖动选项卡标签

图 14.9 使用选项卡切换网页

5）收藏网页

在浏览网页的过程中，如果遇到自己比较喜欢或包含有用信息的网页，就可以使用 IE 收藏夹将这些网页收藏起来，以便下次浏览，其具体操作如下：

（1）在 IE 浏览器中打开要收藏的网页，单击 按钮，在弹出的菜单中选择【添加到收藏夹】命令，如图 14.10 所示，打开【添加收藏】对话框。

（2）在【名称】文本框中输入收藏名称，在【创建位置】下拉列表中选择一个文件夹，或者单击 新建文件夹(E) 按钮新建一个文件夹来收藏该网页，单击 添加(A) 按钮，即可将网页收藏起来，如图 14.11 所示。将网页收藏后，单击 按钮，在【收藏夹】窗格中单击该网页名称即可快速打开该网页。

图 14.10　选择【添加到收藏夹】命令

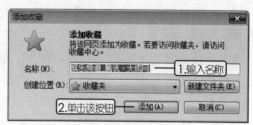

图 14.11　输入网页名称

技巧：按【Ctrl+D】组合键，可以快速地将当前网页添加到收藏夹中。

14.1.2　典型案例——打开和浏览"网易"网站

案例目标

本案例将打开并浏览"网易"网站，主要练习通过地址栏打开网页，并通过单击超链接来浏览网页。

操作思路：

（1）在地址栏中输入"网易"的网址进入该网站主页。

（2）单击【新闻】超链接，进入"新闻中心-网易新闻"网页并浏览网页的具体内容。

操作步骤

打开和浏览"网易"网站的具体操作如下：

（1）在 IE 浏览器的地址栏中输入"网易"网站的网址"www.163.com."，单击 按钮进入该网站的主页。

（2）单击首页上方的 新闻 超链接，打开"新闻中心-网易新闻"网页，在网页中单击需查看的文字超链接，如图 14.12 所示。

（3）此时打开该文字超链接对应的网页窗口，拖动窗口右侧的滚动条来浏览该网页内容，如图 14.13 所示。

图 14.12　"网易"首页

图 14.13　"新闻中心-网易新闻"网页

案例小结

本案例通过浏览"网易"网站中的信息，让读者练习了怎样通过地址栏打开网页，并通过单击超链接浏览网页的方法。在网上不仅可以看新闻，可以做的事情还有很多，读者可以多单击一些超链接，熟练地浏览网页。

14.2　搜索网络资源

Internet 是一个巨大的信息库，要想利用网络资源，用户首先就要在 Internet 中查找需要的资料信息。

14.2.1　知识讲解

如果要在每个网页上慢慢查找需要的信息，那样会花费很多时间而且未必能找到需要的信息，利用搜索功能则可以快速地查找需要的信息。几乎每个门户网站都提供了搜索引擎，还有专门提供搜索服务的网站。用户通过搜索功能就能很快地找到需要的资料。

在网页中搜索资源，可采用关键词搜索和目录式搜索两种方法。

1. 关键词搜索

当用户明确想要搜索的信息，并可以用一定的词或语言来描述信息时，就可以使用关键词搜索。关键词搜索的方法有很多种，下面介绍常用的几种。

- 在 IE 浏览器的地址栏中直接输入要搜索的内容，再按【Enter】键进行搜索。
- 使用 IE 浏览器的搜索功能进行搜索，在 IE 浏览器的【搜索框】中输入要搜索的关键词，单击 🔍 按钮，即可进行搜索，如图 14.14 所示。
- 在网站提供的搜索服务中进行搜索，许多大的网站都提供了搜索服务，他们的搜索引擎一般都放在首页众多信息中间，如图 14.15 所示是在"新浪"（www.sina.com.cn）首页中搜索。

图 14.14　在 IE 浏览器中搜索

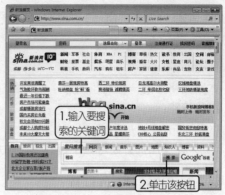

图 14.15　在新浪网中搜索

● 在专业的搜索网站中进行搜索，如"百度"（www.baidu.com）、"Google"（www.google.com）等，在网站的搜索文本框中输入需要搜索的关键词，按【Enter】键即可搜索出与关键词相关的网页。

2. 目录式搜索

目录式搜索，就是通过逐级浏览网站建立时的分类，一步一步地进行搜索。如果只知道要搜索信息的分类，而找不出一个比较贴切的语言或词语来描述要搜索的信息时，最好采用目录式搜索方法。

下面就采用目录式搜索方法，在淘宝网搜索一件女装衬衣，其具体操作如下：

（1）在 IE 浏览器的地址栏中输入"taobao"，按【Ctrl+Enter】组合键打开淘宝网首页，可见页面中对商品进行了分类，单击【女装】分类下的【衬衫】超链接，如图 14.16 所示。

（2）打开一个网页，这里就会显示与衬衣相关的销售信息，也有更细的分类，继续单击需要搜索的相关超链接，直到搜索到自己需要的商品，如图 14.17 所示。

图 14.16　单击【衬衫】超链接

图 14.17　找到需要的商品

注意: 现在网络信息量非常大，分类也越来越细，所以使用目录式搜索会比使用关键词搜索花费的时间长，使用关键词搜索会方便得多。

14.2.2 典型案例——搜索菊花图片

案例目标

本案例将搜索一幅菊花图片，主要练习怎样在"百度"网站中搜索图片。

操作思路：

（1）打开"百度"首页。

（2）在【图片】超链接下搜索菊花图片。

操作步骤

搜索菊花图片的具体操作如下：

（1）打开 IE 浏览器，在地址栏中输入"baidu"，按【Ctrl+Enter】组合键打开"百度"网首页。

（2）单击【图片】超链接，然后在文本框中输入要查找的关键字"菊花"，单击 `百度一下` 按钮，如图 14.18 所示。

（3）打开如图 14.19 所示的网页，其中显示了搜索到的关于菊花的图片，单击超链接即可将图片在新窗口中打开。

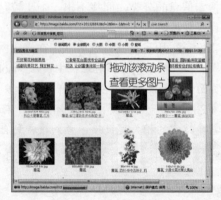

图 14.18　输入搜索的内容　　　　　　　图 14.19　单击下载链接

案例小结

本案例讲解了通过"百度"网在网络中搜索图片的方法。读者应该举一反三，自行练习通过"百度"网搜索新闻、网页、mp3 等。

14.3　下载网络资源

所谓下载，就是将网上的资料，包括图片、文档、软件以及其他文件等保存到本地计算机中以便随时使用。

14.3.1 知识讲解

可以通过使用浏览器直接下载或使用工具软件下载网络资源。

1. 使用浏览器直接下载

使用浏览器直接下载资源的方法非常简单，而且下载的范围也非常广，包括网页中的文字、图片、网页、电影、音乐、教程以及软件安装程序等。若下载的内容不同，其操作也有所不同，下面介绍几种资源的下载方法。

- **下载文字**：在网页浏览区中通过拖动鼠标选择需要下载的文字，然后在选择的文字上单击鼠标右键，在弹出的快捷菜单中选择【复制】命令，如图 14.20 所示。然后在文字编辑软件（如：写字板、Word 或 WPS）中进行粘贴，最后将文档保存即可。

- **下载图片**：在需要下载的图片上单击鼠标右键，在弹出的快捷菜单中选择【图片另存为】命令，如图 14.21 所示，此时将打开【保存图片】对话框，在该对话框中设置好保存路径后单击 保存(S) 按钮即可，如图 14.22 所示。

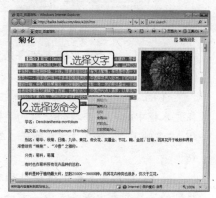

图 14.20　复制文字

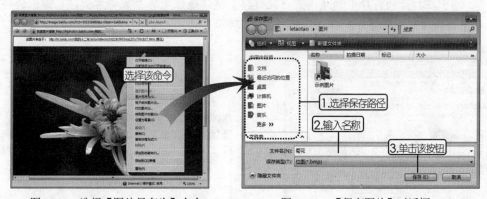

图 14.21　选择【图片另存为】命令　　　　图 14.22　【保存图片】对话框

- **下载网页**：打开需要下载的网页，单击工具栏中的 页面(P) ▼ 按钮，在弹出的菜单中选择【另存为】命令，如图 14.23 所示，在打开的【另存为】对话框中设置好保存路径后，单击 保存(S) 按钮即可。

- **下载网页中的其他资源**：其他网络资源包括音乐、电影及软件安装程序等，这些是通过单击下载链接地址进行下载。

注意： 单击 保存(S) 按钮后，将打开一个表示保存进度的对话框，保存完成后在保存位置可以看到有一个 MHTML 格式的文件，如图 14.24 所示。在脱机状态下，双击该 MHTML 文件图标 可以打开该网页。

图 14.23　选择【另存为】命令

图 14.24　下载网页后的文件

这里以在"百度"网下载音乐为例讲解通过下载链接地址下载其他资源的方法，其具体操作如下：

（1）打开"百度"首页，单击 MP3 超链接，在文本框中输入要查找的音乐的关键字，比如"二胡 二泉映月"，如图 14.25 所示，单击 百度一下 按钮。

（2）打开有下载链接地址的对话框，在查找到的项目列表中单击其中一首曲子的超链接，如图 14.26 所示。

图 14.25　输入关键字

（3）在打开的窗口中的【请点击此链接】链接地址上单击鼠标右键，在弹出的快捷菜单中选择【目标另存为】命令，如图 14.27 所示。

图 14.26　单击要下载的音乐

图 14.27　选择命令

（4）打开【另存为】对话框，在该对话框中设置好保存的路径和名称，如图 14.28 所示，单击 保存(S) 按钮将打开下载进度对话框，如图 14.29 所示。进度显示下载完毕后，该音乐即被下载到设置的位置。

> 说明：下载其他具有下载链接地址的网络资源的方法和下载音乐基本相似，注意下载的时候看清楚扩展名是否正确，比如要下载的是 mp3，但保存的时候显示的是 html，那么下载下来的就是该网页。读者要特别注意这一点。

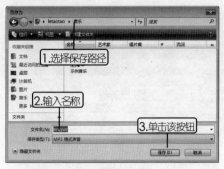

图 14.28 【另存为】对话框

图 14.29 下载进度对话框

2. 使用工具软件下载

使用浏览器直接下载网络资源虽然很方便，但如果遇到网络中断，下载的信息将会丢失，而且直接下载的速度也比较慢。为了加快下载速度，并避免下载信息的丢失，可以使用工具软件来进行下载。专业的下载软件都具有下载速度快、支持断点续传并易于管理等优点，所以建议大家下载资源的时候使用工具软件进行下载。现在专用于下载的工具软件很多，例如"迅雷"、FlashGet 和"网络蚂蚁"等。

> **说明：** 断点续传功能是指下载（或上传）一个文件的时候，由于关机或者断电终止下载（或上传），再次下载的时候不会从头开始，而是从上次已经传到的地方继续下载，从对方的角度来说就是断点续传。右键快捷菜单中的【目标另存为】命令不具有断点续传的功能。

这里以"迅雷"为例，介绍使用工具软件下载网络资源的方法。"迅雷"具有高速的下载速度、完备的管理用户文件的功能。

> **注意：** 使用【目标另存为】命令在网络上下载"迅雷"软件。

安装完成后，"迅雷"会对一些常用的下载文件格式进行自动监视，用户在浏览器中单击要下载文件的链接时，"迅雷"就会自动启动。但是如果下载一些非监视格式的文件时，就需要从右键菜单中进行操作。为了省去一些不必要的操作，这里建议用户使用右键快捷菜单命令进行下载。

使用"迅雷"下载文件的具体操作如下：

（1）在浏览器中找到一个文件下载页面后，用鼠标右键单击该文件的下载链接，在弹出的快捷菜单中选择【使用迅雷下载】命令，如图 14.30 所示。

（2）在弹出的【建立新的下载任务】对话框中，【网址（URL）】文本框中已经自动填写了文件的链接地址，如图 14.31 所示，其他选项要根据具体情况自行填写，其中各部分的具体含义如下。

- **存储目录：** 在【存储目录】文本框中，可以输入下载文件的保存位置，也可以单击 ▼ 按钮，在下拉列表中选择保存路径，单击 浏览 按钮，在打开的【浏览文件夹】对话框中选择保存目录。
- **另存名称：** 在【另存名称】文本框中输入便于识别的文件名称，也可保留自动设置的名称而不做更改。

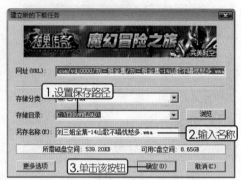

图 14.30　选择快捷菜单中的命令　　　图 14.31　【建立新的下载任务】对话框

（3）设置完成后，单击对话框中的 ▭确定(0) 按钮，将下载任务添加到下载列表中，此时在"迅雷"主窗口中就会显示添加的任务、以及任务的进展情况等详细信息。

14.3.2　典型案例——搜索并下载 WinRAR

案例目标

本案例将搜索并下载 WinRAR 压缩软件，主要练习怎样在"百度"网中搜索提供下载 WinRAR 压缩软件的网址，并使用"迅雷"下载该软件。

操作思路：

（1）在"百度"网中搜索 WinRAR 压缩软件的网址。

（2）使用"迅雷"下载 WinRAR 压缩软件。

操作步骤

搜索并下载 WinRAR 的具体操作如下：

（1）在 IE 浏览器中打开"百度"网页，在【网页】超链接下的文本框中输入"winrar 下载"，如图 14.32 所示，然后单击 百度一下 按钮。

（2）打开如图 14.33 所示的网页，单击其中搜索到的任意一个超链接。

图 14.32　输入搜索的内容　　　　　　图 14.33　单击下载链接

（3）在打开窗口的任意一个下载链接上单击鼠标右键，在弹出的快捷菜单中选择【使用迅雷下载】命令，如图 14.34 所示。

（4）此时将自动启动"迅雷"软件，并自动打开【建立新的下载任务】对话框，该下载网页的网址会自动添加到【网址】文本框中，然后由用户设置保存路径和名称，单击 确定(0) 按钮开始下载，如图 14.35 所示。

（5）开始下载时，在"迅雷"的工作界面中可以查看下载速度、下载进度等信息。

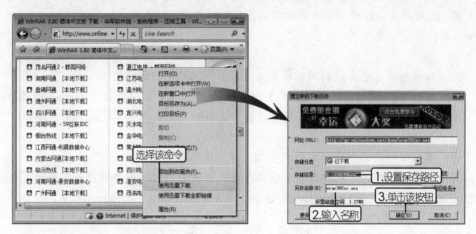

图 14.34　选择命令　　　　　图 14.35　【建立新的下载任务】对话框

案例小结

本案例练习了使用"百度"搜索网络资源并使用"迅雷"来下载该资源。需要注意的是，在使用工具软件进行下载时，必须先安装该工具软件。读者可以尝试使用本方法来下载 ACDSee 图片浏览软件。

14.4　上机练习

14.4.1　在"百度"中搜索并下载 QQ

本次练习将搜索资源并进行浏览，主要练习在网络中搜索资源并进行浏览的方法。
操作思路：
● 打开"百度"网，在文本框中输入"QQ 下载"，然后单击 百度一下 按钮进行搜索。
● 打开 QQ 下载网页后浏览其内容。

14.4.2　在"天涯"论坛上查看帖子

本次练习将在"百度"网中查找"天涯"论坛的网址并浏览网站中的帖子，主要练习怎样在网络中搜索资源。
操作思路：
● 打开"百度"网，搜索"天涯"网的网址。

● 单击找到的链接地址后，以"浏览"的方式进入网页。
● 根据帖子分类，进入论坛中浏览网友发表的帖子。

14.5 疑 难 解 答

问：在"百度"网中搜索软件的时候，会有很多相关超链接，怎么选择最好的呢？

答：最好是在该软件的官方网站下载，也可以在较大、专业、知名的下载网站上下载，比如华军软件园、天空网等。

问：如果想将自己喜欢的网站设置为主页，该怎样进行操作？

答：在 IE 浏览器中，选择【工具】→【Internet 选项】命令打开【Internet 选项】对话框，在对话框的【主页】栏中输入想要设置为主页的网址，然后单击 确定 按钮即可。

问：不知道网站的网址，又想浏览相关网站该怎么办？

答：可通过一些门户网站的搜索服务来查找相关的网站，或者通过一些网址大全的网站进行查找，如 hao123（www.hao123.com）和挑挑捡捡（www.ttjj.com）等。

14.6 课 后 练 习

1．选择题

（1）IE 浏览器的工作界面中没有（   ）。

    A. 菜单栏   B. 任务窗格   C. 状态栏   D. 工具栏

（2）浏览网页有以下哪几种方法？（   ）

    A. 通过地址栏   B. 通过超链接   C. 通过工具栏   D. 通过选项卡

（3）在地址栏中输入网址后，按（   ）键可以直接打开网页。

    A. Alt   B. Ctrl   C. Shift   D. Enter

2．问答题

（1）浏览网页有哪几种方法？简述其浏览方法。

（2）怎样保存网上的资料？

3．上机题

（1）使用 IE 浏览器浏览"新浪"网站（http://www.sina.com.cn）的新闻内容，熟悉浏览网页的方法。

（2）在"百度"网中搜索"金山词霸"软件，并使用"迅雷"将其下载到计算机中。

（3）将"网易"网站（http://www.163.com）设置为主页。

第15课
网络应用

本课要点
- 电子邮件的使用
- 网上娱乐
- 网上求职与招聘
- 网上开店

具体要求
- 了解申请电子邮箱的方法
- 掌握发送和收取电子邮件的方法
- 了解网上娱乐的项目并掌握其方法
- 了解网上购物的流程
- 熟悉在求职网站注册的过程
- 熟练掌握在网上求职与招聘的方法
- 了解网上开店的基本步骤

本课导读

网络除了为广大用户提供资料信息外，还提供了视听与游戏等休闲活动，网上的娱乐功能非常强大，包括听音乐、看电影和进行在线游戏等。现在流行的网上购物，还可以让人们足不出户就能够购买到满意的商品。

- 电子邮件：通过电子邮件可以快速地传送信息，实现资源共享。
- 网上娱乐：通过网络可达到休闲娱乐，放松身心的目的。
- 网上求职与招聘：利用网络信息量大，没有地域性的优势，方便求职者找到满意的工作，同时也为企业选拔人才提供了更多的选择。
- 网上开店：网络，是个潜力无穷的市场。低成本、无店面费、客户群庞大是网店的优势。只要能上网，大家就可以过一把老板瘾。

15.1 电子邮件的使用

在网络技术日趋成熟的今天，网络通信以其快速、准确的信息传播特点，得到了广泛的应用。使用网络通信，不会因为地域的距离和时间的紧张而产生信息传播不及时。网上通信中使用最广泛的是电子邮件。

15.1.1 知识讲解

电子邮件又称"E-mail"，通过网络发送电子邮件没有时间和地域的限制，使用它可以便捷地与商务伙伴或者朋友进行交流，传送声音、图片和视频等多种类型的文件，还可以通过网站的服务订阅各种电子杂志、新闻、资讯。

1．申请电子邮箱

要发送电子邮件，必须先申请一个电子邮箱账号。现在有很多网站都提供了申请邮箱的服务，比如新浪、搜狐、网易等。目前的电子邮箱分为收费和免费两种，其申请方法基本相似，这里以在"网易"网站中申请免费邮箱为例进行讲解。

> **注意：** 用户使用免费邮箱时无须支付费用，而用户在使用收费邮箱时则需要支付一定的费用。收费邮箱一般容量较大、安全性高，功能也比较全面，适合于办公用户。读者应根据自己的实际需要选择申请哪种邮箱。

其具体操作如下：

（1）进入可申请免费邮箱的网站，这里进入"网易"首页，单击首页中的 163邮箱 超链接，如图 15.1 所示。

（2）打开"网易163免费邮"网页，单击 注 册 按钮，如图 15.2 所示。

图 15.1 "网易"首页　　　　　　图 15.2 "网易 163 免费邮"网页

（3）打开填写注册资料的网页，如图 15.3 所示。在该网页中填写好资料后，选中 ☑ 我已看过并同意《网易服务条款》 复选框，单击 注册帐号 按钮。

> **注意：** 带"*"号的项目必须要填写，其他项目可以按实际情况选择性填写。输入用户名后，如果该用户名未被使用，将进入填写资料的网页，如果该用户名已经被人使用，将提示重新输入用户名。

（4）打开提示注册成功的网页，提示邮箱已申请成功，并显示注册的邮箱地址，如图 15.4 所示，单击 进入 3G 免费邮箱 按钮即可登录申请的免费邮箱。

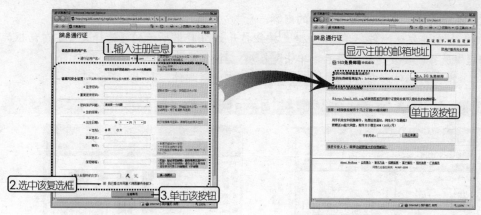

图15.3 填写注册信息　　　　　　　　　　　图15.4 提示注册成功的网页

2. 登录邮箱

申请了邮箱后，单击注册成功页面中的 进入3G免费邮箱 按钮即可登录到邮箱中。以后要登录邮箱，可以通过网站首页直接进入，其具体操作如下：

（1）打开申请了邮箱的网站，这里打开"网易"首页。

（2）在网易首页上方就有输入邮箱地址的文本框，在用户名文本框中输入申请的用户名，在 密码 文本框中输入密码，在 网易通行证 下拉列表框中选择 163邮箱 ，如图15.5所示。

（3）单击 登录 按钮进入邮箱，如图15.6所示。

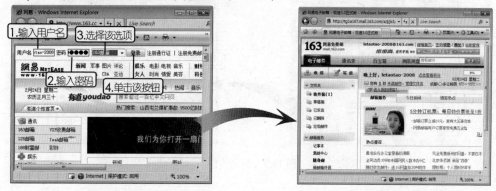

图15.5 输入用户名和密码　　　　　　　　　图15.6 进入邮箱

注意： 在"网易"网站中，可以登录163邮箱、126邮箱、188财富邮等，所以输入用户名和密码以后，必须选择邮箱类型。

3. 撰写并发送邮件

正确申请电子邮箱后，只要在能上网的地方，就可以在不借助其他软件的情况下收发电子邮件了。

撰写并发送邮件的具体操作如下：

（1）登录邮箱，单击页面左侧的 写信 按钮，打开撰写邮件的页面，如图15.7所示。

（2）在【收件人】文本框中输入收件人的邮箱地址，在【主题】文本框中输入邮件

的主题，在下面的文本框中输入邮件的内容。

（3）如需要发送附件，单击 添加附件 按钮打开如图15.8所示的【选择文件】对话框，在对话框中选择需要发送的附件后，单击 打开(O) 按钮添加附件。

（4）撰写好邮件内容后，单击 发送 按钮即可发送邮件。

注意：如果撰写好邮件暂时不想发送时，可以单击 存草稿 按钮将其保存在草稿箱中。

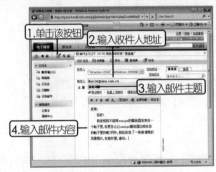 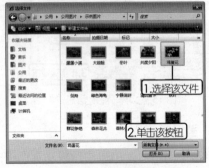

图15.7　撰写邮件　　　　　　　　　图15.8　选择附件

在撰写邮件时，单击 全部功能 按钮，可以展开更多文本设置选项。通过这些选项，可以调整文字的字体和字号、插入图片等，还可以给信件添加信纸，使信件更加美观，如图15.9所示。

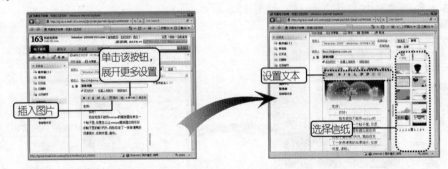

图15.9　美化信件

4. 收取邮件

申请电子邮箱后，网站会自动发送一封邮件到邮箱，下面来收取这封邮件。收取邮件可直接在网站中进行，其具体操作如下：

（1）打开"网易"首页，单击 163邮箱 超链接。

（2）打开登录免费邮箱的页面，如图15.10所示。

（3）在该页面的【用户名】栏中输入邮箱的用户名，在【密码】栏中输入邮箱密码，然后单击 登录邮箱 按钮进入邮箱。

（4）如果有新信件，那么在左边的窗格中会显示新邮件数量，如 收件箱(1) 表示有一封新邮件，单击 收信 按钮打开收件箱，如图15.11所示。单击邮件主题即可打开相应的邮件并进行阅读。

| 图 15.10　登录免费邮箱的页面 | 图 15.11　打开收件箱 |

> **注意：** 如果收取的邮件有附件，可单击 下载附件 按钮，在打开的【文件下载】对话框中单击 保存(S) 按钮，然后在打开的【另存为】对话框中保存附件。

15.1.2　典型案例——撰写并发送带附件的电子邮件

案例目标

本案例将运用上面讲解的知识发送带附件的电子邮件，并选择一种喜欢的信纸样式，主要练习给邮件添加附件并发送电子邮件的操作。

操作思路：

（1）在撰写电子邮件的页面中输入对方的邮箱地址和主题。

（2）编写邮件内容，并添加附件。

（3）选择一种信纸样式。

（4）发送撰写完成的电子邮件。

操作步骤

撰写并发送带附件的电子邮件的具体操作如下：

（1）打开"网易"首页，输入用户名和密码进入电子邮箱，单击 写信 按钮打开撰写邮件的页面。

（2）在【收件人】文本框中输入收件人的邮箱地址，在【主题】文本框中输入邮件主题，在下面的文本框中输入邮件的具体内容，如图 15.12 所示。

（3）单击 添加附件 超链接，在打开的【选择文件】对话框中，选择需要添加为附件的文件，如图 15.13 所示，单击 打开(O) 按钮即可将该文件添加到附件中。

> **技巧：** 将文件添加到附件中后，如果要删除文件，单击该文件后的 ✕ 按钮即可；如果要发送多个附件，可以多单击几次 添加附件 超链接分别进行添加。还可以将所有要发送的文件复制到一个文件夹中，然后使用 WinRAR 软件将该文件夹压缩起来，这样，所有文件就可以以一个附件来发送了。采用这种方法一定要注意邮箱规定的一次最多可以传送的文件大小，如果压缩后文件超过最高限度，那么就只有分两个或者两个以上文件来压缩，以发送多个附件的方式发送这些文件。

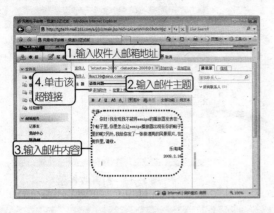

图 15.12　撰写邮件

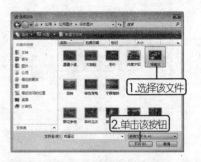

图 15.13　选择需要添加的附件

（4）邮件撰写完成后，单击窗口右侧的 信纸 按钮，从下拉列表中选择一种信纸样式，如图 15.14 所示。

（5）添加信纸后，单击 发送 按钮发送该电子邮件。

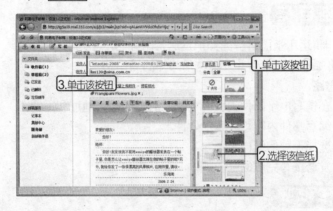

图 15.14　添加信纸并发送信件

案例小结

本案例主要讲解了怎样在网站中发送电子邮件，以及给电子邮件添加附件和信纸的方法。在现在的生活和工作中，电子邮件应用非常广泛，读者应熟练掌握。即使网站不同，收发电子邮件的方法都大致相同，可以根据页面提示进行操作。

15.2　网　上　娱　乐

网络是一个丰富多彩的世界，除了可以在网上看新闻、发邮件以外，还可以通过网络听音乐、看电影、聊天和玩游戏等，而且还能够足不出户，通过网络进行购物。

15.2.1　知识讲解

在网络用户日趋增多的今天，网络流媒体已受到越来越多网友的喜爱，同时也诞生了

很多专门提供娱乐休闲的网站，通过网站可以下载最新的流行音乐，也可以在线播放音乐。至于哪些网站上提供了这些服务，大家可以到"百度"网中搜索。

> **说明：** 流媒体是一种新的媒体传送方式，而非一种新的媒体。流媒体技术全面应用后，人们在网上聊天可直接语音输入；如果想彼此看见对方的容貌、表情，只要双方各有一个摄像头就可以了；在网上看到感兴趣的商品，单击以后，讲解员和商品的影像就会跳出来；更有真实感的影像新闻也会出现。

1．网上听音乐

在网上听音乐，是广大用户非常喜欢的一种娱乐方式。很多网站都提供了在线试听的服务，其具体操作如下：

（1）在 IE 浏览器的地址栏中输入可在线听音乐的网址，如 www.cnmp3.com，按【Enter】键打开网页。

（2）选择喜欢的专辑，然后选择想要收听的歌曲，单击 连播 按钮，如图 15.15 所示。

（3）打开如图 15.16 所示的网页，页面中的播放器经过缓冲后便能在线播放音乐了。

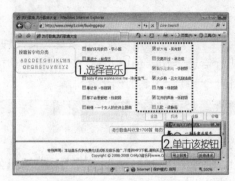

图 15.15　选择试听的音乐　　　　　图 15.16　在线播放音乐

2．网上看电影

如果要在网上看电影，只需在提供在线收看电影的网站上，选择想收看的电影后，系统自动调用 RealPlayer（网上电影大多数使用的是 RealPlayer 播放器）播放选中的电影。

> **技巧：** 在线看电影有可能会因为网速较慢而出现播放不流畅的现象，用户还可以将电影下载在本机硬盘中，然后在本机上观看。

大部分电影网站中的影片都需注册后才能观看，也有部分网站可以免费在线观看电影。网上看电影与网上听音乐的方法基本相同，用户可以在网站中单击相关链接搜索到自己想看的电影，然后单击播放按钮就可以打开网站默认的播放器进行播放。

> **说明：** 在网站上注册的方法和申请电子邮箱相似，只需单击相应的注册链接，然后根据提示进行注册即可。

3．网上看报

许多的新闻报纸都在互联网上做了电子版，大家通过上网就可以看见报纸的主要内容了。比如"成都商报"，网址是 http://e.cdqss.com。在 IE 浏览器中登录这个网址后，打开如图 15.17 所示的网站首页。

网站以版面划分标题，罗列出了当天的即时新闻，单击版面标题超链接，在窗口的右边就会显示该版报纸缩略图，单击报纸缩略图中的某个新闻，如图 15.18 所示，即可在新窗口中显示该新闻的详细内容。而且只需单击几次鼠标就可以切换版面，非常方便。

图 15.17　打开网站首页

图 15.18　查看新闻

4．网上聊天

上网交流的主要方式有网上聊天室、聊天工具、BBS 论坛以及网上发送短信几种。QQ、UC 及 MSN 等是最常用的聊天工具，除了进行信息交流，还可以进行文件的传输，可以为生活和工作带来极大的便利。下面以最常用的 QQ 聊天工具为例进行讲解。

注意：QQ 是一个专门供用户交流的软件，需要下载并正确安装后才能使用。

1）申请免费 QQ 号码

要使用 QQ 聊天，首先要有一个属于自己的独一无二的号码，这个号码是腾讯公司随机提供的一串数字。申请免费 QQ 号码的具体操作如下：

（1）启动腾讯 QQ，进入 QQ 界面，单击 申请帐号 超链接，如图 15.19 所示。

（2）可以通过网页免费申请，不需要任何费用；也可通过手机免费申请，需要付普通短信费（0.1 元/条），并在网页中填写资料。这里单击 网页免费申请 超链接，如图 15.20 所示。

图 15.19　QQ 界面

图 15.20　申请 QQ 号码页面

（3）后面会弹出填写个人资料的页面，填写完毕后提交，即可弹出提示申请成功的页面，提示 QQ 号码已申请成功，并显示 QQ 号码。

技巧：QQ 号码申请成功后，会提示设置密码保护。在 QQ 号码被人盗取后，使用密码保护功能可以将 QQ

号码重新找回来，并提示重新设置密码。所以建议用户都要申请密码保护。

2）添加好友

申请 QQ 号码后，必须要添加一些好友，才能和好友聊天，其具体操作如下：

（1）启动 QQ 聊天软件，打开如图 15.21 所示的界面。在【QQ 号码】文本框中输入前面申请的号码，在【QQ 密码】文本框中输入密码，然后单击 登录 按钮。

技巧： 为了确保 QQ 号码的安全，尽量使用软键盘输入密码。单击 QQ 登录界面上的 按钮，即可打开软键盘。

（2）打开 QQ 面板，如图 15.22 所示，单击面板下面的 查找 按钮。

（3）弹出如图 15.23 所示的【查找/添加好友】对话框，如果知道对方的 QQ 号码，就选择 精确查找 单选按钮，在【对方账号】文本框中输入对方的 QQ 号码，单击 查找 按钮。

说明： 如果想找陌生人作为聊天对象，就选择 看谁在线上 单选按钮，在在线 QQ 用户中选择添加对象。

图 15.21　QQ 界面

图 15.22　QQ 面板

图 15.23　【查找/添加好友】对话框

（4）在弹出的对话框中显示查找到的 QQ 号码，选择该号码，单击 加为好友 按钮，如图 15.24 所示。

（5）在弹出的对话框中输入身份验证信息，然后单击 确定 按钮，如图 15.25 所示，即可在 QQ 界面中发现该用户被添加到【我的好友】栏中了，如图 15.26 所示。

图 15.24　选择用户

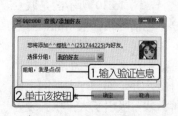

图 15.25　输入验证信息

图 15.26　成功添加好友

3）使用 QQ 聊天

其具体操作如下：

（1）在 QQ 面板中双击好友头像，如图 15.27 所示，打开与该好友聊天的窗口，在下方的窗格中输入要发送的文字信息，如图 15.28 所示。

（2）单击 发送(S) 按钮或按【Ctrl+Enter】组合键即可将输入的信息发送给对方，同时在上方的聊天记录窗格中显示该信息，如图 15.29 所示。

（3）当对方回复信息时，QQ 会发出提示音，同时在聊天记录窗格中显示对方发送的信息。

> 说明：在 QQ 聊天窗口中还有很多按钮，每个按钮都对应相应的功能，将鼠标指针指向某按钮，即可查看到该按钮的作用，比如单击 😊 按钮，可以在打开的列表框中选择 QQ 表情，单击 📷 按钮，可以和对方进行视频聊天。

图 15.27　QQ 面板　　　　图 15.28　输入聊天信息　　　　图 15.29　显示聊天记录

5．网上游戏

网上游戏即通过网络进行的游戏，它是网络娱乐的重要部分，深受广大用户的喜欢。网络游戏可以让不同地域的人聚在一起玩游戏。现在的网络游戏种类非常多，可分为益智游戏、角色扮演游戏、战争战略游戏和模拟游戏等。下面简单介绍几个网上游戏的好去处。

1）在联众世界玩游戏

联众世界简称"联众"，是基于 Internet 技术的在线棋牌游戏休闲网站，目前已成为全球最大的中文游戏社区之一，图 15.30 所示的是联众世界首页。联众建立了包括网站、俱乐部、游戏大厅、BBS 等具备丰富功能和内容的休闲社区。其中，十余种具有浑厚中华文化背景的网上棋牌游戏不断进行技术升级，并定期举行大型网上比赛。联众的在线棋牌游戏，吸引了大量棋牌爱好者，其各大棋牌室经常人满为患。

在联众玩游戏，要经历下载和安装客户端程

图 15.30　联众游戏首页

序、申请账号、下载和安装游戏这几个步骤，然后才能开始玩游戏。

2）在 QQ 上玩游戏

登录到 QQ 面板后，单击面板左下角的按钮，即可登录到 QQ 游戏大厅玩游戏，如图 15.31 所示。和联众世界一样，和网友一起玩 QQ 游戏也需要先下载和安装游戏大厅，然后再下载游戏程序，然后才可以开始游戏。

3）在对战平台上玩游戏

浩方对战平台，是目前世界上最大的游戏对战平台。它不仅能够为玩家提供基于互联网的多人联机游戏服务，而且拥有强大的社区系统和完善的周边服务系统。在这个平台上，玩家不仅可以以局域网般的速度进行时下最火爆的魔兽等游戏，更可以方便地在平台内部浏览大量游戏资讯，享受舒适服务。

4）玩大型 3D 游戏

在网络中还有着许多其他种类的游戏，比如 3D 游戏。这类游戏以出色的游戏场景设计和丰富的游戏情景赢得人们的喜爱，如奇迹、天堂Ⅱ、魔兽世界等。

除了上面介绍的这些游戏外，还有很多网站提供在线玩小游戏的服务，这些游戏不但简单，而且非常有趣。比如新浪游戏频道，网站地址是 http://game.sina.com.cn，读者可以在业余时间去玩玩，图 15.32 所示的是新浪游戏频道的首页。

图 15.31　登录 QQ 游戏

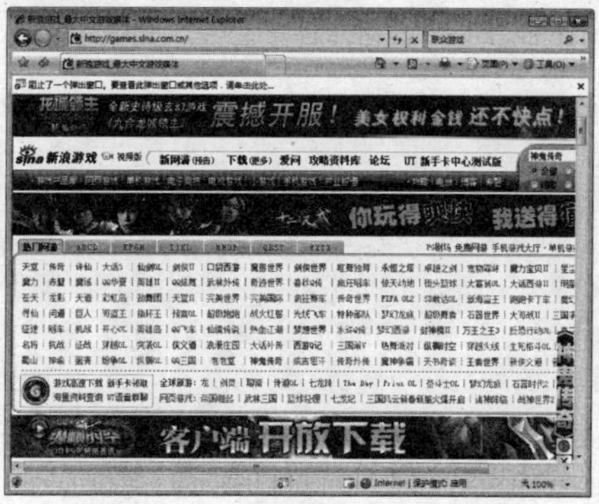

图 15.32　新浪游戏频道的首页

6．网上购物

只要有连入了互联网的电脑，就可以在网上购物，不受时间限制、不受地域限制、也不用忍受拥挤的人群和不用考虑刮风下雨，这种购物方式成为了很多年轻人的钟爱。

有许多可进行商品买卖的专业网站，如“淘宝网”、“阿里巴巴”和“易趣”等，通过网上交易就能够购买到自己满意的商品。要在网上进行交易，必须先在该网站注册，然后再搜索需要的商品，最后再进行交易。

一般网上购物分为搜索商品、阅读商品描述、咨询卖家、确定购买、等待商品上门、确认收货并给卖家评价这几个步骤。下面将以在“淘宝网”购物为例进行讲解，其具体操作如下：

（1）在 IE 浏览器中输入“www.taobao.com”，按【Enter】键打开“淘宝网”首页。

（2）根据页面中的商品分类，搜索需要购买的商品，仔细查看宝贝描述，然后单击和我联系按钮，咨询卖家商品的一些情况。

说明：单击 和我联系 按钮后，可打开阿里旺旺和卖家对话，其使用方法和 QQ 基本一样。前提是必须计算机中已经下载并安装了阿里旺旺。

（3）咨询完毕后，如果准备购买，则单击 立刻购买 按钮，如图 15.33 所示。

（4）打开会员登录信息页面，在该页面中输入会员名和密码后，单击 登录 按钮。

（5）打开用于确认购买信息的网页，如图 15.34 所示，在该网页中输入相关信息，确认无误后单击网页底部的 确定 按钮，在打开的网页中确认购买，如果你是支付宝用户，并且支付宝中有足够的金额来完成这次交易，那么同意支付货款即可。

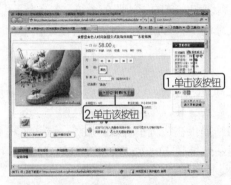

图 15.33　搜索到需要买的商品

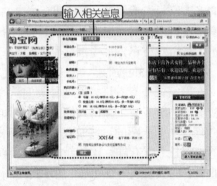

图 15.34　购买信息页面

注意：网上同类产品很多，为了买到称心如意的商品，用户要注意以下几点。
● 从评价看信用。根据其他买家对该卖家的评价，特别是要多看差评和中评，以判断卖家的服务及其商品的质量。
● 和卖家交谈。善于掌握卖家的服务态度，仔细咨询商品的问题，问清楚售后服务及退换货细则。
● 收藏商品。不要急于购买商品，先把该商品收藏起来，看看其他卖家有无该商品，以便做比较。
● 注意物流时间。淘宝默认的快递时间是 10 天，平邮时间是 30 天，超过这个时间，不管买家有没有收到商品，都会把货款打给卖家。因此，如果中途物流运送出现问题，快到默认时间时，买家就要提出让卖家延迟交易时间或者提出退款。

7. 网上写博客

随着网络出版、发表和张贴文章等网络活动的出现，博客已经成为了这种网络出版和发表文章的专有名词。博客是个人在网上展示自己、与别人沟通交流的综合工具。与电子邮件、BBS 和 QQ 这三种互联网沟通方式相比，博客是一种较严肃的沟通工具，它的管理也比 BBS 简单得多，如图 15.35 所示就是"网易"网博客的首页。

博客通常是由简短且经常更新的张贴构成，这些张贴的文章都按照年份和日期排列。博客中的内容十分丰富，从对其他网站的超链接和评论，到有关公司的新闻或构想，或者是个人的日记、照片、诗歌、散文，甚至科幻小说的发表或张贴。

图 15.35　"网易"网博客首页

15.2.2　典型案例——通过 QQ 与好友玩五子棋

案例目标

本案例将通过 QQ 与好友玩五子棋游戏，练习通过 QQ 在线玩游戏的具体方法。

操作思路：

（1）登录 QQ，然后在 QQ 面板中单击 按钮进入 QQ 游戏大厅。

（2）在游戏大厅中选择"斗地主"，然后选择想进入的房间开始即可。

操作步骤

通过 QQ 与好友玩五子棋的具体操作如下：

（1）登录 QQ，在 QQ 面板中单击 按钮，如图 15.36 所示。

（2）如果计算机中没有安装 QQ 游戏，那么会打开【QQ 在线安装】对话框，单击【安装】按钮，如图 15.37 所示。

（3）开始下载，下载完毕后，根据提示安装 QQ 游戏即可，如图 15.38 所示。

图 15.36　QQ 面板　　图 15.37　【QQ 在线安装】对话框　　图 15.38　安装 QQ 游戏

（4）安装完毕后，自动进入 QQ 游戏大厅，在游戏大厅左侧的窗格中以树形目录方式列出了游戏类别，如图 15.39 所示。

（5）单击"五子棋"前的 按钮，可在打开的树形目录中选择想要进入的游戏场。依次单击游戏场前的 按钮进入到具体的游戏场，双击想要进入的游戏场。

（6）在进入的游戏场中双击想要进入的游戏房间，如图 15.40 所示，在打开的界面中单击 开始 按钮发出游戏邀请。

（7）待其他玩家加入游戏并单击 开始 按钮后，就可以开始下棋了，如图 15.41 所示为进行游戏时的界面。

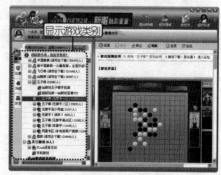

图 15.39　进入游戏大厅

> **注意：** 安装 QQ 游戏后，以后要玩 QQ 游戏，在 QQ 面板上单击 按钮即可进入游戏大厅。对于单个游戏，还需要安装后才能玩耍。双击游戏名称，即可自动进行安装。

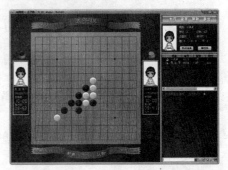

图 15.40　选择要进入的房间　　　　　图 15.41　进行游戏时的界面

案例小结

本案例主要讲解了怎样通过 QQ 与好友玩五子棋的游戏，QQ 提供的游戏有很多种，进入游戏界面的方法都一样。第一次玩某个游戏，可以在游戏大厅选中游戏，然后在右边的窗格中查看游戏规则和玩法。

15.3　网上求职与招聘

网络技术日趋成熟，上网的用户也越来越多，求职者和企业也利用网络这个平台进行求职和招聘。这样可以拓展企业的招聘范围，同时也给求职者提供了更多的就业机会，足不出户也能找到好工作。

15.3.1　知识讲解

网上求职和招聘的信息量大，没有地域的限制，而且能够及时地发布和浏览信息，所以成为现在很多企业和求职者招聘和求职的主要方法。

1. 在求职网站注册并创建个人简历

要通过网络进行求职或招聘，需要先在网站上注册。下面以在"前程无忧"网（www.51job.com）注册为例进行讲解，在该网站注册以后，会自动创建个人简历，这样就不需要每次求职都填写简历。其具体操作如下：

（1）在 IE 浏览器的地址栏中输入"www.51job.com"，按【Enter】键打开"前程无忧"网的首页，单击网页中的 新会员注册 超链接，如图 15.42 所示。

（2）在打开的会员注册网页中输入相关的注册信息，单击 注册 按钮，如图 15.43 所示。

（3）打开简历向导的第一步，根据提示给简历命名，并进行其他设置，如图 15.44 所示，单击 下一步 按钮。

图 15.42　"前程无忧"网的首页

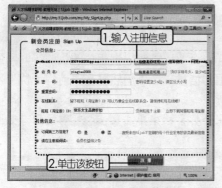

图 15.43　输入会员信息

图 15.44　简历向导第一步

（4）打开简历向导第二步窗口，在这里将设置基本个人信息和求职意向，如图 15.45 所示，设置完毕后，单击 下一步 按钮。

（5）弹出填写个人简历窗口，根据提示填写个人简历，然后单击 下一步 按钮，完成个人简历的创建，如图 15.46 所示。

图 15.45　个人基本信息和求职意向

图 15.46　完成简历的创建

2. 查找招聘信息

在求职网站注册成功后，求职者便可以在该网站查找招聘信息，选择自己满意的职位进行应聘。在"前程无忧"网站的首页中，可以直接输入职位查询招聘信息，也可以根据地区查询招聘信息，如图 15.47 所示。

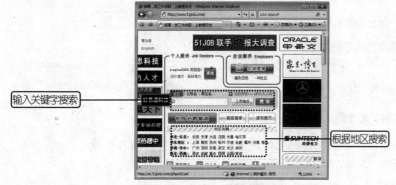

图 15.47　查询招聘信息

3. 企业会员注册

作为企业，如果要在求职网站发布招聘信息，也必须先注册成为该网站的会员。企业在招聘网站注册的方法与应聘者注册的方法不一样，企业还需要提供相关的执照等，网站对该企业的合法性进行审核通过后，才可以发布招聘信息。这里仍然以在"前程无忧"网上注册为例进行讲解，其具体操作如下：

（1）打开"前程无忧"网的首页，在【企业会员】栏中单击 企业登录 按钮，如图15.48 所示。

（2）打开"企业会员登录"页面，单击 申请正式会员 超链接，如图15.49所示。

图 15.48　"前程无忧"网的首页

图 15.49　"企业会员登录"页面

（3）弹出"法律声明"页面，作为企业，最好是仔细阅读该声明，确定仍然要注册，单击 同意 按钮，如图15.50所示。

（4）打开"企业会员注册"页面，在该页面中输入完整的企业信息，然后单击 确定 按钮，即可注册成功，如图15.51所示。

图 15.50　法律声明

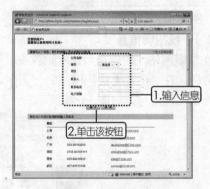

图 15.51　输入企业信息

4. 热门招聘站点推荐

网络中提供了很多热门的招聘网站，下面列举一部分供读者参考。

- 前程无忧　http://www.51job.com
- 智联招聘网　http://www.zhaopin.com
- 21 世纪人才网　http://www.21cnhr.gov.cn

- 中国俊才网　http://www.goodjob.cn
- 中华英才网　http://www.chinahr.com
- 华人精英网　http://www.sinotalents.net
- 卓博人才网　http://www.jobcn.com
- 528 招聘网　http://www.528.com.cn
- 中国人才热线　http://www.cjol.com/
- 八方人才　http://www.job88.com/
- 伯乐招聘网　http://www.bolehr.com/
- 中华招聘网　http://www.chjob.cn/
- 南方人才网　http://www.job168.com/

15.3.2　典型案例——查找招聘信息

案例目标

本案例将在"前程无忧"求职网站上查找成都近三天发布的平面设计方面的招聘信息，主要练习通过网络查找招聘信息的具体方法。

操作思路：

（1）打开"前程无忧"首页。

（2）查找相关招聘信息。

操作步骤

下面仍以"前程无忧"网为例对如何查找招聘信息进行讲解，其具体操作如下：

（1）在 IE 浏览器中登录到"前程无忧"网的首页，在【地区招聘】栏中选择工作的地点"成都"，如图 15.52 所示。

（2）弹出如图 15.53 所示的页面，在【快速搜索】选项卡中，单击【职能】栏中的 选择/修改 按钮。

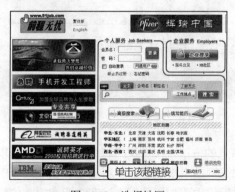

图 15.52　选择地区

图 15.53　【快速搜索】选项卡

（3）弹出如图 15.54 所示的【请选择职能类别】窗口，单击 艺术/设计 超链接，退出【请选择职能类别】窗口。

（4）在【快速搜索】选项卡中设置【职位】为"平面设计"，【行业】为"广告"，【日期】为"近三天"，如图 15.55 所示，单击 搜索 按钮。

图 15.54　选择职能类别　　　　　　　　图 15.55　设置其他分类

（5）系统在网站内按上述条件进行搜索，在弹出的窗口中将所有符合条件的招聘信息显示出来，如图 15.56 所示。

（6）单击网页中的任意一个链接，将打开相应职位介绍网页，在该网页中可以看到职位的详细信息，如图 15.57 所示。

（7）单击 立即申请职位 按钮，根据提示填写简历或者选择自己申请账号时的简历，然后像招聘单位发送求职申请，公司收到信息通过审查，将为求职者安排面试或笔试。

图 15.56　符合条件的招聘信息　　　　　　图 15.57　招聘职位的详细信息

> **注意：** 网站为了确保求职的成功率，在申请某个职位之前，将提示是否需要添加一封"求职信"，是否添加其他的一些附件，如学历证件等。发送求职申请成功后，系统会弹出一个提示窗口。

案例小结

　　本案例主要讲解了在求职网站查找招聘信息的方法，在查找招聘信息的时候还可以通过求职网站提供的搜索功能进行查找。由于求职网站上求职者的资料丰富、企业发布的招聘信息也非常多，所以现在很多人都喜欢通过网络求职和招聘。不过在求职和招聘的过程中，更要分析招聘信息的真实性，以免上当受骗。

15.4 网上开店

由于网络的逐渐普及，越来越多的人能够自由地上网。社会决定了不是所有人都可以做商人，但在网络里，人人都可以当卖家。目前可以免费开店的网站有很多，比如淘宝、易趣以及拍拍网等。下面以淘宝网为例，讲解如何在网上开店。

15.4.1 知识讲解

要想成功地在淘宝免费开店，必须注册成为淘宝网会员并通过支付宝实名认证，再上传发布至少10件宝贝。免费开店的流程如图15.58所示。

图15.58 免费开店流程图

1．注册为会员

在淘宝网注册是免费的，具体操作如下：

（1）在IE浏览器窗口中，输入淘宝网的网址"www.taobao.com"，按【Enter】键登录到淘宝网首页，单击 [免费注册] 超链接，如图15.59所示。

（2）显示新会员注册页面，根据提示填写基本信息，包括会员名、密码、邮箱等信息，其中带"*"号的为必填项目，单击 同意以下服务条款,提交注册信息 按钮，如图15.60所示。

> **注意：** 香港会员直接在"新会员注册"页面单击 香港用户按此註冊 超链接。香港会员申请方式、填写内容与国内会员大致相同。

图15.59 淘宝网首页

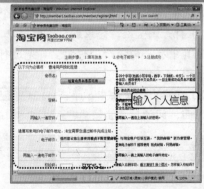

图15.60 输入个人信息

> **技巧：** 为了您的账户安全，在注册设置密码时，有以下技巧：密码长度为6到16个字符，设置时使用英文字母、数字和符号的组合，如sedr_879，或者212dkdkg&等，尽量不要有规律。

（3）提交个人信息表单后，会提示到邮箱中激活账号，根据提示单击页面中的超链接，如图15.61所示。

> **注意：** 单击【会员名】文本框，会显示会员名命名原则，仔细阅读这些规则，一旦注册成功，会员名不能修改。输入会员名后，单击 检查会员名是否可用 按钮，检查该会员名是否可用，如果你的命名和其他会员重复，会要求你重新命名。

（4）进入电子邮箱收件箱中，即可看到淘宝网发送的邮件，单击 确认 按钮，就注册成功了，如图 15.62 所示。

图 15.61　单击电子邮箱链接

图 15.62　查看邮件

2．通过实名认证

要在网上出售商品，还必须申请支付宝会员，并通过支付宝个人认证或者商家认证，只有通过认证后才可以出售商品。

通过支付宝个人实名认证的过程大致如图 15.63 所示。

图 15.63　支付宝个人实名认证过程图

从图中可见，要进行支付宝个人实名认证，需要准备的资料有：身份证件的电子文档、申请人本人的网上银行账户。进行支付宝个人实名认证的具体操作如下：

（1）打开淘宝网，登录到自己的账户，然后单击 我的淘宝 按钮，进入"我的淘宝"页面，可见其中有一句提示"想卖宝贝先进行支付宝认证，请点击这里"，单击 请点击这里 超链接，如图 15.64 所示。

（2）在弹出的页面中，单击 申请支付宝个人实名认证 按钮，此时会弹出"支付宝认证服务协议"页面，阅读后单击 我已阅读并接受协议 按钮，如图 15.65 所示。

> **注意：** 在淘宝网中，打开任何一个页面时，都要仔细阅读页面中的提示文字，它可以帮助用户顺利完成操作，也可以提醒用户要注意的问题。

图 15.64　"我的淘宝"页面

图 15.65　"支付宝认证服务协议"页面

（3）弹出如图 15.66 所示的页面，可见要申请的步骤有 3 步，单击 点此提交个人信息 链接，弹出"填写个人信息"页面，其中带有"*"的项目为必填项。

> 注意：在申请认证的过程中，填写电话、邮编等数字时，需要在半角或者英文状态下输入，如果用全角状态，认证申请会提交不成功。

（4）个人信息填写完毕后，返回申请页面，单击 在线上传身份证件 链接，在弹出的页面中，单击 浏览... 按钮，选择身份证件图片的路径，如图 15.67 所示，确定正确无误后，单击 下一步 按钮。

> 注意：可以使用的身份证件包括：身份证、护照、军官证、户籍证明等。如果是 IC 版身份证，必须同时提交身份证正面和背面的电子图。未满 18 岁的会员不能成为淘宝认证会员，通过认证后，不能修改真实姓名和身份证号码。一个身份证件只能申请一个支付宝个人认证。

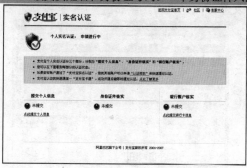

图 15.66　个人实名认证的步骤

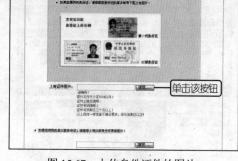

图 15.67　上传身份证件的图片

（5）返回申请页面，单击 点此提交银行卡信息 链接，弹出"银行卡核实"页面，据实填写银行卡信息，单击 下一步 按钮。

（6）返回申请页面，单击【点此提交银行卡信息】链接，弹出"银行卡核实"页面，据实填写银行卡信息，单击【下一步】按钮，系统提示"银行账户信息递交成功，等待支付宝汇款"，如图 15.68 所示。

根据提示，在两个工作日后查询支付宝给用户的网上银行充入的金额，进入【我的支付宝】，将金额填写在【确认汇款金额】页面中。当个人信息、身份证件和网上银行账户都核实成功后，

图 15.68　银行账户信息提交成功提示

系统就会提示认证成功了。再次进入【我的淘宝】，会发现在会员名后出现了 图标，说明已经通过了支付宝个人认证。

3．发布宝贝

个人实名认证成功后，就可以发布宝贝了。淘宝规定，只要发布 10 件商品就可以免费开店。发布宝贝的方式有两种，分别是"一口价"和"拍卖"。

一口价商品是卖家以固定价格来出售的商品，没有讨价还价的余地，无论是卖家还是

买家，可省时省心地买卖到称心如意的宝贝。

拍卖商品是卖家定一个起始价格，最低起拍价格为 0.01 元，然后由参加竞拍的买家根据加价幅度出价。卖家在发布宝贝的时候可以自定义加价幅度，也可以使用系统自动代理加价。系统自动代理加价的加价幅度随着当前出价金额的增加，随之增加。

注意：在淘宝网，同一个商品有两件或者两件以上参加拍卖，那么卖家就可选择荷兰拍方式拍卖。荷兰拍式拍卖最后成交的价格是最低的有效成交价。比如：10 件鼠标参加拍卖，买家 A 给了 1 元单价拍 1 件，买家 B 给 20 元单价拍 9 件，那么最终这两个买家都将以 1 元一件的价格得到鼠标，买家 A 应付一元买到 1 件，买家 B 应付 9 元，买到 9 件，并且所有邮费都由卖家承担。

以发布一口价商品为例，介绍具体操作。

（1）进入淘宝网首页，单击 我要卖 按钮，如图 15.69 所示。

（2）打开如图 15.70 所示的"请选择宝贝发布方式"页面，单击 一口价 按钮。

图 15.69　淘宝首页

图 15.70　发布宝贝

（3）在弹出的页面中选择相应的类目，进入宝贝信息填写页面，根据提示进行填写，提交后该商品就以一口价形式在网上出售。

15.4.2　典型案例——发布拍卖商品

案例目标

本案例将通过在淘宝网发布拍卖商品，从而练习在网上发布拍卖商品的具体方法以及卖家设定拍卖商品时的注意事项。

操作思路：

（1）进入"淘宝网"首页。

（2）设置拍卖商品的相关信息并进行发布。

操作步骤

下面仍以"淘宝网"为例对如何发布拍卖商品进行讲解，其具体操作如下：

（1）进入淘宝网首页并登录到淘宝网，单击 我要卖 按钮，在打开的"请选择宝贝发布方式"页面中，单击 拍卖 按钮，如图 15.71 所示。

（2）在弹出的页面中选择相应的类目，如图 15.72 所示，仔细阅读页面中的发布规则，完全了解后，单击 已阅读以下规则，继续 按钮。

技巧： 如果在选择商品类目时不知道具体选择哪一个类别，可以将关键字输入到页面上方的【类目搜索】文本框，单击【搜索】按钮后，系统将显示类目作为参考。另外，系统将自动记录卖家曾经发过的所有商品的分类，以供在发布类似商品时进行选择。

图 15.71　选择拍卖方式

图 15.72　选择商品类目

（3）弹出编辑宝贝信息页面，卖家根据实际情况进行设置。选择【自定义】加价，确定一个固定的起始价供买家竞拍。在设置【有效期】时，把天数设置成 14，以使更多买家关注店铺，如图 15.73 所示。

（4）编辑完成所有的宝贝信息后，可单击 [预览] 按钮查看宝贝，如图 15.74 所示。

图 15.73　编辑交易条件

图 15.74　预览宝贝

（5）预览宝贝页面，确认所编辑的信息能够表达其全部的信息后，单击 [发布] 按钮，宝贝发布成功，如图 15.75 所示。

图 15.75　提交宝贝

案例小结

本案例主要讲解了在淘宝网发布拍卖商品的方法，在发布拍卖商品时，要注意的是，需要卖家承担运费。如果单个商品拍卖数量达到或者超过 2 件，就以荷兰拍的规则进行交易，作为卖家必须了解拍卖规则，以免给自己造成极大的损失。一旦设置了拍卖商品，卖家就不能再修改宝贝信息。

15.5 上 机 练 习

15.5.1 在"土豆"网上看电影

本次练习将在"土豆"网中观看免费电影，主要练习网上看电影的具体方法。

操作思路：

● 在"百度"网中搜索"土豆"网的网址。

● 打开"土豆"网首页，单击 频道 超链接。

● 在打开的频道页面中，单击 影视(1190250个视频) 超链接。

● 在展开的页面中单击喜欢的电影名称。

15.5.2 通过 QQ 传送文件

本次练习将使用 QQ 聊天工具传送文件给好友，主要练习使用 QQ 传送文件的具体方法。

操作思路：

● 启动 QQ 聊天工具并登录。

● 在 QQ 面板中与好友进行文字聊天，单击 按钮发出给好友传送文件的邀请。

● 好友选择文件的保存路径后便开始传送。

15.6 疑 难 解 答

问：怎么才能快速地选择和好友一起玩游戏呢？

答：要邀请好友一起玩游戏，可以先登录到游戏大厅中，选好房间，然后在 QQ 面板上的好友头像上单击鼠标右键，从弹出的快捷菜单中选择【一起玩游戏】命令，然后选择具体的游戏名称即可。

问：要发图片给朋友，使用邮箱添加附件的方式都发了很多次了还没有发完，有更简便的方法吗？

答：将所有要发送的图片复制到一个文件夹中，然后使用 WinRAR 软件压缩该文件夹，最后再通过邮箱或者 QQ 传送文件即可。

问：每次进入 QQ 游戏大厅，速度都非常慢，有时选择了房间也登录不进去，这是什么原因呢？

答：造成登录不上的原因有很多，有可能是因为网速太慢，或者是同时打开了很多应用程序，导致计算机本身运行很慢，还有可能是当时是上网高峰期，同时登录游戏服务器的人数太多。

问：网上求职会收费吗？

答：不会。目前绝大部分正规人才招聘网不会向求职者收取任何费用，如果遇到要收费的网站，求职者要判断其是否为正规网站，以免上当。

15.7 课后练习

1．选择题

（1）电子邮件又称（　　　　）。

    A. E-mail   B. 数字邮件

    C. 网络邮件   D. Internet-mail

（2）在撰写邮件的时候，在（　　　　）中输入邮箱地址，收件人才能收到邮件。

    A.【收件人】文本框   B.【主题】文本框

    C. 邮件内容输入区   D.【附件】文本框

（3）下列哪个网站没有提供网上交易服务？（　　　　）

    A. 前程无忧   B. 淘宝网

    C. 易趣   D. 阿里巴巴

（4）要想通过网络购物，必须先（　　　　）。

    A. 申请免费邮箱   B. 注册

    C. 搜索商品   D. 出价

2．问答题

（1）怎样申请免费电子邮箱？

（2）简述通过QQ聊天工具和朋友进行信息交流的方法。

（3）简述网上购物的过程。

（4）怎样在求职网上注册并查找招聘信息？

（5）企业和求职者在人才网上注册的方法相同吗？如果不相同，有哪些区别？

3．上机题

（1）在网上搜索喜欢的电影并进行在线观看。

（2）在"前程无忧"网上查找上海的医药销售工作。

提示：在"前程无忧"网主页的"地区招聘"栏中单击超链接，然后在打开的页面中查找需要的职位。

参 考 答 案

第 1 课

1. 选择题

（1）B　　　（2）C

（3）ABCDE　（4）D

2. 问答题

（1）参见 1.1.1 节下的第 4 小节。

（2）参见 1.1.1 节下的第 8 小节。

（3）参见 1.1.1 节下的第 9 小节。

（4）参见 1.1.1 节下的第 6 小节。

第 2 课

1. 选择题

（1）BA　　　（2）C

2. 问答题

（1）参见 2.1.1 节下的第 2 小节。

（2）参见 2.2.1 节下的第 1 小节。

（3）参见 2.1.1 节下的第 3 小节。

（4）参见 2.1.1 节下的第 6 小节。

第 3 课

1. 选择题

（1）B　　（2）C　（3）B

（4）A　　（5）B

2. 问答题

（1）参见 3.1.1 节下的第 1 小节。

（2）参见 3.1.1 节下的第 4 小节。

（3）参见 3.2.1 节下的第 1 小节。

（4）参见 3.2.1 节下的第 3 小节。

第 4 课

1. 选择题

（1）ABCD　（2）B

2. 问答题

（1）参见 4.2.1 节下的第 2 小节。

（2）参见 4.2.1 节下的第 1 小节。

（3）参见 4.2.1 节下的第 1 小节。

（4）参见 4.2.1 节下的第 3 小节。

第 5 课

1. 选择题

（1）B　　　（2）A　　　（3）B

2. 问答题

（1）参见 5.2.1 节下的第 5 小节。

（2）参见 5.2.1 节下的第 4 小节。

第 6 课

1. 选择题

（1）A　　　（2）B

（3）ABCD

2. 问答题

（1）参见 6.1.1 节下的第 1 小节。

（2）参见 6.3.1 节下的第 4 小节。

第 7 课

1. 选择题

（1）C　　　（2）D

2. 问答题

（1）参见 7.1.1 节下的第 1 小节。

（2）参见 7.2.1 节下的第 1 小节。

（3）参见 7.2.1 节下的第 2 小节。

第 8 课

1. 选择题

（1）A　　　（2）A

2. 问答题

（1）参见 8.2.1 节下的第 3 小节。

（2）参见 8.2.1 节下的第 6 小节。

（3）参见 8.5.1 节下的第 5 小节。

第 9 课

1. 选择题

（1）A　　　（2）A

2. 问答题

（1）参见 9.1.1 节下的第 1 小节。

（2）参见 9.1.1 节下的第 6 小节。

（3）参见 9.1.1 节下的第 6 小节。

（4）参见 9.2.1 节下的第 1 小节。

（3）参见 12.3.1 节下的第 5 小节。

第 10 课

1．选择题

（1）AB   （2）ABC

2．问答题

（1）参见 10.2.1 节。

（2）参见 10.3.1 节下的第 6 小节。

第 11 课

1．选择题

（1）BD   （2）BCD

（3）D   （4）A

2．问答题

（1）参见 11.1.1 节下的第 1 小节。

（2）参见 11.3.1 节。

（3）参见 11.3.1 节下的第 2、3 小节。

第 12 课

1．选择题

（1）ABC   （2）B

（3）A

2．问答题

（1）参见 12.1 节。

（2）参见 12.3.1 节下的第 1 小节。

（3）参见 12.2.2 节。

3．上机题

（1）参见 12.1.1 节下的第 2 小节。

（2）参见 12.3.1 节下的第 2 小节。

第 13 课

1．选择题

（1）A   （2）AB

（3）B

2．问答题

（1）参见 13.1.1 节下的第 2 小节。

（2）参见 13.3.1 节下的第 1 小节。

（3）参见 13.4.1 节。

第 14 课

1．选择题

（1）B   （2）ABCD

（3）D

2．问答题

（1）参见 14.1.1 节下的第 3 小节。

（2）参见 14.3.1 节。

第 15 课

1．选择题

（1）A   （2）A

（3）A   （4）B

2．问答题

（1）参见 15.1.1 节下的第 1 小节。

（2）参见 15.2.1 节下的第 4 小节。

（3）参见 15.2.1 节下的第 6 小节

（4）参见 15.3.1 节。

（5）参见 15.3.1 节下的第 3 小节。

反侵权盗版声明

电子工业出版社依法对本作品享有专有出版权。任何未经权利人书面许可，复制、销售或通过信息网络传播本作品的行为；歪曲、篡改、剽窃本作品的行为，均违反《中华人民共和国著作权法》，其行为人应承担相应的民事责任和行政责任，构成犯罪的，将被依法追究刑事责任。

为了维护市场秩序，保护权利人的合法权益，我社将依法查处和打击侵权盗版的单位和个人。欢迎社会各界人士积极举报侵权盗版行为，本社将奖励举报有功人员，并保证举报人的信息不被泄露。

举报电话：（010）88254396；（010）88258888

传　　真：（010）88254397

E - m a i l ：dbqq@phei.com.cn

通信地址：北京市万寿路 173 信箱
　　　　　电子工业出版社总编办公室

邮　　编：100036